ニュートン

科学《かがく》の学校《がっこう》シリーズ

太陽系《たいようけい》の学校《がっこう》

まえがき

はじめまして。
ぼくの名前《なまえ》は「ぶートン」です。

科学《かがく》のおもしろさを、わかりやすく伝《つた》える
「科学《かがく》の学校《がっこう》シリーズ」の今回《こんかい》のテーマは
「太陽系《たいようけい》」です。

ぼくらがすむ地球《ちきゅう》は、太陽系《たいようけい》の天体《てんたい》の一《ひと》つです。
太陽系《たいようけい》には、ほかにどんな天体《てんたい》があるのか、
みなさん気《き》になりませんか？

ぶートン

そうした天体《てんたい》が、どれくらい大《おお》きいのか、
どれくらい遠《とお》いところにあるのか、
生命《せいめい》がすめるのかなど、気《き》になりますよね？

そもそも、太陽系《たいようけい》はどうやってできたのでしょう？
太陽《たいよう》や太陽系《たいようけい》は、この先《さき》どうなるのでしょうか？

この本《ほん》では、こうしたみなさんのギモンに
ぼくと、友達《ともだち》のウーさんと一緒《いっしょ》に
せまっていきます！

2023年《ねん》12月《がつ》

ぶートン

ウーさん

もくじ

太陽系しゃしん館

1じかんめ 太陽系と母なる太陽

2 じかんめ わたしたちの地球と月

3 じかんめ 地球に似た地球型惑星

4じかんめ 巨大なガス惑星と氷惑星

5じかんめ

そのほかの太陽系天体たち

6 じかんめ 太陽系の誕生から死

この本《ほん》の特徴《とくちょう》

ひとつのテーマを、2ページで紹介《しょうかい》します。メインのお話《はなし》（説明《せつめい》）だけでなく、関連《かんれん》する情報《じょうほう》を教《おし》えてくれる「メモ」や、テーマに関係《かんけい》のある豆《まめ》知識《ちしき》を得《え》られる「もっと知《し》りたい」もあります。

また、ちょっと面白《おもしろ》い話題《わだい》を集《あつ》めた「やすみじかん」のページも、本《ほん》の中《なか》にたまに登場《とうじょう》するので、探《さが》してみてくださいね。

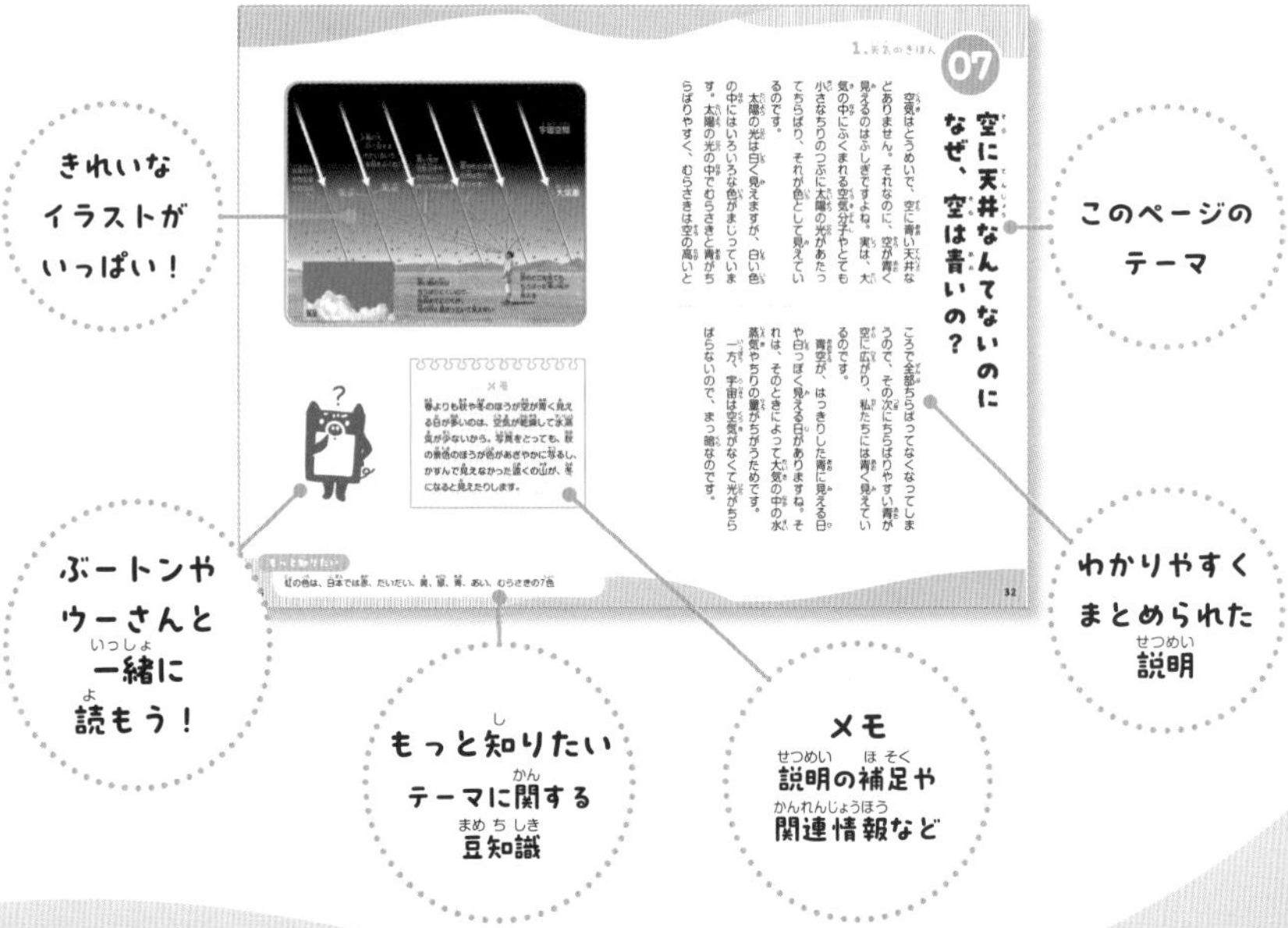

キャラクター紹介《しょうかい》

ぶートン

科学雑誌《かがくざっし》『Newton《ニュートン》』から誕生《たんじょう》したキャラクター。まぁるい鼻《はな》がチャームポイント。

ウーさん

ぶートンの友達《ともだち》。うさぎのような長《なが》い耳《みみ》がじまん。いつもにくまれ口《ぐち》をたたいているけど、にくめないヤツ。

ぶートンは
変身《へんしん》もできるよ！

コマ

超新星残骸《ちょうしんせいざんがい》

三日月《みかづき》

挑戦《ちょうせん》してみよう！ 太《たい》陽《よう》系《けい》クイズ

Q

では、第《だい》1問《もん》。左《ひだり》は、ある惑星《わくせい》の表面《ひょうめん》の画像《がぞう》に色《いろ》をつけたものです。「クレーター」とよばれるくぼみがいくつもありますね。いったい、どの惑星《わくせい》でしょうか？

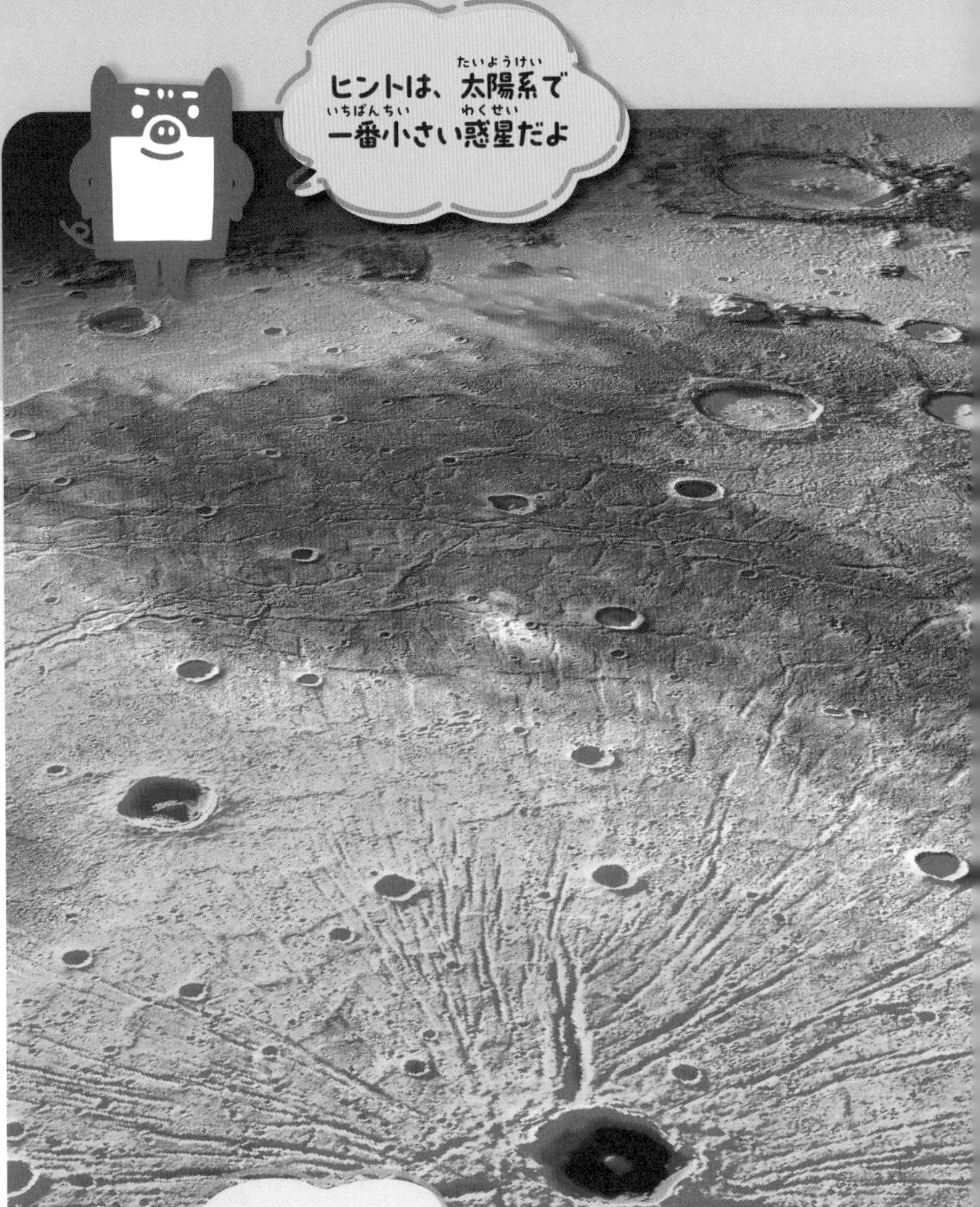
表面《ひょうめん》には、しわも
あるって話《はなし》だぜ

画像《がぞう》の色《いろ》は標高《ひょうこう》（地面《じめん》の高《たか》さ）をあらわしている。
紫《むらさき》が一番低《いちばんひく》いところで、白《しろ》が一番高《いちばんたか》いところだ。

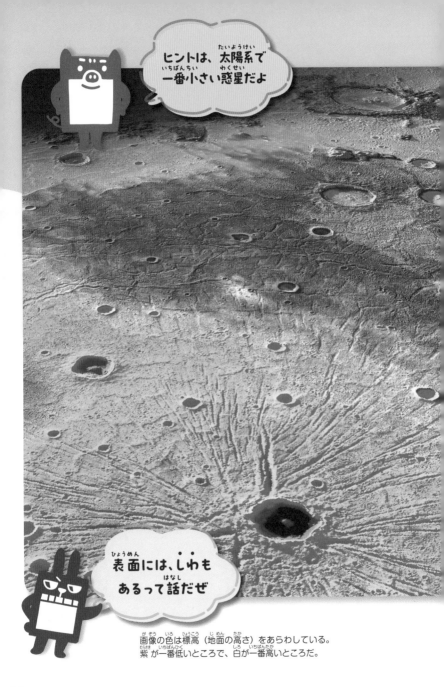

A

答《こた》えは、水星《すいせい》です。水星《すいせい》は太陽《たいよう》に一番近《いちばんちか》い惑星《わくせい》で、表面《ひょうめん》にはたくさんのクレーターがあります。いくつあるか数《かぞ》えるのは、たいへんそうですね。

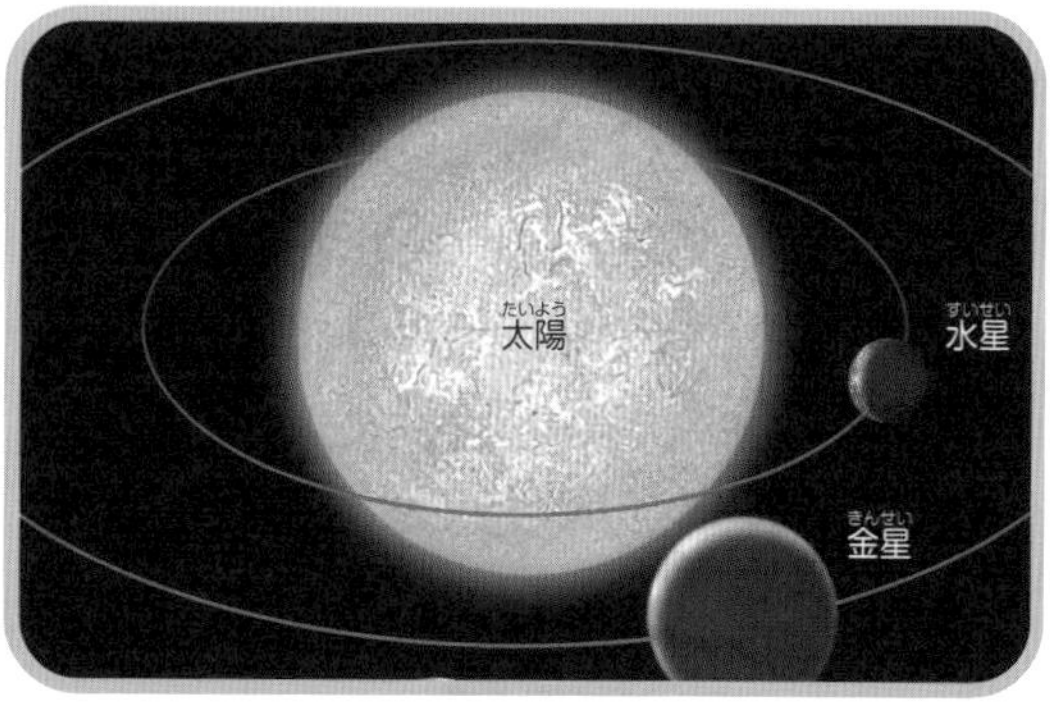

たしか、月《つき》にも
クレーターが
たくさんあるぜ

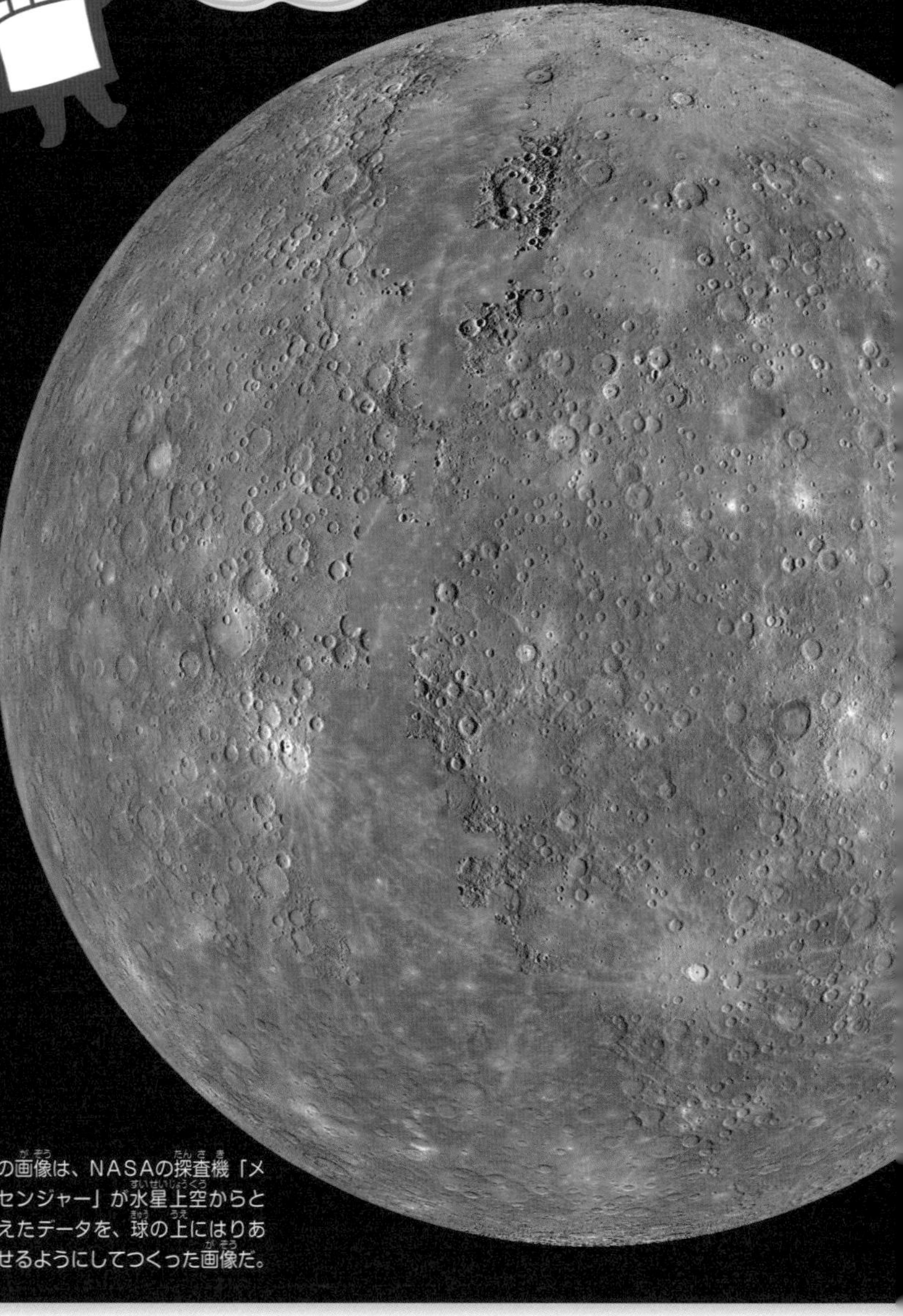

この画像《がぞう》は、NASAの探査機《たんさき》「メッセンジャー」が水星上空《すいせいじょうくう》からとらえたデータを、球《きゅう》の上《うえ》にはりあわせるようにしてつくった画像《がぞう》だ。

Q

では、第《だい》2問《もん》。下《した》は、ある惑星《わくせい》の景色《けしき》です。ゴツゴツした岩《いわ》の地面《じめん》や、砂山《すなやま》や、空《そら》もみえます。マウンテンバイクで走《はし》ったら、楽《たの》しそうですね。ここは、どの惑星《わくせい》でしょうか？

地球《ちきゅう》からだと
赤《あか》くみえるよ

下《した》は、火星《かせい》と地球《ちきゅう》の大《おお》きさをくらべるために横《よこ》にならべたもの。地球《ちきゅう》の画像《がぞう》はNASAの探査機《たんさき》「ガリレオ」がとらえ、火星《かせい》の画像《がぞう》は「マーズ・グローバル・サーベイヤー」がとらえたもの。

A

答《こた》えは、火星《かせい》です。左《ひだり》のように、火星《かせい》の半径《はんけい》は地球《ちきゅう》の半分《はんぶん》くらいです。今《いま》では、火星上《かせいじょう》を走《はし》る「探査車《たんさしゃ》」で、火星《かせい》そのものが調《しら》べられているのです。

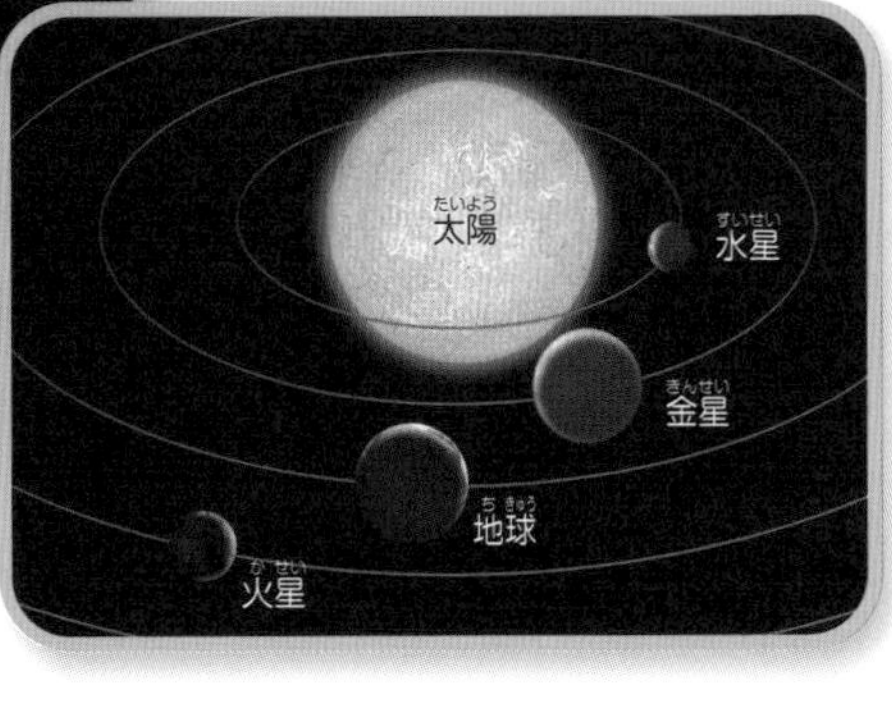

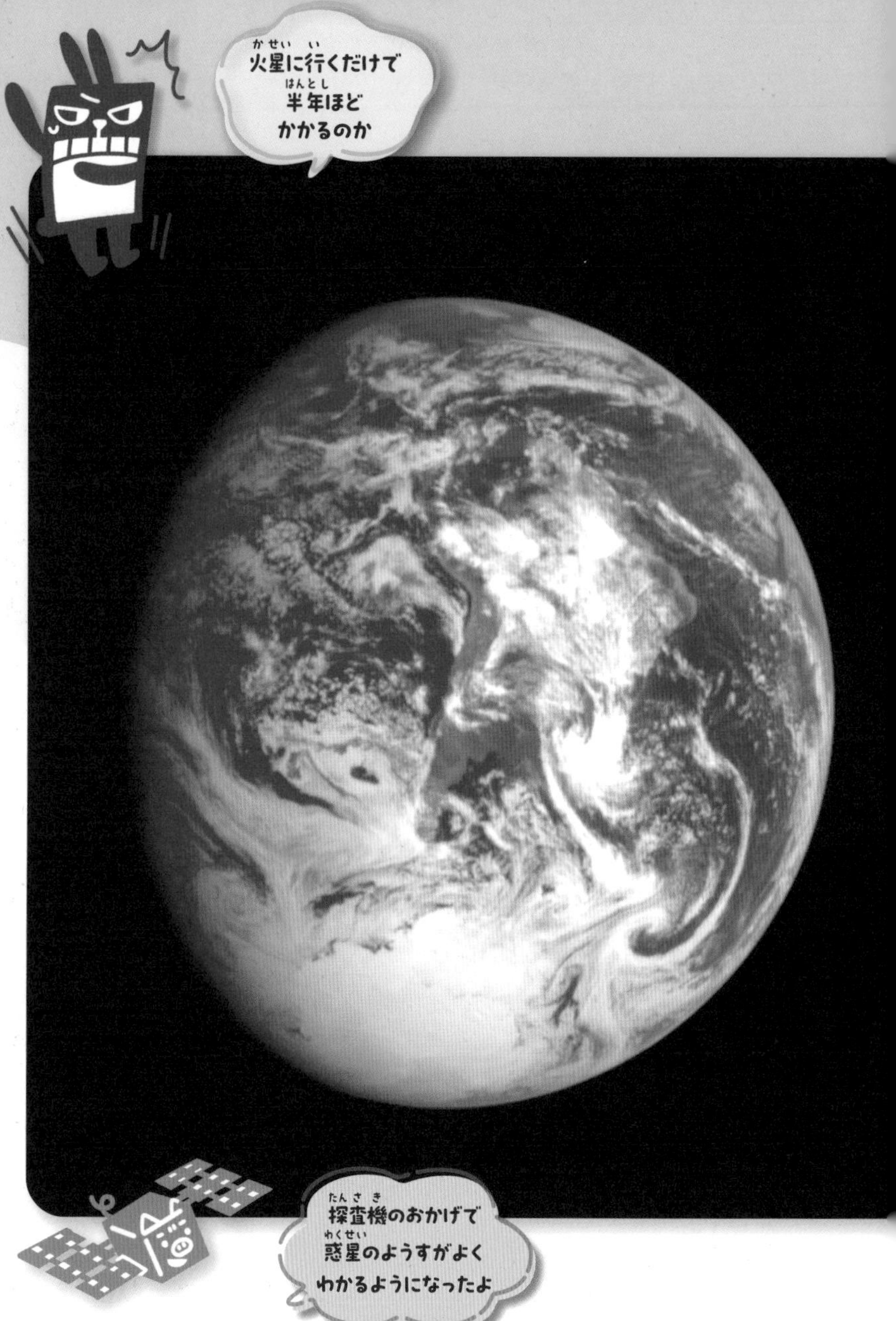

火星《かせい》に行《い》くだけで
半年《はんとし》ほど
かかるのか
探査機《たんさき》のおかげで
惑星《わくせい》のようすがよく
わかるようになったよ

土《ど》星《せい》じゃないの？

上《うえ》は、土《ど》星《せい》のように環《わ》のある天体《てんたい》と、太陽《たいよう》のようにかがやく天体《てんたい》をとらえたものです。でも、これらは土《ど》星《せい》でも太陽《たいよう》でもありません！どの天体《てんたい》でしょう？（ヒントは123ページ）

1
じかんめ

太陽系《たいようけい》と母《はは》なる太陽《たいよう》

わたしたちは地球《ちきゅう》という丸《まる》い惑星《わくせい》の上《うえ》にすんでいます。この地球《ちきゅう》は太陽《たいよう》という、とても大《おお》きくて光《ひか》りかがやく星《ほし》のまわりをまわっています。太陽《たいよう》がどんな星《ほし》なのか、また、太陽《たいよう》のまわりにはほかにどんな天《てん》体《たい》があるのか、太陽系《たいようけい》ツアーのはじまりです！

01 太陽《たいよう》のまわりには8つの惑星《わくせい》がまわっている

太陽《たいよう》のまわりには、地球《ちきゅう》をふくめて8つの惑星《わくせい》がまわっています。内側《うちがわ》から、水星《すいせい》、金星《きんせい》、地《ち》球《きゅう》、火星《かせい》、木星《もくせい》、土星《どせい》、天王星《てんのうせい》、海王星《かいおうせい》です。

内側《うちがわ》の4つの惑星《わくせい》は、地球《ちきゅう》のように主《おも》に岩石《がんせき》でできているので「地球型惑星《ちきゅうがたわくせい》」や「岩石惑星《がんせきわくせい》」などとよばれています。一方《いっぽう》、主《おも》にガスでできた木星《もくせい》と土星《どせい》は「巨大《きょだい》ガス惑星《わくせい》」、主《おも》に氷《こおり》でできた天王《てんのう》

星《せい》と海王星《かいおうせい》は「巨大氷惑星《きょだいこおりわくせい》」とよばれています。

太陽系《たいようけい》をまわる惑星《わくせい》たち

このイラストは、太陽《たいよう》から近《ちか》い順《じゅん》にどの惑星《わくせい》がまわっているかを簡単《かんたん》にあらわしたものだ。それぞれの惑星《わくせい》の大《おお》きさの比率《ひりつ》や太陽《たいよう》からの遠《とお》さなどは、実際《じっさい》とはちがうので注意《ちゅうい》しよう。惑星《わくせい》はどれも、同《おな》じ向《む》きに太陽《たいよう》を公転《こうてん》している。その軌道《きどう》は、ほぼきれいな円《えん》になっている。

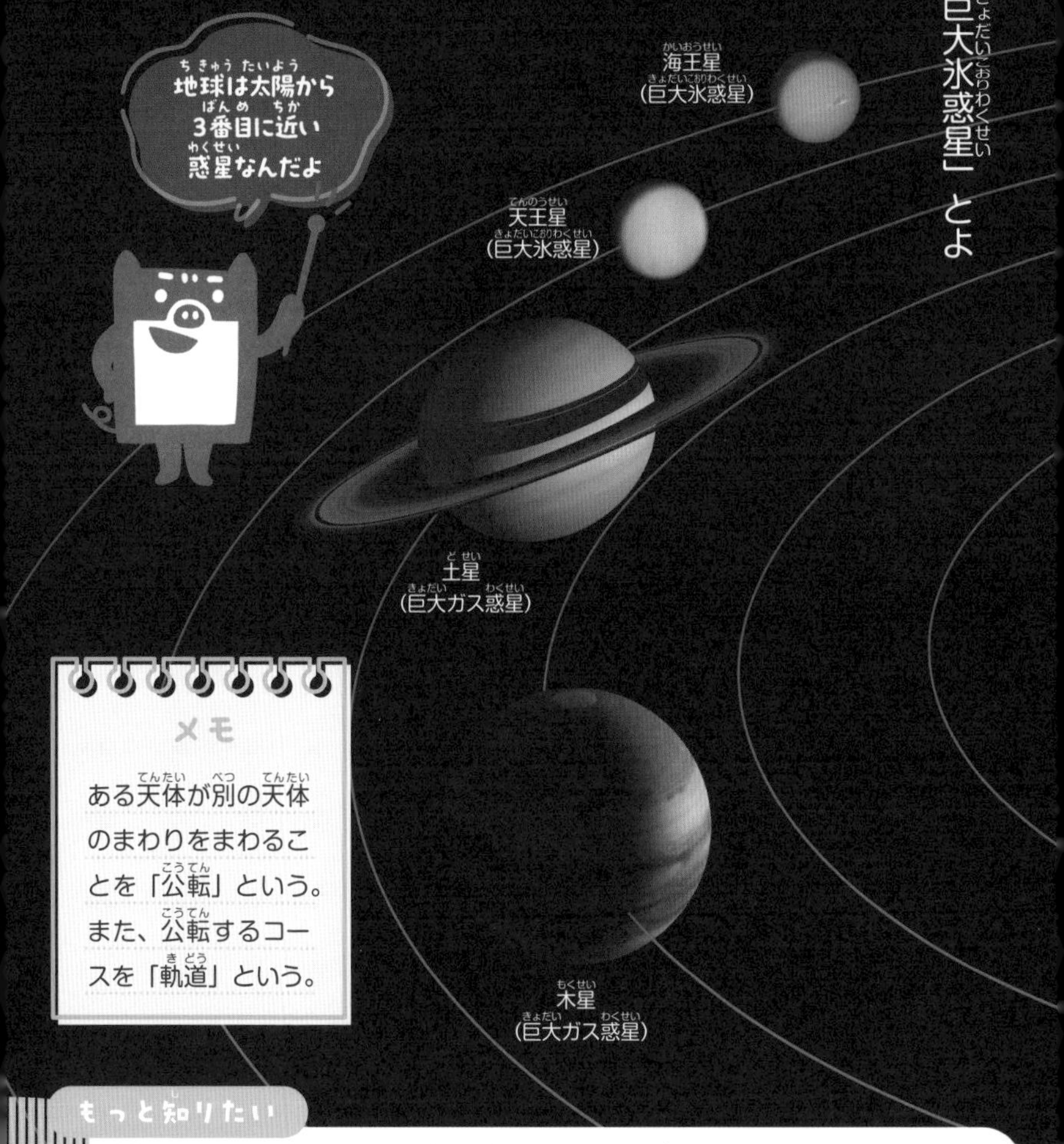

メモ

ある天体《てんたい》が別《べつ》の天体《てんたい》のまわりをまわることを「公転《こうてん》」という。また、公転《こうてん》するコースを「軌道《きどう》」という。

もっと知《し》りたい

並《なら》び順《じゅん》は「水《すい》、金《きん》、地《ち》、火《か》、木《もく》、土《ど》、天《てん》、海《かい》」と覚《おぼ》えよう。

02

太陽《たいよう》が直径《ちょっけい》1メートルの球《きゅう》なら 地球《ちきゅう》はビー玉《だま》、木星《もくせい》は砲丸《ほうがん》

太陽《たいよう》と、それぞれの惑星《わくせい》の大《おお》きさをくらべてみましょう。

一番《いちばん》大《おお》きいのは、やっぱり太陽《たいよう》です。太陽《たいよう》にくらべると、水星《すいせい》から火星《かせい》までの「地球型惑星《ちきゅうがたわくせい》」は点《てん》くらいの大《おお》きさしかありません。一方《いっぽう》、「巨大《きょだい》ガス惑星《わくせい》」とよばれる木星《もくせい》と土星《どせい》は、太《たい》陽《よう》ほどではないですが、地球型惑星《ちきゅうがたわくせい》よりもだいぶ大《おお》きな惑星《わくせい》です。「巨大氷《きょだいこおり》惑星《わくせい》」とよばれる天王星《てんのうせい》と海王星《かいおうせい》は、木星《もくせい》などよりは小《ちい》さいですが、地球《ちきゅう》などにくらべれば巨大《きょだい》な惑星《わくせい》です。

大《おお》きさのちがいがもっとよくわかるように、太陽《たいよう》が直径《ちょっけい》1メートルの球《きゅう》になるように、太陽系《たいようけい》の全体《ぜんたい》を小《ちい》さくしてみます。

この〝ミニ太陽系《たいようけい》〟では、地球《ちきゅう》の大《おお》きさは直径《ちょっけい》9ミリメートルほどの「ビー玉《だま》」になります。太陽系《たいようけい》の惑星《わくせい》で一《いち》番大《ばんおお》きい木星《もくせい》は「砲丸《ほうがん》」ぐらいの大《おお》きさ、一番小《いちばんちい》さい水星《すいせい》は「ビービー弾《だん》」ぐらいの大《おお》きさになります。

太陽《たいよう》と惑星《わくせい》の大《おお》きさくらべ

太陽《たいよう》の半径《はんけい》（赤道半径《せきどうはんけい》）は約《やく》70万《まん》キロメートルもある。地球《ちきゅう》の半径《はんけい》が約《やく》6400キロメートルなので、地球《ちきゅう》よりも100倍《ばい》以《い》上《じょう》大《おお》きい。惑星《わくせい》の中《なか》では太陽系《たいようけい》で一番大《いちばんおお》きい木星《もくせい》の半径《はんけい》は約《やく》7万《まん》キロメートル。太陽《たいよう》の10分《ぶん》の1くらいだが、地球《ちきゅう》の10倍《ばい》以《い》上《じょう》は大《おお》きい。

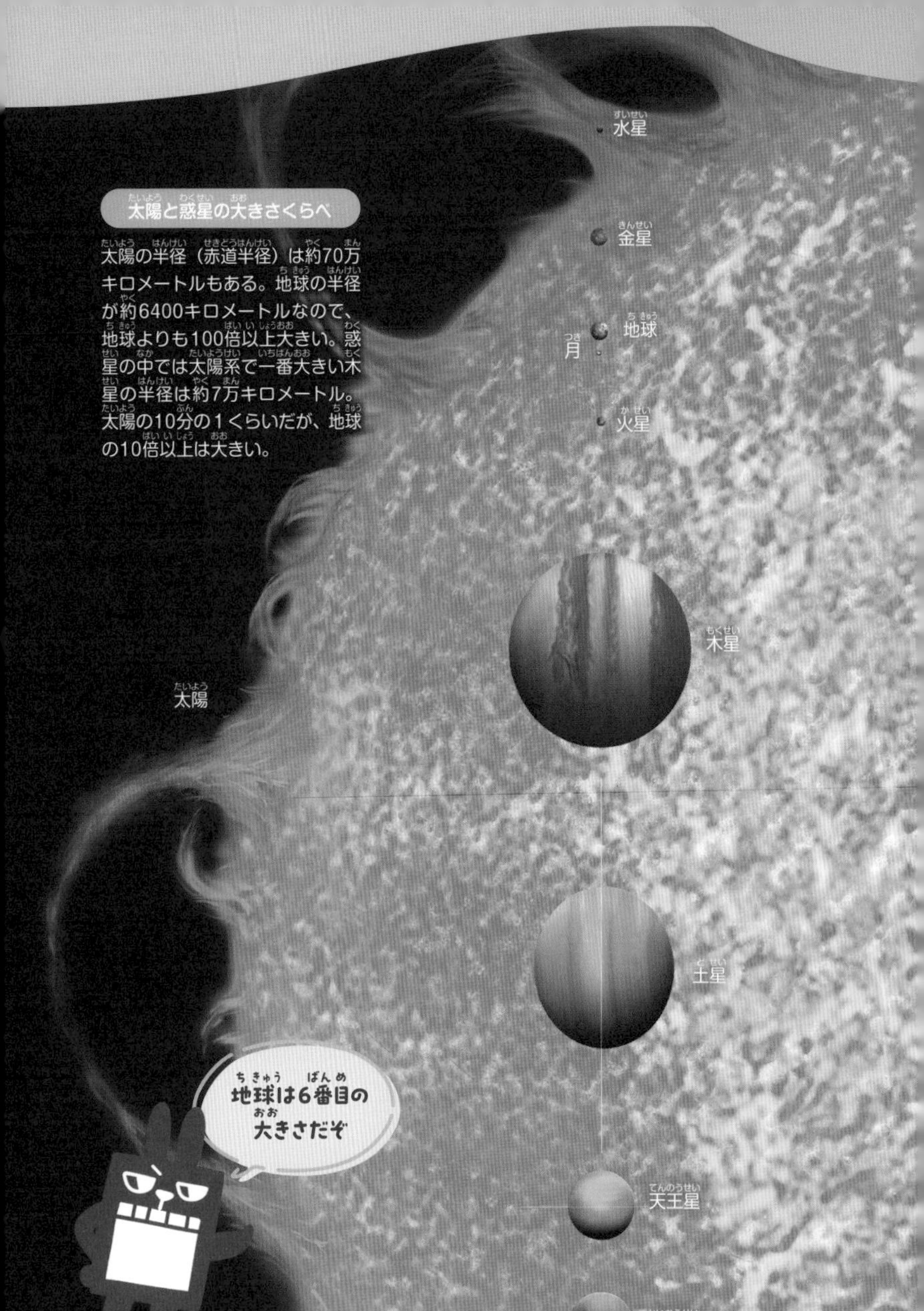

もっと知《し》りたい

地球《ちきゅう》の密度《みつど》は太陽系《たいようけい》の惑星《わくせい》の中《なか》で一番大《いちばんおお》きく、一番小《いちばんちい》さい土星《どせい》の5倍《ばい》以《い》上《じょう》ある。

03

新幹線《しんかんせん》を使《つか》っても、海王星《かいおうせい》までは１７００年《ねん》以上《いじょう》かかる

今度《こんど》は、それぞれの惑星《わくせい》が太陽《たいよう》からどれくらいのところをまわっているか、くらべてみましょう。

太陽《たいよう》に一番近《いちばんちか》い水星《すいせい》までは５８００万《まん》キロメートルです。この道《みち》のりは、時速《じそく》３００キロメートルの新幹線《しんかんせん》で走《はし》りつづけたとしたとしても、約《やく》22年《ねん》かかる長《なが》さです。同《おな》じようにして新幹線《しんかんせん》で太陽系《たいようけい》の旅《たび》をつづけると、地球《ちきゅう》に着《つ》くのは太陽《たいよう》を出発《しゅっぱつ》してから約《やく》57年《ねん》後《ご》、火星《かせい》への到着《とうちゃく》は約《やく》86年《ねん》後《ご》です。

ところが、これは太陽《たいよう》からまだほんの〝近《ちか》いところ〟です。一番外側《いちばんそとがわ》の海《かい》王星《おうせい》に到着《とうちゃく》するには、なんと１７１１年《ねん》もかかるのです。

メモ

水星《すいせい》から火星《かせい》までの「地球型《ちきゅうがた》惑星《わくせい》」は、太陽《たいよう》に近《ちか》いところに集中《しゅうちゅう》している。一方《いっぽう》、巨大《きょだい》な惑星《わくせい》は外側《そとがわ》にある。これには、太陽系《たいようけい》のでき方《かた》が関係《かんけい》している（156ページ）。

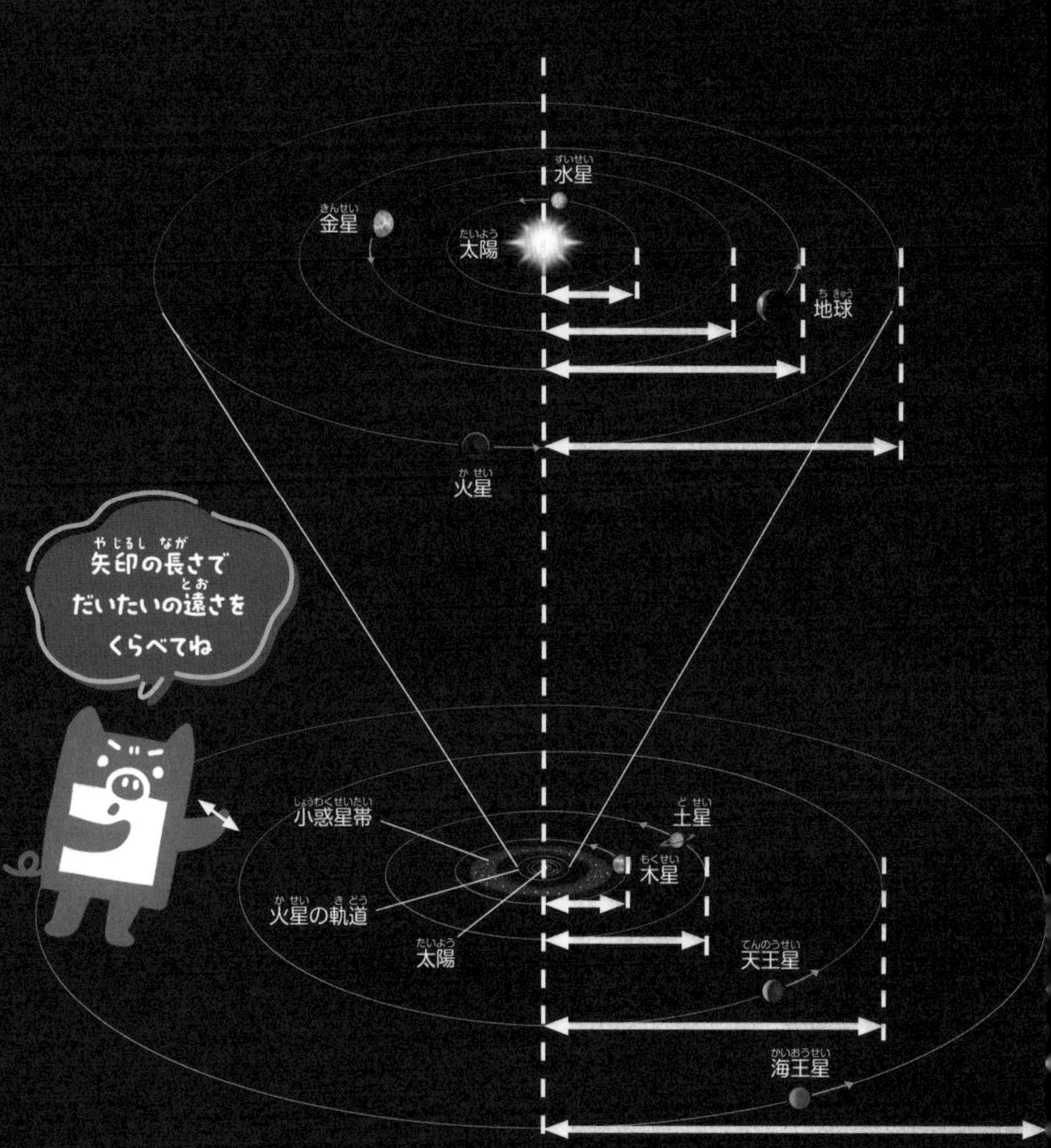

“ミニ太陽系《たいようけい》”で大《おお》きさを知《し》ろう

太陽《たいよう》を直径《ちょっけい》１メートルの球《きゅう》とする“ミニ太陽系《たいようけい》”を考《かん》えよう。すると、太陽《たいよう》から水星《すいせい》までは42メートル、地球《ちきゅう》までは107メートル、火星《かせい》までは164メートルになる。一番遠《いちばんとお》い海王星《かいおうせい》までは、なんと3.2キロメートルになる。

もっと知《し》りたい

天文学《てんもんがく》では、太陽《たいよう》から地球《ちきゅう》までの約《やく》１億《おく》5000万《まん》キロメートルを１天文単位《てんもんたんい》とよぶ。

04

太陽系《たいようけい》には、惑星《わくせい》のほかにも衛星《えいせい》や小天体《しょうてんたい》がまわっている

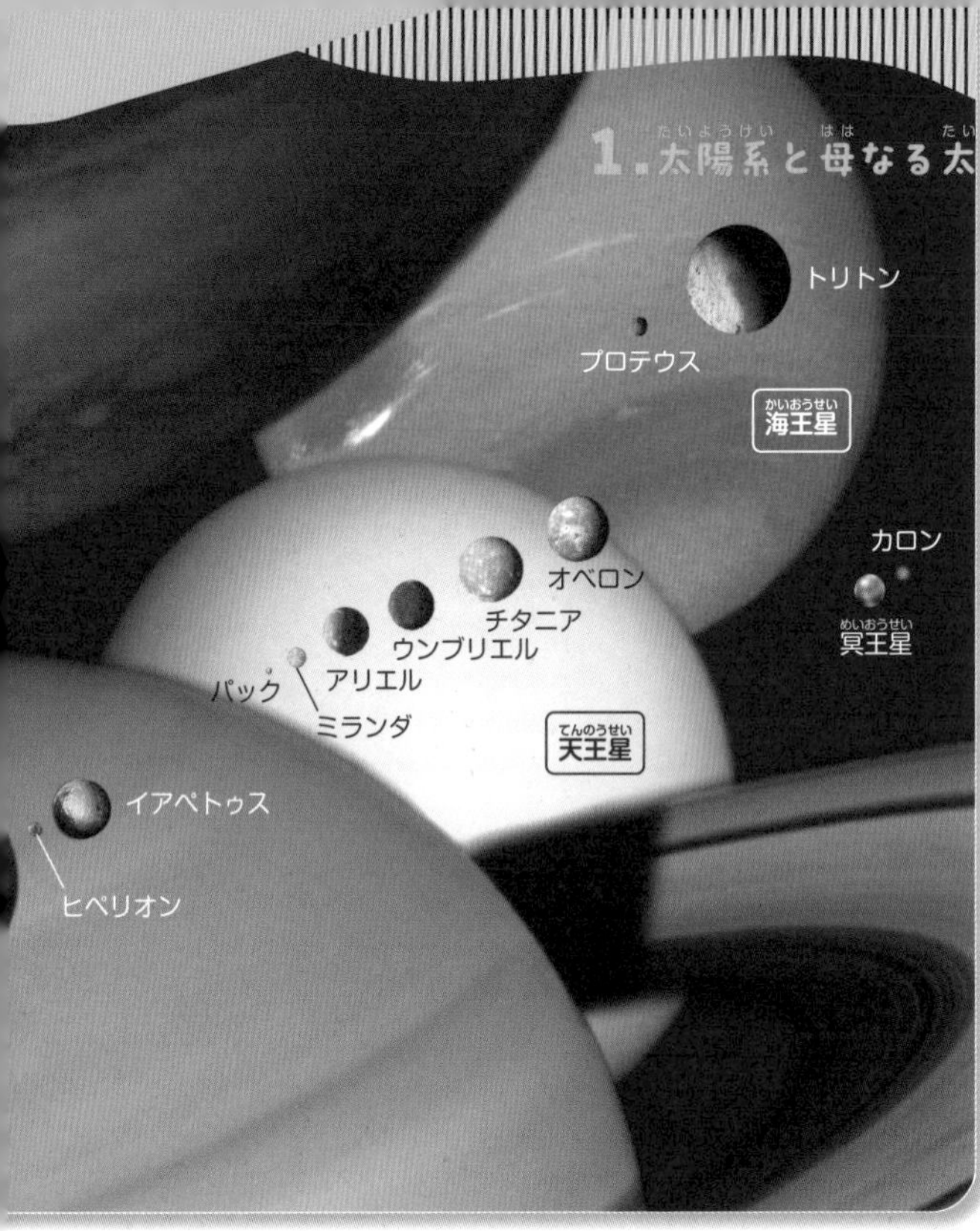

太陽《たいよう》を公転《こうてん》しているのは惑星《わくせい》だけではありません。たとえば地球《ちきゅう》の月《つき》は、惑星《わくせい》のまわりを公《こう》転《てん》する「衛星《えいせい》」とよばれる天体《てんたい》です。水星《すいせい》と金星《きんせい》以外《いがい》の惑星《わくせい》は衛星《えいせい》をしたがえています。

惑星《わくせい》と同《おな》じように丸《まる》い形《かたち》だけれど、ちょっと性質《せいしつ》がちがう「準惑星《じゅんわくせい》」もあります。また、丸《まる》い形《かたち》をしていないものがほとんどの「小天体《しょうてんたい》」もあります。

太陽系《たいようけい》の代表的《だいひょうてき》な天体《てんたい》たち

イラストには、太陽《たいよう》をまわる8つの惑星《わくせい》と、代表的《だいひょうてき》な衛星《えいせい》がえがかれている。昔《むかし》は惑星《わくせい》だったが今《いま》は準惑星《じゅんわくせい》の「冥王星《めいおうせい》」と、その衛星《えいせい》「カロン」もある。

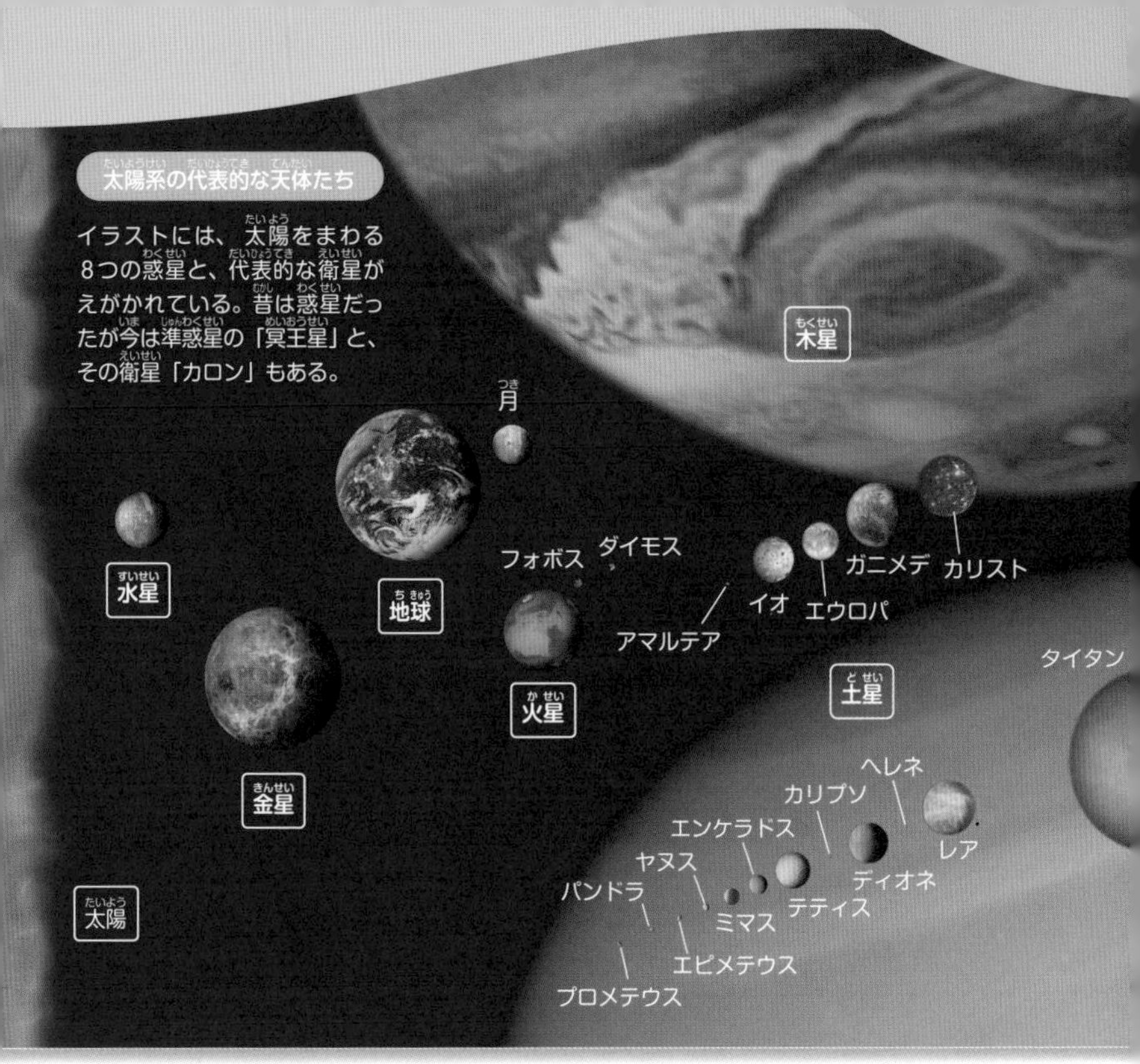

太陽系《たいようけい》の天体《てんたい》の種類《しゅるい》

<table>
<tr><td>恒星《こうせい》</td><td colspan="2">自分《じぶん》で光《ひか》りかがやくことができる天体《てんたい》。太陽系《たいようけい》では太陽《たいよう》のみ。</td></tr>
<tr><td>惑星《わくせい》</td><td colspan="2">太陽《たいよう》のまわりを公転《こうてん》する天体《てんたい》。自分《じぶん》では光《ひかり》を出《だ》せず、恒星《こうせい》の光《ひかり》を反射《はんしゃ》することで光《ひか》りかがやく天体《てんたい》。</td></tr>
<tr><td>衛星《えいせい》</td><td colspan="2">惑星《わくせい》などのまわりを公転《こうてん》する天体《てんたい》。</td></tr>
<tr><td>準惑星《じゅんわくせい》</td><td colspan="2">惑星《わくせい》のように丸《まる》い球《きゅう》の形《かたち》だが、その公転軌道上《こうてんきどうじょう》に同《おな》じような天体《てんたい》がたくさんある天体《てんたい》。衛星《えいせい》は、あてはまらない。</td></tr>
<tr><td rowspan="3">小天体《しょうてんたい》
(太陽系小天体《たいようけいしょうてんたい》)</td><td>小惑星《しょうわくせい》</td><td>火星《かせい》と木星《もくせい》の間《あいだ》に無数《むすう》にある、主《おも》に岩《いわ》でできた天体《てんたい》。</td></tr>
<tr><td>太陽系外縁天体《たいようけいがいえんてんたい》</td><td>海王星《かいおうせい》の外側《そとがわ》に無数《むすう》にある、氷《こおり》や岩《いわ》でできた天体《てんたい》。</td></tr>
<tr><td>彗星《すいせい》</td><td>太陽系《たいようけい》の端《はし》から飛《と》んでくる、主《おも》に氷《こおり》でできた天体《てんたい》。</td></tr>
</table>

もっと知《し》りたい

宇宙《うちゅう》にうかぶ恒星《こうせい》や惑星《わくせい》などを、まとめて「天体《てんたい》」という。

05

太陽系《たいようけい》の重《おも》さのほとんどは、太陽《たいよう》の重《おも》さがしめている

太陽《たいよう》は太陽系《たいようけい》で一番大《いちばんおお》きい天《てん》体《たい》ですが、重《おも》さも太陽系《たいようけい》ナンバーワンです。太陽系《たいようけい》ぜんぶの重《おも》さのうち、99・86パーセントは太陽《たいよう》がしめています。

太陽《たいよう》の中身《なかみ》は、ほとんどが水《すい》素《そ》とヘリウムのガス（気体《きたい》）です。地球《ちきゅう》の中身《なかみ》の多《おお》くは岩石《がんせき》（固体《こたい》）ですから、太陽《たいよう》と地球《ちきゅう》は見《み》た目《め》も中身《なかみ》もまったくちがう天体《てんたい》といえます。

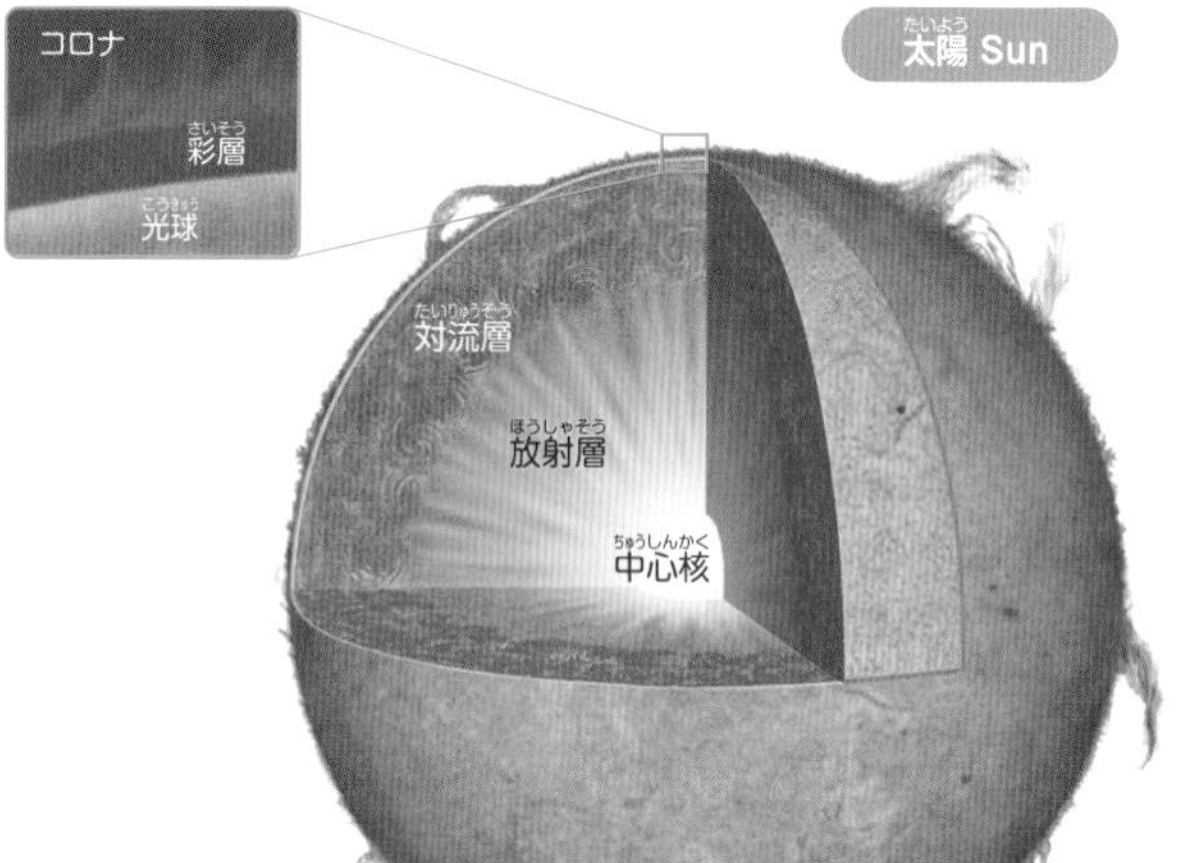

太陽《たいよう》のデータ

赤道半径《せきどうはんけい》	69万《まん》5700キロメートル
赤道重力《せきどうじゅうりょく》	地球《ちきゅう》の28.04倍《ばい》
体積《たいせき》	地球《ちきゅう》の130万《まん》2000倍《ばい》
質量《しつりょう》	地球《ちきゅう》の33万《まん》2946倍《ばい》
密度《みつど》	1.41グラム毎立方《まいりっぽう》センチメートル
自転周期《じてんしゅうき》	25.38日《にち》

国立天文台編《こくりつてんもんだいへん》『理科年表《りかねんぴょう》2023』より

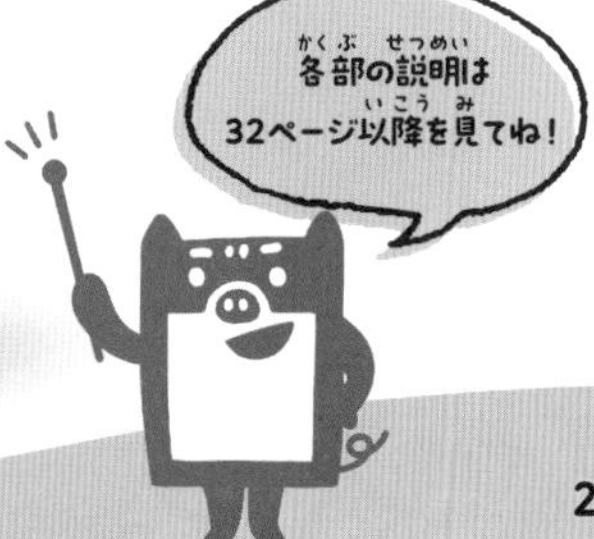

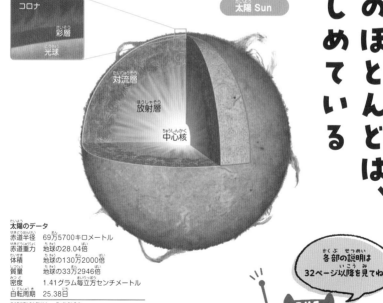

太陽《たいよう》と惑星《わくせい》の最《もっと》もちがうところは、自分《じぶん》で光《ひか》りかがやけるかどうかでしょう。自分《じぶん》で光《ひか》りかがやける天体《てんたい》を「恒星《こうせい》」といいます。太陽《たいよう》が光《ひか》りかがやけるのは、水素《すいそ》やヘリウムのガスが、太陽《たいよう》の中心部《ちゅうしんぶ》でぎゅっと押《お》しこまれることで生《う》まれるエネルギーのおかげです。このエネルギーで太陽《たいよう》はとても熱《あつ》くなります。

こうして生《う》まれたエネルギーは、光《ひかり》となって惑星《わくせい》などの天体《てんたい》に降《ふ》り注《そそ》ぐのです。

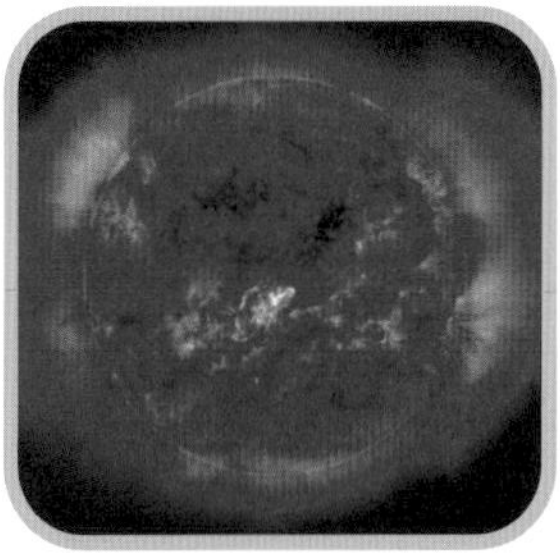

100万《まん》℃の太陽《たいよう》
（観測衛星《かんそくえいせい》「SOHO」が撮影《さつえい》）

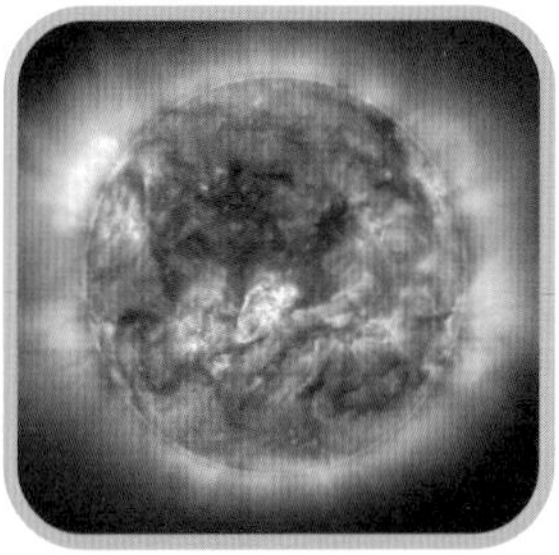

150万《まん》℃の太陽《たいよう》
（観測衛星《かんそくえいせい》「SOHO」が撮影《さつえい》）

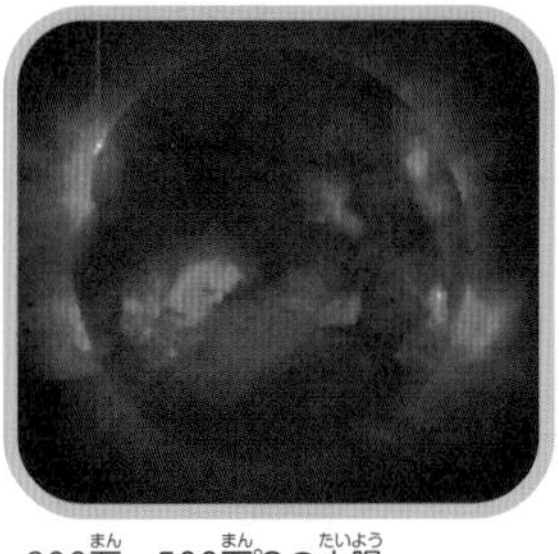

200万《まん》～500万《まん》℃の太陽《たいよう》
（観測衛星《かんそくえいせい》「ようこう」が撮影《さつえい》）

いろいろな“光《ひかり》”でみた太陽《たいよう》

上《うえ》の2枚《まい》は「極端紫外線《きょくたんしがいせん》」という、目《め》にはみえない“光《ひかり》”（電磁波《でんじは》）でみた太陽《たいよう》の姿《すがた》だ。左《ひだり》は100万《まん》℃、右《みぎ》は150万《まん》℃の太陽《たいよう》をみていることになる。下《した》は、「X線《せん》」という電磁波《でんじは》でみた、200万《まん》～500万《まん》℃の太陽《たいよう》の姿《すがた》だ。40ページでは、別《べつ》のもっと大《おお》きな画《が》像《ぞう》を紹介《しょうかい》する。

もっと知《し》りたい

光《ひかり》も電磁波《でんじは》の一部《いちぶ》であり、目《め》にみえることから「可視光線《かしこうせん》」とよばれる。

06 太陽《たいよう》からふきあがる炎《ほのお》の大《おお》きさは地球《ちきゅう》の何十倍《なんじゅうばい》もある

左《ひだり》ページの画像《がぞう》は太陽《たいよう》からふきあがった巨大《きょだい》な炎《ほのお》で、「プロミネンス」といいます。その横《よこ》に実際《じっさい》の大《おお》きさの地《ち》球《きゅう》をえがくと、なんと地球《ちきゅう》の直径《ちょっけい》の30倍以上《ばいいじょう》にもなります。

この炎《ほのお》は、太陽《たいよう》の大気層《たいきそう》「コロナ」（28ページ）で生《う》まれます。コロナでは、「フレア」という大爆発《だいばくはつ》がおきることもあります。

地球《ちきゅう》から見《み》える太陽《たいよう》の表面《ひょうめん》は「光《こう》球《きゅう》」といい、ぐつぐつと煮《に》えたぎるスープのようになっています。光球《こうきゅう》では「黒点《こくてん》」という黒《くろ》い〝しみ〟があらわれたり、消《き》えたりします（42ページ）。

このように太陽《たいよう》が活発《かっぱつ》なのは、太陽《たいよう》の中《なか》からエネルギーが運《はこ》ばれてくるからです。

メモ

太陽表面《たいようひょうめん》の明《あか》るい部分《ぶぶん》と暗《くら》い部分《ぶぶん》は、「対流《たいりゅう》」でおきる。対流《たいりゅう》は、熱《あつ》いものが上《うえ》に行《い》く流《なが》れと、それよりは冷《つめ》たいものが下《した》に行《い》く流《なが》れが同時《どうじ》におきることでできる。

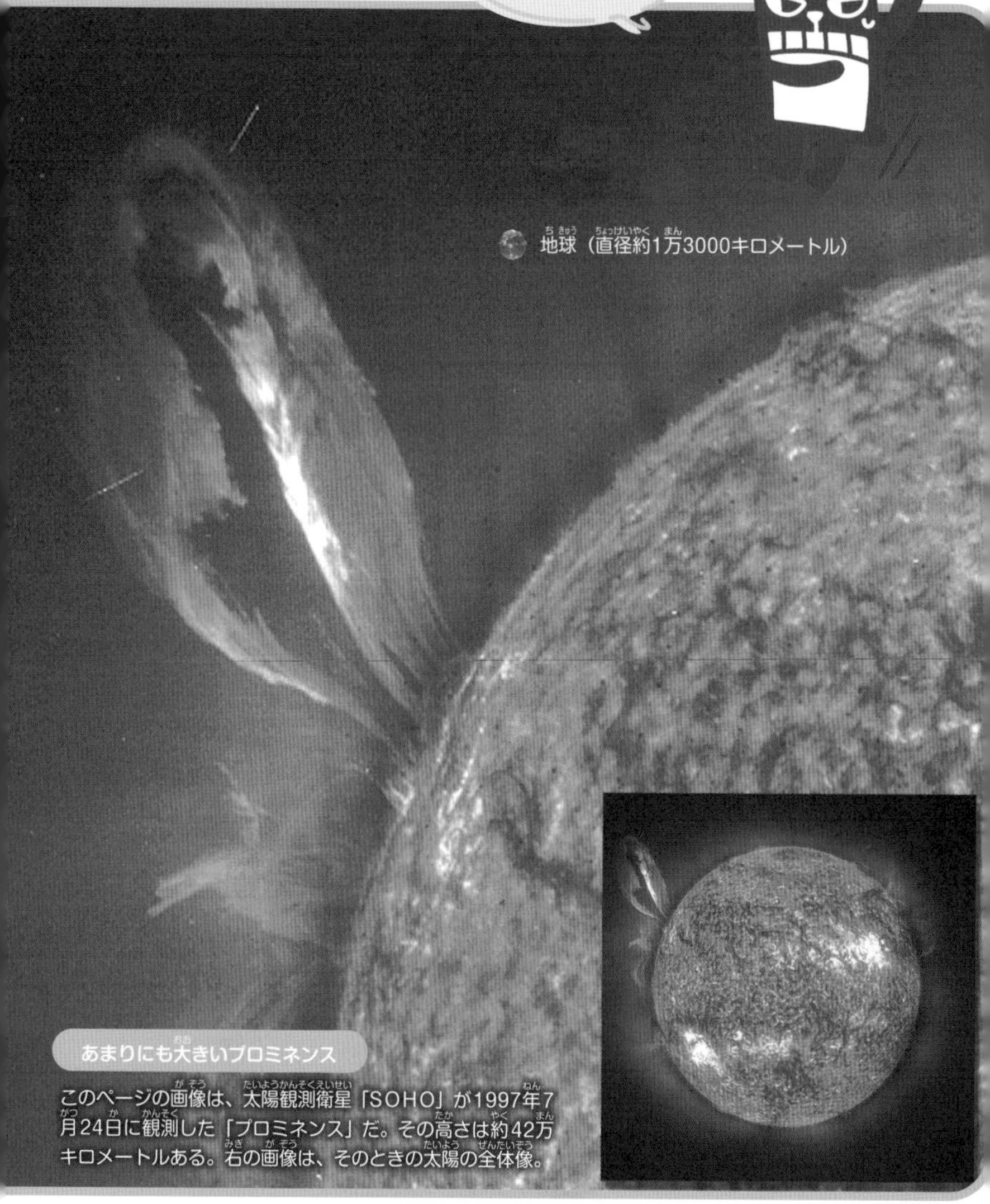

あまりにも大《おお》きいプロミネンス

このページの画像《がぞう》は、太陽観測衛星《たいようかんそくえいせい》「SOHO」が1997年《ねん》7月《がつ》24日《か》に観測《かんそく》した「プロミネンス」だ。その高《たか》さは約《やく》42万《まん》キロメートルある。右《みぎ》の画像《がぞう》は、そのときの太陽《たいよう》の全体像《ぜんたいぞう》。

もっと知《し》りたい

プロミネンスの正体《しょうたい》は、高温《こうおん》のプラズマ（32ページ）の流《なが》れ。

07

太陽表面《たいようひょうめん》では、プラズマがいろいろな電磁波《でんじは》を外《そと》に出《だ》す

太陽《たいよう》の内部《ないぶ》で生《う》まれたエネルギーは、「プラズマ」が表面《ひょうめん》へと運《はこ》びます。プラズマとは、原子《げんし》の中《なか》の原子核《げんしかく》と電子《でんし》がばらばらになった粒子《りゅうし》の集《あつ》まりです。

原子核《げんしかく》はプラスの電気《でんき》をもち、電子《でんし》はマイナスの電気《でんき》をもちます。ふつうなら、電子《でんし》は原子核《げんしかく》に引《ひ》き寄《よ》せられて原子《げんし》になりますが、太陽《たいよう》の中《なか》はとても高温《こうおん》なので、ばらばらになるのです。

太陽《たいよう》の中《なか》の「対流層《たいりゅうそう》」（28ページ）では、高温《こうおん》のプラズマが対流《たいりゅう》しています。その外側《そとがわ》に「光球《こうきゅう》」があります。光球《こうきゅう》はプラズマが光《ひかり》を出《だ》す層《そう》なので、わたしたちの目《め》でみることができます。

その上側《うえがわ》の「彩層《さいそう》」では、上昇《じょうしょう》するプラズマが紫外線《しがいせん》やX線《せん》を出《だ》し、さらにその上空《じょうくう》にある「コロナ」では、プラズマはX線《せん》や電波《でんぱ》を出《だ》します。これらの層《そう》は、私《わたし》たちの目《め》ではみえませんが、紫外線《しがいせん》やX線《せん》の観測機《かんそくき》を使《つか》えば、みることができるのです。

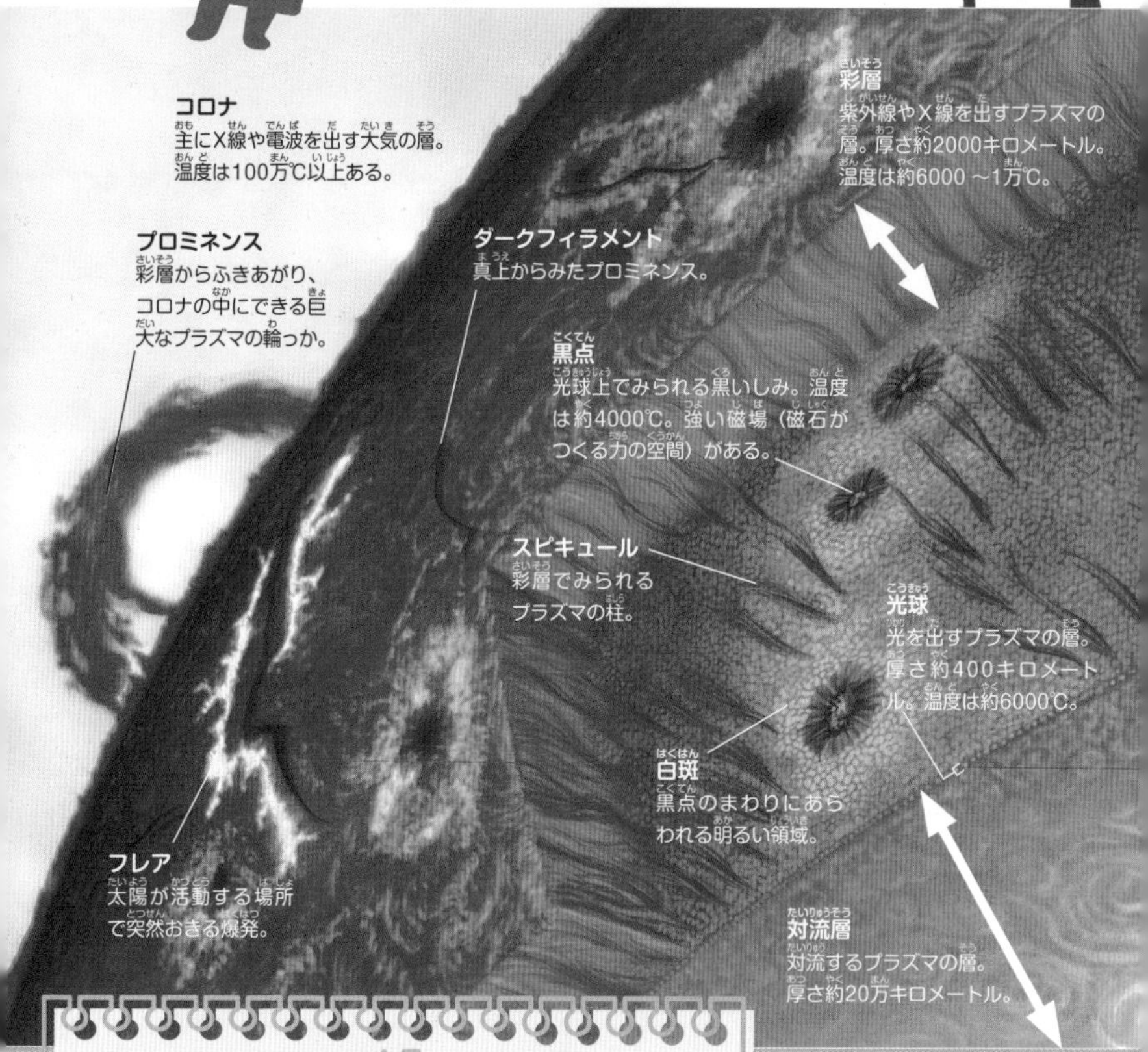

メモ

すべての物《もの》は、とても小《ちい》さな「原子《げんし》」からできている。原子《げんし》は、中心《ちゅうしん》の「原子核《げんしかく》」と、そのまわりをとりまく「電子《でんし》」からなる。原子核《げんしかく》はプラスの電気《でんき》をもつ「陽子《ようし》」などからなる一方《いっぽう》、電子《でんし》はマイナスの電気《でんき》をもつ。プラスとマイナスの電気《でんき》は引《ひ》き合《あ》うので、電子《でんし》は原子核《げんしかく》につかまって原子《げんし》になろうとする。

太陽表面《たいようひょうめん》のしくみ

太陽表面《たいようひょうめん》は大《おお》まかに「光球《こうきゅう》」「彩層《さいそう》」「コロナ」にわけられる。内側《うちがわ》から外側《そとがわ》に向《む》かう高温《こうおん》のプラズマの流《なが》れは、各層《かくそう》で温度《おんど》がことなり、出《だ》す電磁波《でんじは》もことなる。

もっと知《し》りたい

黒点《こくてん》には強力《きょうりょく》な磁場《じば》があり、プラズマの対流《たいりゅう》をじゃまするので温度《おんど》が低《ひく》くなる。

08

太陽《たいよう》エネルギーは核融合反応《かくゆうごうはんのう》で生《う》まれる

太陽《たいよう》の中《なか》にはガスが大量《たいりょう》にあるので、とても強《つよ》い重力《じゅうりょく》が生《う》まれます。この重力《じゅうりょく》によって、太陽《たいよう》の「中心核《ちゅうしんかく》」は2400億《おく》気圧《きあつ》、1500万《まん》℃という超高圧《ちょうこうあつ》・超高温《ちょうこうおん》になります。このような状態《じょうたい》では、水素原子《すいそげんし》は原子《げんし》のままではいられず、原《げん》子核《しかく》と電子《でんし》がばらばらのプラズマ（32ページ）になります。

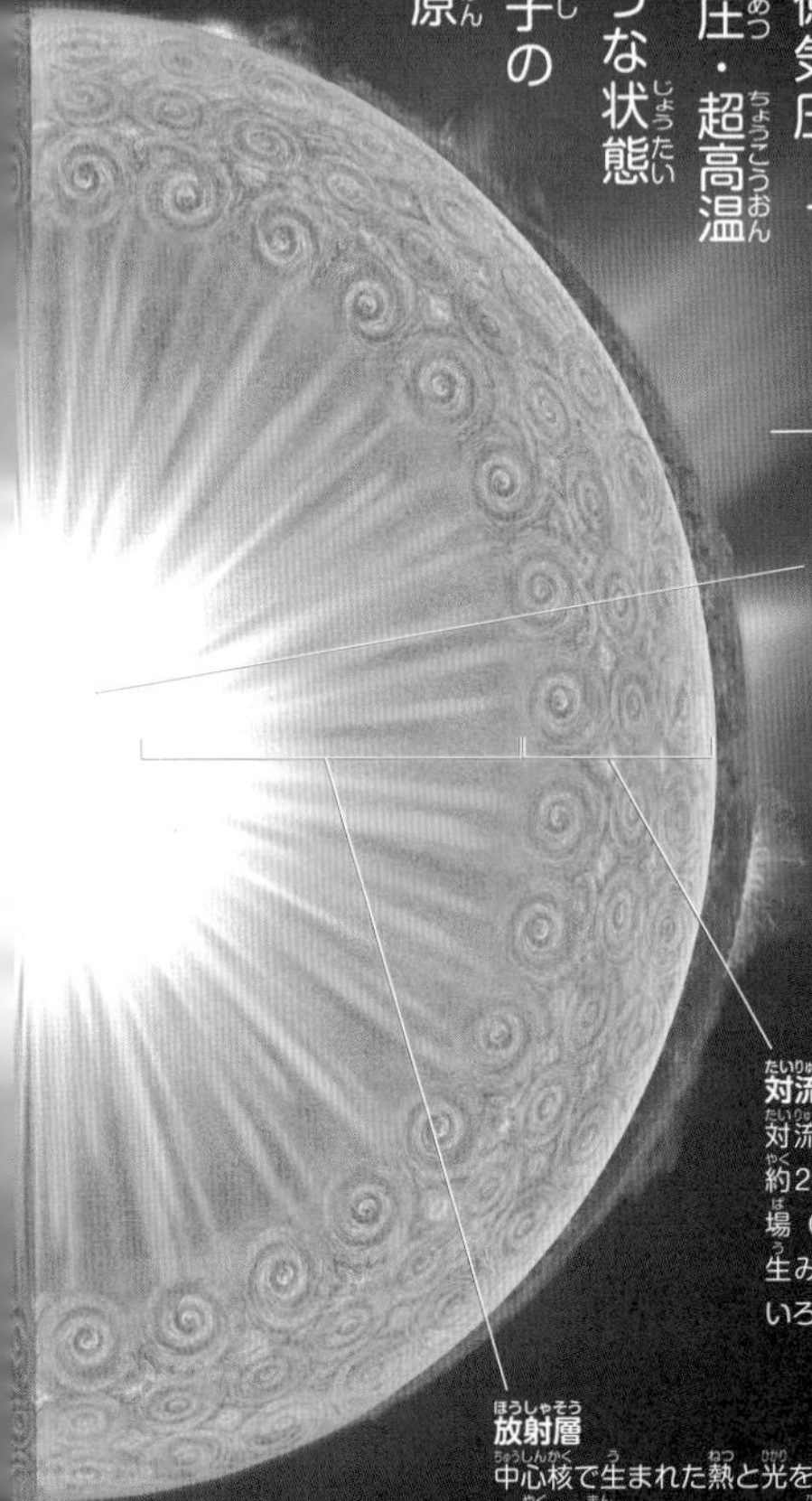
コロナ
中心核《ちゅうしんかく》
太陽《たいよう》の中心部《ちゅうしんぶ》。半径《はんけい》は約《やく》15万《まん》キロメートル。水素《すいそ》原子《げんし》が「核融合反応《かくゆうごうはんのう》」をおこし、太陽《たいよう》エネルギーが生《う》まれる領域《りょういき》。
対流層《たいりゅうそう》
対流《たいりゅう》するプラズマの層《そう》。厚《あつ》さ約《やく》20万《まん》キロメートル。強《つよ》い磁《じ》場《ば》（磁石《じしゃく》がつくる力《ちから》の空間《くうかん》）を生《う》み出《だ》し、それが太陽表面《たいようひょうめん》にいろいろなことをおこす。
中心核《ちゅうしんかく》で生《う》まれた熱《ねつ》と光《ひかり》を外側《そとがわ》に伝《つた》える層《そう》。厚《あつ》さ約《やく》35万《まん》キロメートル。光《ひかり》がまっすぐ進《すす》めないほど、プラズマがぎゅっと詰《つ》まっている。

超高圧《ちょうこうあつ》のもとでは、水素原子《すいそげんし》の原子核《げんしかく》どうしは何度《なんど》もはげしくぶつかり、ついにはくっついてヘリウム原子《げんし》にかわります。これは「核《かく》融合反応《ゆうごうはんのう》」とよばれ、莫大《ばくだい》なエネルギーを生《う》み出《だ》します。これが、太陽《たいよう》エネルギーが生《う》まれるしくみです。

太陽内部《たいようないぶ》のしくみ

「中心核《ちゅうしんかく》」でおきる核融合反応《かくゆうごうはんのう》で生《う》まれた太陽《たいよう》エネルギーは熱《ねつ》や光《ひかり》となり、「放射層《ほうしゃそう》」を伝《つた》って外側《そとがわ》へと向《む》かう。放射層《ほうしゃそう》の外側《そとがわ》にある「対流層《たいりゅうそう》」は、内側《うちがわ》よりも外側《そとがわ》のほうが温度《おんど》が低《ひく》いため、この間《あいだ》で対流《たいりゅう》がおきる。この流《なが》れに乗《の》って、エネルギーは表面《ひょうめん》の「光球《こうきゅう》」へとたどりつき、光《ひかり》などの電磁波《でんじは》として宇宙《うちゅう》にはなたれる。

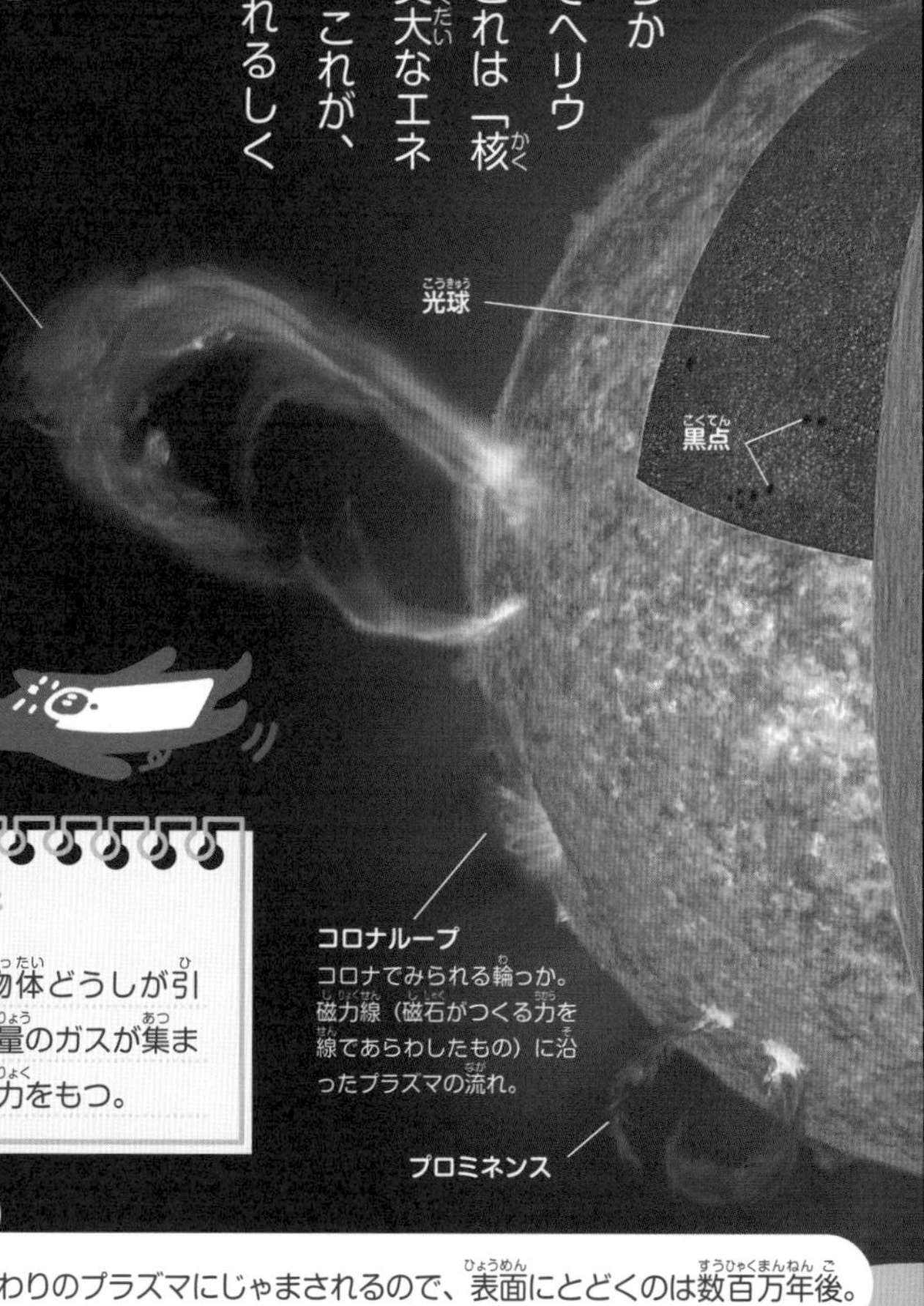

メモ

重力《じゅうりょく》は質量《しつりょう》がある物体《ぶったい》どうしが引《ひ》き合《あ》う力《ちから》のこと。大量《たいりょう》のガスが集《あつ》まる太陽《たいよう》は、強大《きょうだい》な重力《じゅうりょく》をもつ。

もっと知《し》りたい

放射層《ほうしゃそう》の光《ひかり》は、まわりのプラズマにじゃまされるので、表面《ひょうめん》にとどくのは数百万年後《すうひゃくまんねんご》。

09

太陽《たいよう》からふく〝風《かぜ》〟は海王星《かいおうせい》の先《さき》までとどく

太陽《たいよう》には、内部《ないぶ》から大気層《たいきそう》のコロナにいたるまで、プラズマがあふれています。コロナの温度《おんど》は表《ひょう》面温度《めんおんど》よりも高《たか》いため、水素《すいそ》などのガスはプラズマのままです。

コロナのプラズマは、太陽《たいよう》の強《つよ》い重力《じゅうりょく》や磁場《じば》によって太陽《たいよう》に閉《と》じこめられています。しかし、上空《じょうくう》ほど閉《と》じこめる力《ちから》は弱《よわ》くなり、その一部《いちぶ》は宇宙空間《うちゅうくうかん》にふきだします。これを「太陽風《たいようふう》」といいます。

宇宙《うちゅう》にふきだすプラズマ

イラストは、コロナから宇宙空間《うちゅうくうかん》にふきだすプラズマをえがいたもの。太陽観測衛星《たいようかんそくえいせい》「SOHO」がとらえた実際《じっさい》の画像《がぞう》をもとにしている。

太陽風《たいようふう》は人工衛星《じんこうえいせい》に影響《えいきょう》をあたえることもあるよ

太陽風《たいようふう》は、海王星《かいおうせい》の先《さき》までとどくといわれています。

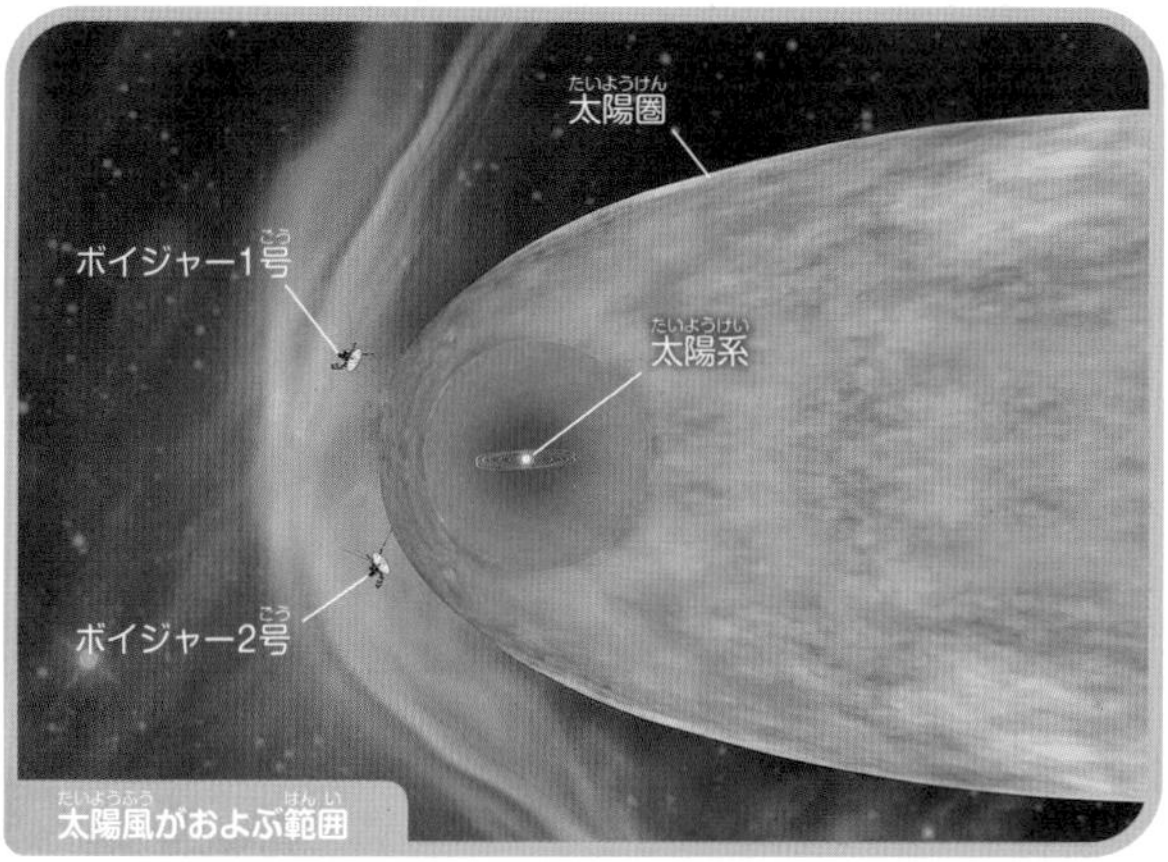

太陽風《たいようふう》がおよぶ範囲《はんい》

太陽風《たいようふう》がとどく範囲《はんい》を「太陽圏《たいようけん》」という。太陽圏《たいようけん》は、海王星《かいおうせい》の公転《こうてん》軌道《きどう》のさらに先《さき》までのびているとみられている。ちなみに、1977年《ねん》に打《う》ち上《あ》げられた探査機《たんさき》ボイジャー1号《ごう》と2号《ごう》は、2018年《ねん》に太陽圏《たいようけん》から脱出《だっしゅつ》した。

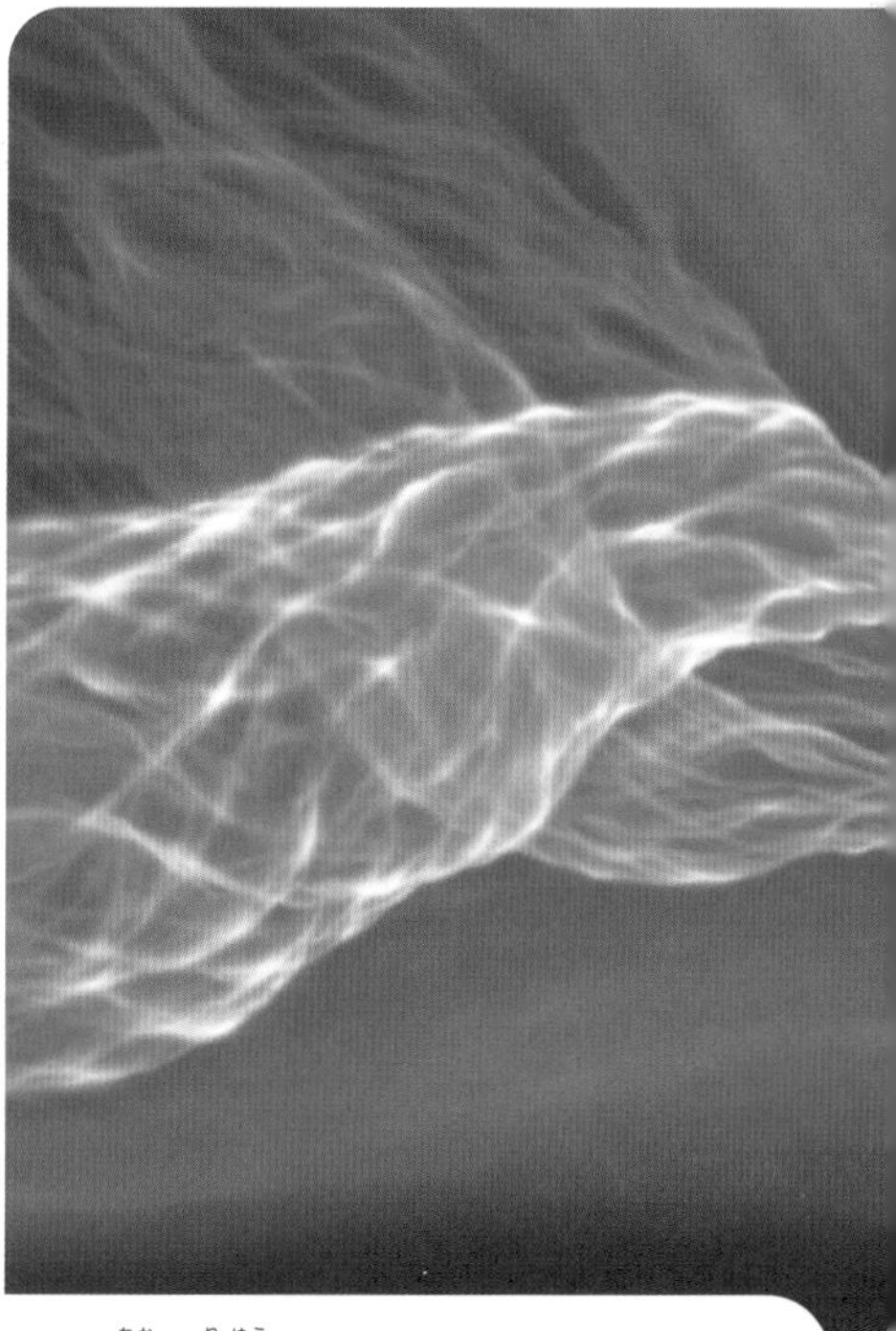

メモ

太陽風《たいようふう》は、主《おも》に陽子《ようし》（水素《すいそ》原子《げんし》の原子核《げんしかく》）と電子《でんし》からなるプラズマの流《なが》れだ。地球《ちきゅう》に到達《とうたつ》するときは、秒速《びょうそく》400メートル以上《いじょう》の速《はや》さをもつ。

もっと知《し》りたい

コロナの温度《おんど》が太陽表面《たいようひょうめん》の温度《おんど》よりとても高《たか》い理由《りゆう》は、なぞとされている。

10

太陽《たいよう》エネルギーの22億分《おくぶん》の1が地球《ちきゅう》にとどく

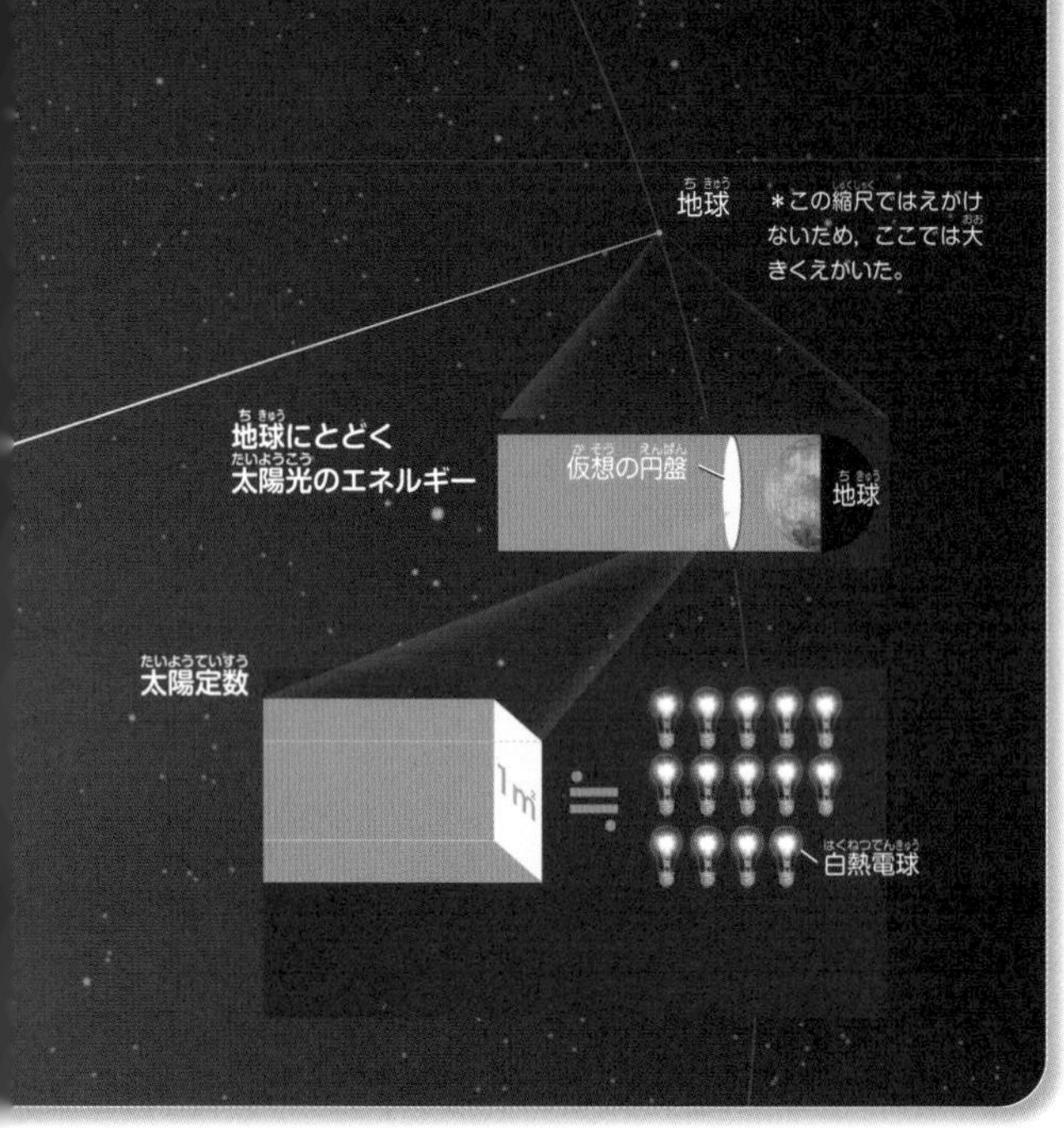

太陽内部《たいようないぶ》の核融合反応《かくゆうごうはんのう》で生《う》み出《だ》されたエネルギーは、光《ひかり》などの電磁波《でんじは》として宇宙《うちゅう》の全方向《ぜんほうこう》にはなたれます。

太陽《たいよう》から1億《おく》5000万《まん》キロメートルもはなれた地球《ちきゅう》には、太陽《たいよう》エネルギーの22億分《おくぶん》の1しかとどきません。地球《ちきゅう》の直径《ちょっけい》が太陽《たいよう》にくらべて小《ちい》さく、太陽光《たいようこう》を受《う》け取《と》る面積《めんせき》が小《ちい》さいことも関係《かんけい》しています。

地球《ちきゅう》にとどく太陽《たいよう》エネルギー

太陽《たいよう》に対《たい》して地球《ちきゅう》をすっぽりとおおう仮想《かそう》の円盤《えんばん》をかんがえると、この円《えん》に降《ふ》り注《そそ》ぐ太陽光《たいようこう》が、地球《ちきゅう》にとどく太陽《たいよう》エネルギーになる。そのうちの1平方《へいほう》メートルぶんの量《りょう》を「太陽定数《たいようていすう》」という。これは100ワットの電球《でんきゅう》を14個《こ》光《ひか》らせることができるエネルギーだ。

それでも、地球上《ちきゅうじょう》に生命《せいめい》が生《う》まれたのは太陽《たいよう》エネルギーのおかげです。また、文明《ぶんめい》の発展《はってん》を支《ささ》えた石油《せきゆ》や石炭《せきたん》などの化石燃料《かせきねんりょう》も、もとをたどれば太陽《たいよう》エネルギーがもたらしたものなのです。

メモ

エネルギーは光《ひかり》（電磁波《でんじは》）になったり、熱《ねつ》になったりと、形《かたち》をかえることができる。地球《ちきゅう》にとどく太陽光《たいようこう》（電磁波《でんじは》）は、地上《ちじょう》のものをあたためたり、「光合成《こうごうせい》」とよばれる植物《しょくぶつ》の化学反応《かがくはんのう》を助《たす》けたりすることで、形《かたち》をかえていく。

もっと知《し》りたい

地球《ちきゅう》にとどく太陽《たいよう》エネルギーの30パーセントは、雲《くも》や雪《ゆき》で反射《はんしゃ》されて吸収《きゅうしゅう》されない。

11

しゃしんギャラリー 観測衛星《かんそくえいせい》がとらえた太陽《たいよう》

太陽《たいよう》は、目《め》でみえる光《ひかり》だけでなく紫外線《しがいせん》やX線《せん》なども出《だ》しています。
太陽《たいよう》の観測衛星《かんそくえいせい》がとらえた、〝目《め》にはみえない太陽《たいよう》〟をじっくり観察《かんさつ》しましょう。

紫外線《しがいせん》でみた太陽《たいよう》

右《みぎ》の画像《がぞう》は、NASAの太陽観測衛星《たいようかんそくえいせい》「SDO（ソーラー・ダイナミクス・オブザーバートリー）」が極端紫外線《きょくたんしがいせん》でとらえた太陽《たいよう》の姿《すがた》（2015年《ねん》9月《がつ》13日《にち》に撮影《さつえい》）。コロナにただようプラズマや、コロナループなどがみえる。左《ひだり》の大《おお》きな影《かげ》は月《つき》だ。

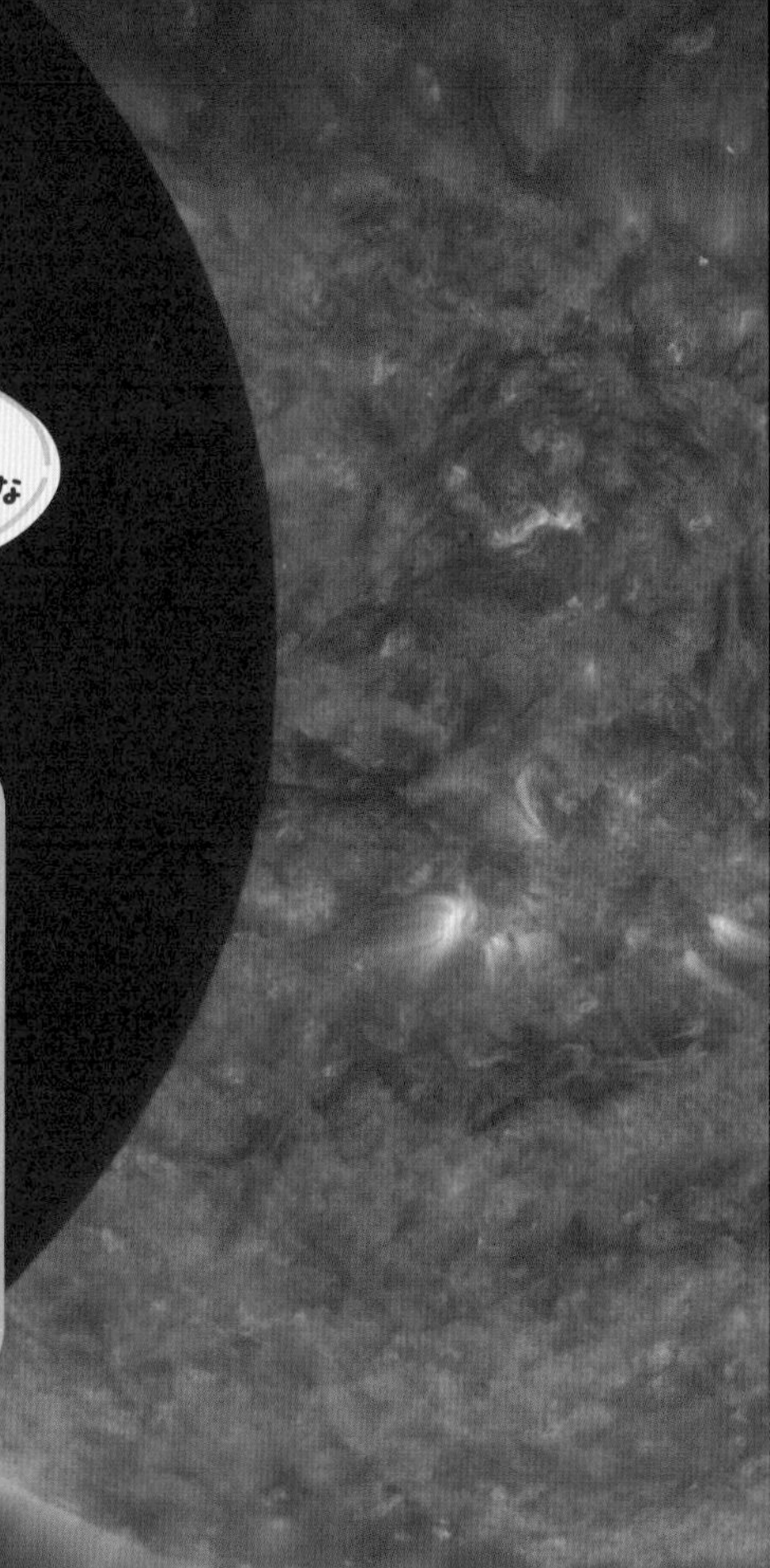

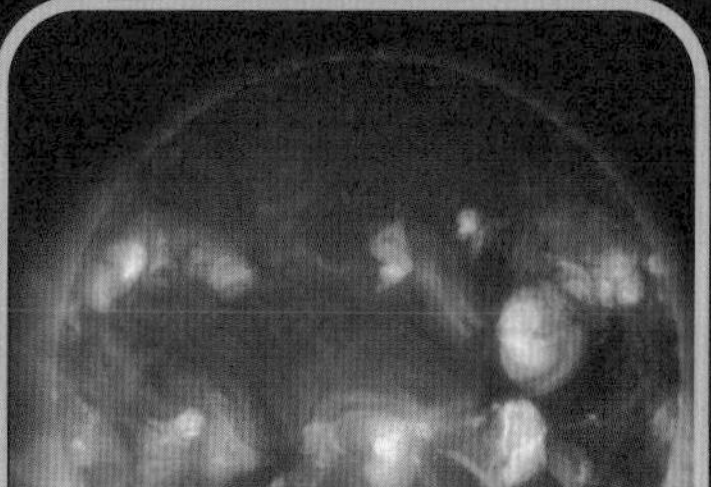

X線《せん》でみた太陽《たいよう》

日本《にほん》の科学衛星《かがくえいせい》「ひので」がX線《せん》でとらえた太陽《たいよう》の姿《すがた》。明《あか》るくかがやいているところは黒点《こくてん》の上空《じょうくう》で、高温《こうおん》のプラズマがたくさんある。暗《くら》いところは「コロナホール」とよばれ、高速《こうそく》の太陽風《たいようふう》がふき出《だ》す場所《ばしょ》とかんがえられている。

もっと知《し》りたい

コロナホールは、コロナの中《なか》で温度《おんど》が低《ひく》く、プラズマの量《りょう》が少《すく》ない場所《ばしょ》とされている。

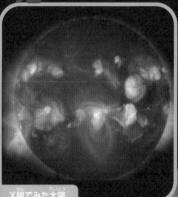

やすみじかん

黒点《こくてん》の数《かず》が減《へ》ると太陽《たいよう》は暗《くら》くなる？

太陽《たいよう》の光球上《こうきゅうじょう》には、「黒点《こくてん》」という黒《くろ》い〝しみ〟があらわれることがあります。黒《くろ》い点《てん》がふえると太陽《たいよう》は暗《くら》くなりそうですが、逆《ぎゃく》にわずかに明《あか》るくなることがわかっています。

実《じつ》は、黒点《こくてん》は太陽《たいよう》が活発《かっぱつ》になるとあらわれ、黒点《こくてん》のまわりには「白斑《はくはん》」という明《あか》るい領域《りょういき》もできます。この明《あか》るさが、黒点《こくてん》で暗《くら》くなるぶんを上《うわ》まわるので、太陽《たいよう》は明《あか》るくなるのです。

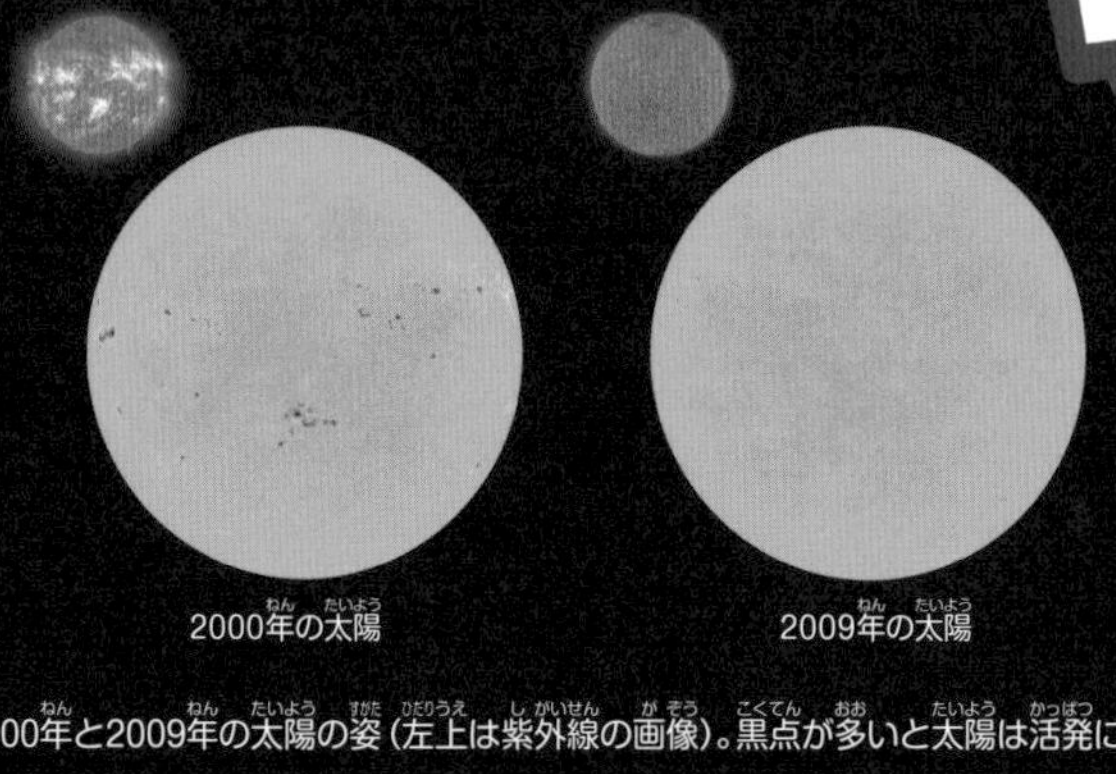

2000年《ねん》と2009年《ねん》の太陽《たいよう》の姿《すがた》（左上《ひだりうえ》は紫外線《しがいせん》の画像《がぞう》）。黒点《こくてん》が多《おお》いと太陽《たいよう》は活発《かっぱつ》になる。

2 じかんめ

わたしたちの地球《ちきゅう》と月《つき》

太陽系《たいようけい》の中《なか》で、生命《せいめい》が確認《かくにん》されているのは地球《ちきゅう》だけです。どうやってこの地球《ちきゅう》ができたのか、かけ足《あし》でみていきましょう。地球《ちきゅう》の衛星《えいせい》である、〝お月《つき》さま〟との関係《かんけい》にもせまります。

01 生命《せいめい》が確認《かくにん》されている天体《てんたい》は太陽系《たいようけい》で地球《ちきゅう》だけ

地球《ちきゅう》は太陽系《たいようけい》でただ一《ひと》つ、生命《せいめい》が確《かく》認《にん》されている天体《てんたい》です。地球《ちきゅう》に生命《せいめい》がいる理由《りゆう》の一《ひと》つは、液体《えきたい》の水《みず》があることです。地表《ちひょう》の平均気温《へいきんきおん》が15℃と、おだやかなことも生命《せいめい》のすみやすさにつながっています。

地球《ちきゅう》の中身《なかみ》をみると、主《おも》に鉄《てつ》でできた「核《かく》」のまわりを高温《こうおん》の岩石《がんせき》でできた「マントル」がおおい、さらに薄《うす》い岩《がん》石《せき》の層《そう》「地殻《ちかく》」がおおっています。地球《ちきゅう》が「岩石惑星《がんせきわくせい》」ともいわれる理由《りゆう》です。

地球《ちきゅう》 Earth

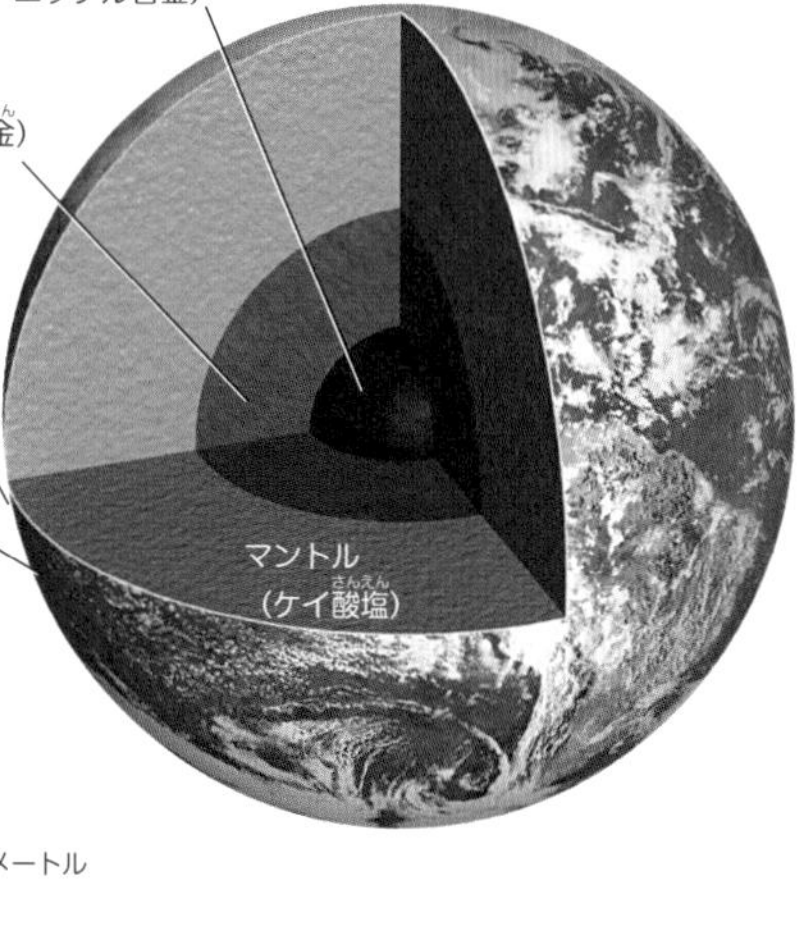

地球《ちきゅう》のデータ

赤道半径《せきどうはんけい》	69万《まん》5700キロメートル
赤道重力《せきどうじゅうりょく》	9.78メートル毎秒毎秒《まいびょうまいびょう》
体積《たいせき》	約《やく》1兆立方《ちょうりっぽう》キロメートル
質量《しつりょう》	5.972×10^{24}キログラム
密度《みつど》	5.51グラム毎立方《まいりっぽう》センチメートル
自転周期《じてんしゅうき》	0.9973日《にち》
公転周期《こうてんしゅうき》	1.00002ユリウス年《ねん》*
衛星数《えいせいすう》	1個《こ》

国立天文台編《こくりつてんもんだいへん》『理科年表《りかねんぴょう》2023』より

＊1ユリウス年《ねん》＝365.25日《にち》

生命《せいめい》をまもる地球《ちきゅう》の「磁場《じば》」

太陽《たいよう》から降《ふ》り注《そそ》ぐ「太陽風《たいようふう》」(36ページ) は、高速《こうそく》のプラズマの流《なが》れなので生命《せいめい》にとっては危険《きけん》だ。しかし、地球《ちきゅう》にできた「磁場《じば》」が、プラズマからわたしたちを守《まも》ってくれている。電気《でんき》をおびた粒子《りゅうし》は、磁場《じば》の中《なか》に簡単《かんたん》には入《はい》ってこられないからだ。

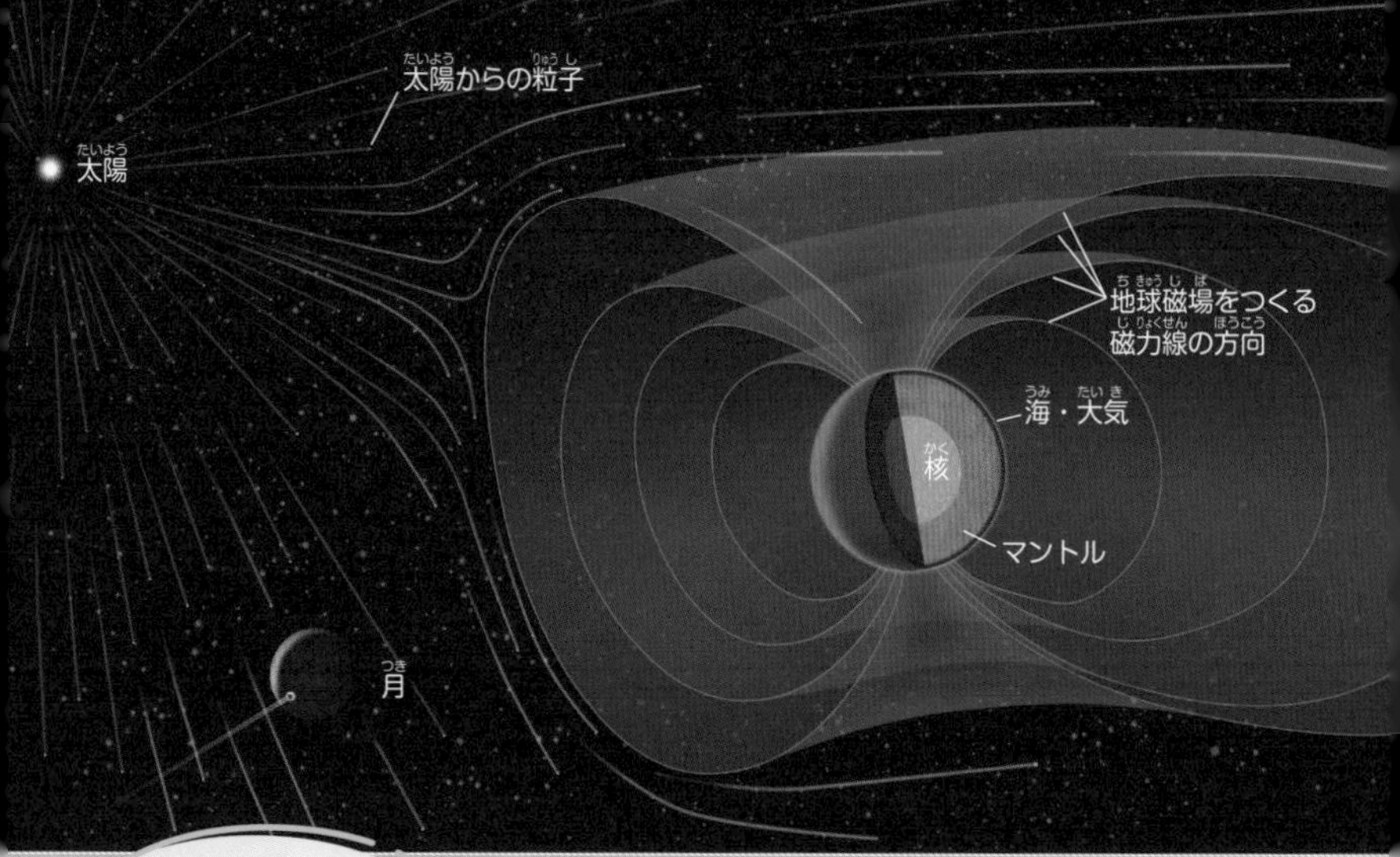

メモ

地球《ちきゅう》の磁場《じば》は、地球内部《ちきゅうないぶ》の「内核《ないかく》」にあるドロドロにとけた金属《きんぞく》がつくっている。この金属《きんぞく》が動《うご》くと電気《でんき》の流《なが》れができ、それが磁場《じば》をつくる。地球《ちきゅう》は、巨大《きょだい》な棒磁石《ぼうじしゃく》のようになっている。

もっと知《し》りたい

太陽系《たいようけい》の地球型惑星《ちきゅうがたわくせい》の中《なか》で、一番重《いちばんおも》いのは地球《ちきゅう》。

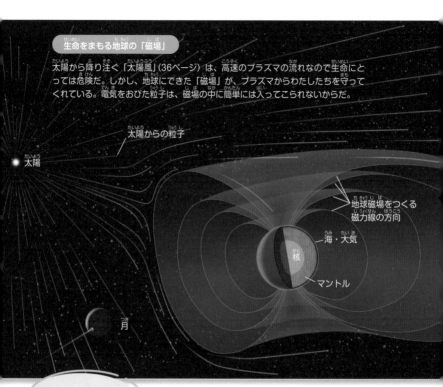

02

二酸化炭素《にさんかたんそ》が陸《りく》と海《うみ》をめぐり、おだやかな気候《きこう》がたもたれる

地表《ちひょう》の71パーセントは海《うみ》、残《のこ》りの29パーセントは陸《りく》です。このように海《うみ》と陸《りく》のある環境《かんきょう》が、実《じつ》は地《ち》球《きゅう》の気候《きこう》をおだやかなものにしています。

地球《ちきゅう》の熱《ねつ》は、たえず宇宙《うちゅう》に逃《に》げていこうとします。それを大気中《たいきちゅう》の二酸化炭素《にさんかたんそ》がとどめようとします（温室効果《おんしつこうか》）。二酸化炭素《にさんかたんそ》が多《おお》いと地球《ちきゅう》は熱《あつ》くなりますが、まったくないと凍《こお》りついてしまうの

二酸化炭素《にさんかたんそ》が地球《ちきゅう》をめぐるしくみ

です。
陸《りく》と海《うみ》があると、二酸化炭素《にさんかたんそ》が大気《たいき》と海《うみ》と地中《ちちゅう》の間《あいだ》をぐるぐるとめぐるサイクルができます。しかも、二酸化炭素《にさんかたんそ》がちょうどよい量《りょう》にたもたれるのです。

メモ

「プレート」は「地殻《ちかく》」から「マントル」の浅《あさ》い部分《ぶぶん》までにある、かたい岩盤《がんばん》だ。プレートの一部《いちぶ》は地中《ちちゅう》に沈《しず》みこんでいく。二酸化炭素《にさんかたんそ》はこの動《うご》きに乗《の》って地中《ちちゅう》に運《はこ》ばれる。

二酸化炭素《にさんかたんそ》（CO_2）は大気《たいき》から雨《あめ》として陸《りく》へ、陸《りく》から海《うみ》へ、海《うみ》から海底《かいてい》へ、そして火山《かざん》を通《とお》ってふたたび大気《たいき》へと移動《いどう》する。このサイクルで大気《たいき》からCO_2がとりのぞかれるので、二酸《にさん》化炭素《かたんそ》の温室効果《おんしつこうか》がはたらきすぎないようになる。このしくみは、気温《きおん》が高《たか》いほどよくはたらくので、CO_2はちょうどよい量《りょう》に落《お》ち着《つ》く。

もっと知《し》りたい

水星《すいせい》や金星《きんせい》に液体《えきたい》の水《みず》がないのは、太陽《たいよう》に近《ちか》すぎて蒸発《じょうはつ》してしまったから。

03

地球《ちきゅう》の姿《すがた》は、成長《せいちょう》とともに大《おお》きくかわっていった

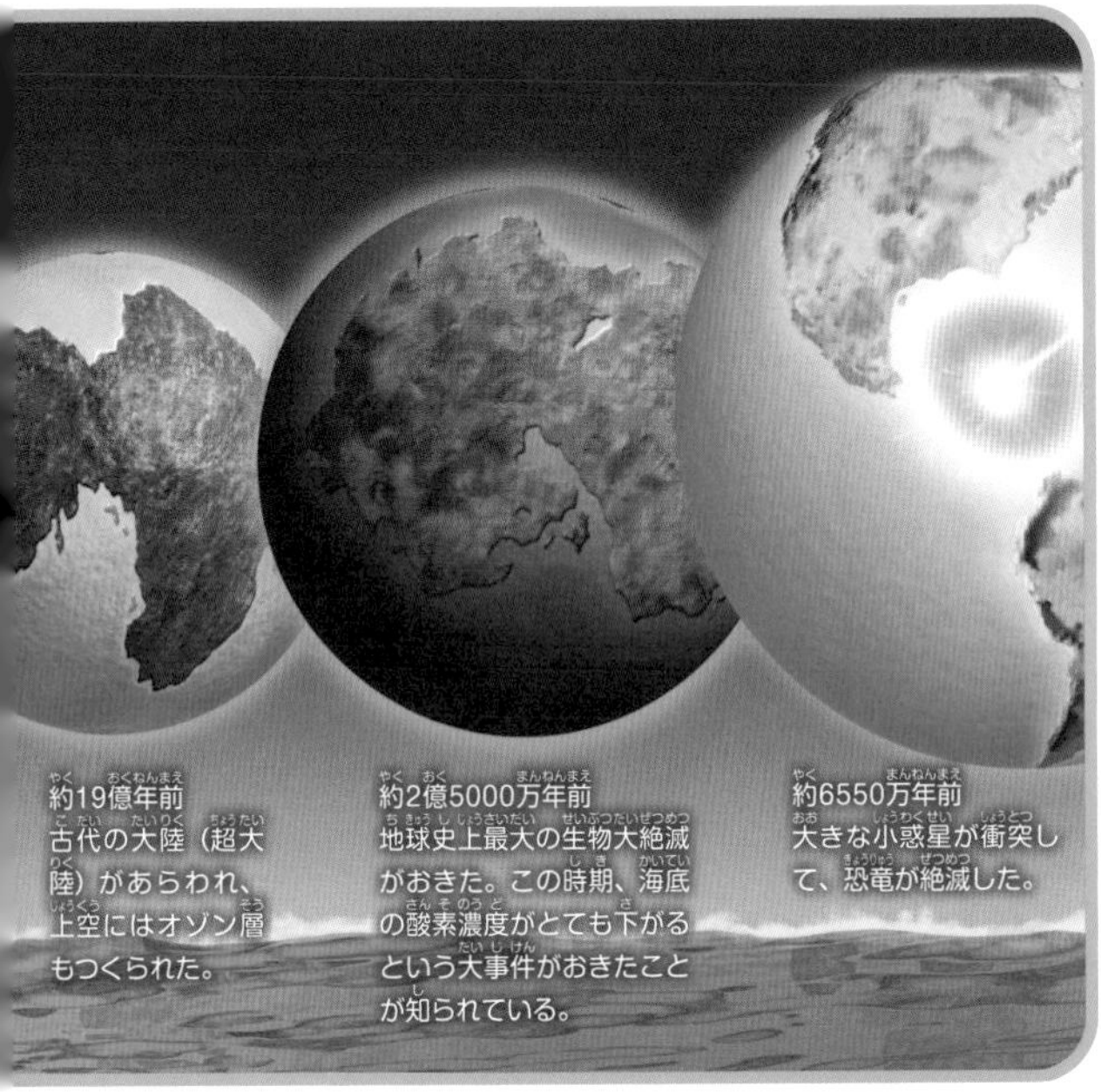

生命《せいめい》をはぐくむ地球《ちきゅう》がどうやってできたのか、かけ足《あし》でみていきましょう。

地球《ちきゅう》が生《う》まれたのは、今《いま》から約《やく》46億年前《おくねんまえ》です。そのころ地表《ちひょう》には〝マグマの海《うみ》〟がありました。今《いま》のような海《うみ》ができたのは、約《やく》38億年前《おくねんまえ》とみられています。最初《さいしょ》の生命《せいめい》「原核生物《げんかくせいぶつ》」も、このころに生《う》まれたようです。

その後《ご》、太陽《たいよう》エネルギーで光《こう》

地球《ちきゅう》のうつりかわり

イラストは、地球《ちきゅう》でおきた主《おも》な出来事《できごと》をえがいたもの。地球《ちきゅう》が凍《こお》りついた出来事《できごと》や生物《せいぶつ》の大量絶滅《たいりょうぜつめつ》などは、他《ほか》にも何度《なんど》かおきたとみられている。恐竜《きょうりゅう》の絶滅《ぜつめつ》は約《やく》6550万年前《まんねんまえ》に、ユカタン半島《はんとう》に小惑星《しょうわくせい》が落下《らっか》・衝突《しょうとつ》したことが引《ひ》き金《がね》になっておきたとされている。

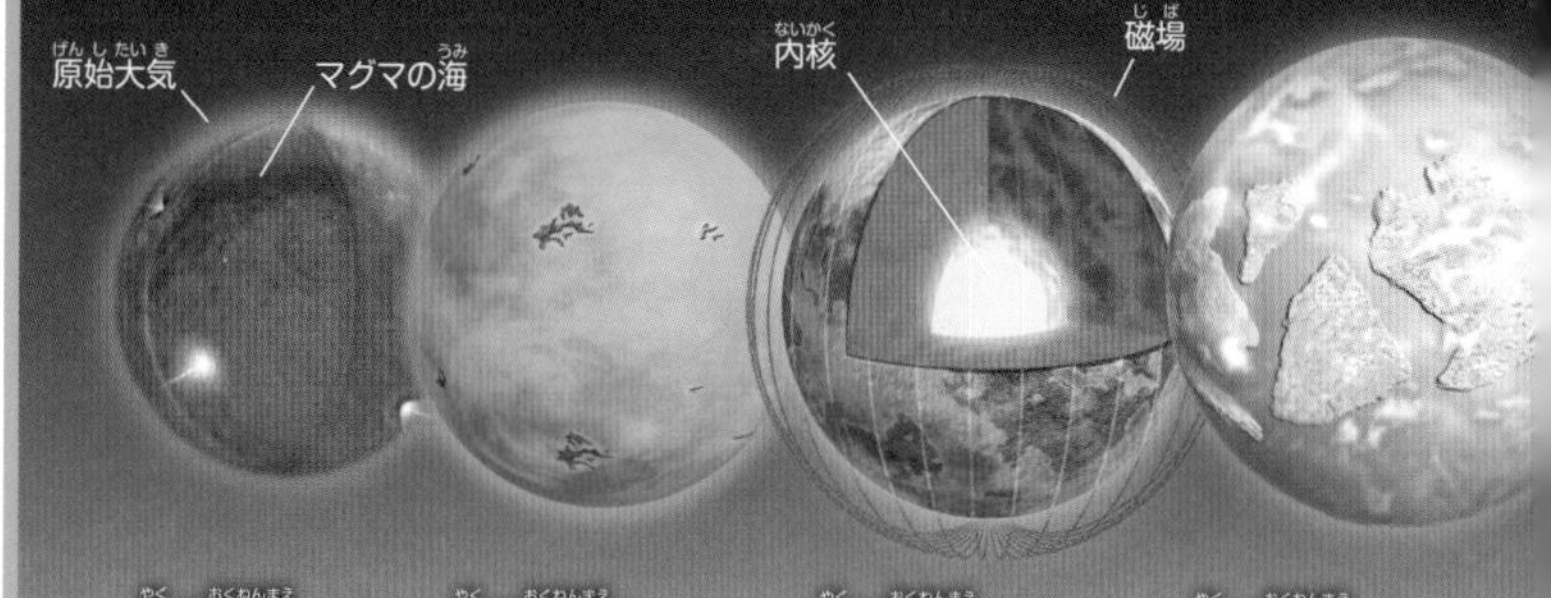

約《やく》46億年前《おくねんまえ》
マグマの海《うみ》と原始《げんし》大気《たいき》がつくられた。

約《やく》38億年前《おくねんまえ》
少《すく》なくともこのころには、海《うみ》がつくられていた。

約《やく》35億年前《おくねんまえ》
磁場《じば》がすでにできていた。内核《ないかく》も20億年前《おくねんまえ》ごろまでにはつくられていたと思《おも》われる。

約《やく》24億年前《おくねんまえ》
地球《ちきゅう》の表面《ひょうめん》のほとんどすべてが凍《こお》りついた。7億《おく》～6億年前《おくねんまえ》にも2～3回《かい》、地球《ちきゅう》の大部分《だいぶぶん》が凍《こお》りついたとみられている。

合成《ごうせい》をおこなう生物《せいぶつ》があらわれ、地球《ちきゅう》に酸素《さんそ》ができはじめます。一方《いっぽう》、二酸化炭素《にさんかたんそ》が少《すく》なくなる出来事《できごと》がおきました。温室効果《おんしつこうか》がきかない地球《ちきゅう》は約《やく》24億年前《おくねんまえ》、ほぼ凍《こお》りついてしまいます。

やがて氷《こおり》がとけると、地上《ちじょう》にはさまざまな生物《せいぶつ》が生《う》まれます。約《やく》19億年前《おくねんまえ》には、生物《せいぶつ》が活《かつ》躍《やく》する大陸《たいりく》もできていました。その一方《いっぽう》で、生物《せいぶつ》が大量絶滅《たいりょうぜつめつ》するという出来事《できごと》もたびたびおきました。恐竜《きょうりゅう》も絶滅《ぜつめつ》した生物《せいぶつ》の一《ひと》つです。

もっと知《し》りたい

地球《ちきゅう》の酸素《さんそ》が爆発的《ばくはつてき》にふえたのは、藍藻類《らんそうるい》が光合成《こうごうせい》をはじめた27～24億年前《おくねんまえ》。

04

太陽光《たいようこう》と地球《ちきゅう》の自転《じてん》が地表《ちひょう》を温暖《おんだん》にしている

地表《ちひょう》で太陽光《たいようこう》の当《あ》たる量《りょう》が多《おお》い赤道《せきどう》付近《ふきん》と、その量《りょう》が少《すく》ない極域《きょくいき》（北極《ほっきょく》と南極《なんきょく》の付近《ふきん》）との間《あいだ》には温度《おんど》の差《さ》ができます。温度差《おんどさ》は大気《たいき》の中《なか》に対流《たいりゅう》（30ページ）を生《う》むので、赤道《せきどう》と極域《きょくいき》の間《あいだ》で熱《ねつ》の移動《いどう》がおきます。

具体的《ぐたいてき》に言《い》うと、地球《ちきゅう》の自転《じてん》の効果《こうか》も加《くわ》わって、東西方向《とうざいほうこう》と南北方向《なんぼくほうこう》に動《うご》く風《かぜ》が生《う》まれ、熱《ねつ》が地球全体《ちきゅうぜんたい》に運《はこ》ばれます。地表《ちひょう》が温暖《おんだん》な理由《りゆう》の一《ひと》つは、こうした大気《たいき》の中《なか》のしくみにあります。

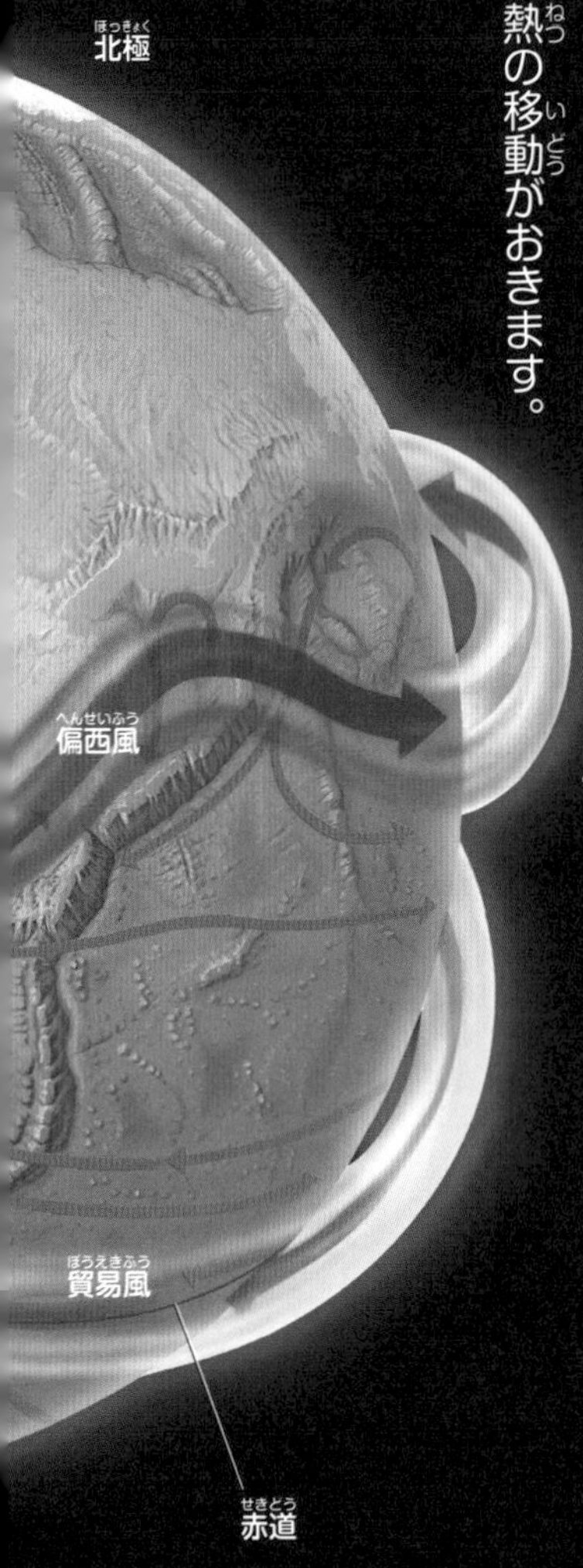

地球全体《ちきゅうぜんたい》をめぐる風《かぜ》

太陽《たいよう》であたためられた赤道近《せきどうちか》くの大気《たいき》は、上昇《じょうしょう》しながら南北《なんぼく》に動《うご》く。この大気《たいき》の流《なが》れ（気流《きりゅう》）は「コリオリの力《ちから》」で東西方向《とうざいほうこう》に向《む》きを変《か》え、これが西風《にしかぜ》「偏西風《へんせいふう》」になる。一方《いっぽう》、上昇《じょうしょう》した気流《きりゅう》の一部《いちぶ》は冷《ひ》やされて下《か》降《こう》し、赤道《せきどう》の近《ちか》くで東風《ひがしかぜ》「貿易風《ほうえきふう》」になる。偏西風《へんせいふう》は南北《なんぼく》にも動《うご》くので、赤道付近《せきどうふきん》の熱《ねつ》を極域《きょくいき》にわたす役目《やくめ》もある。

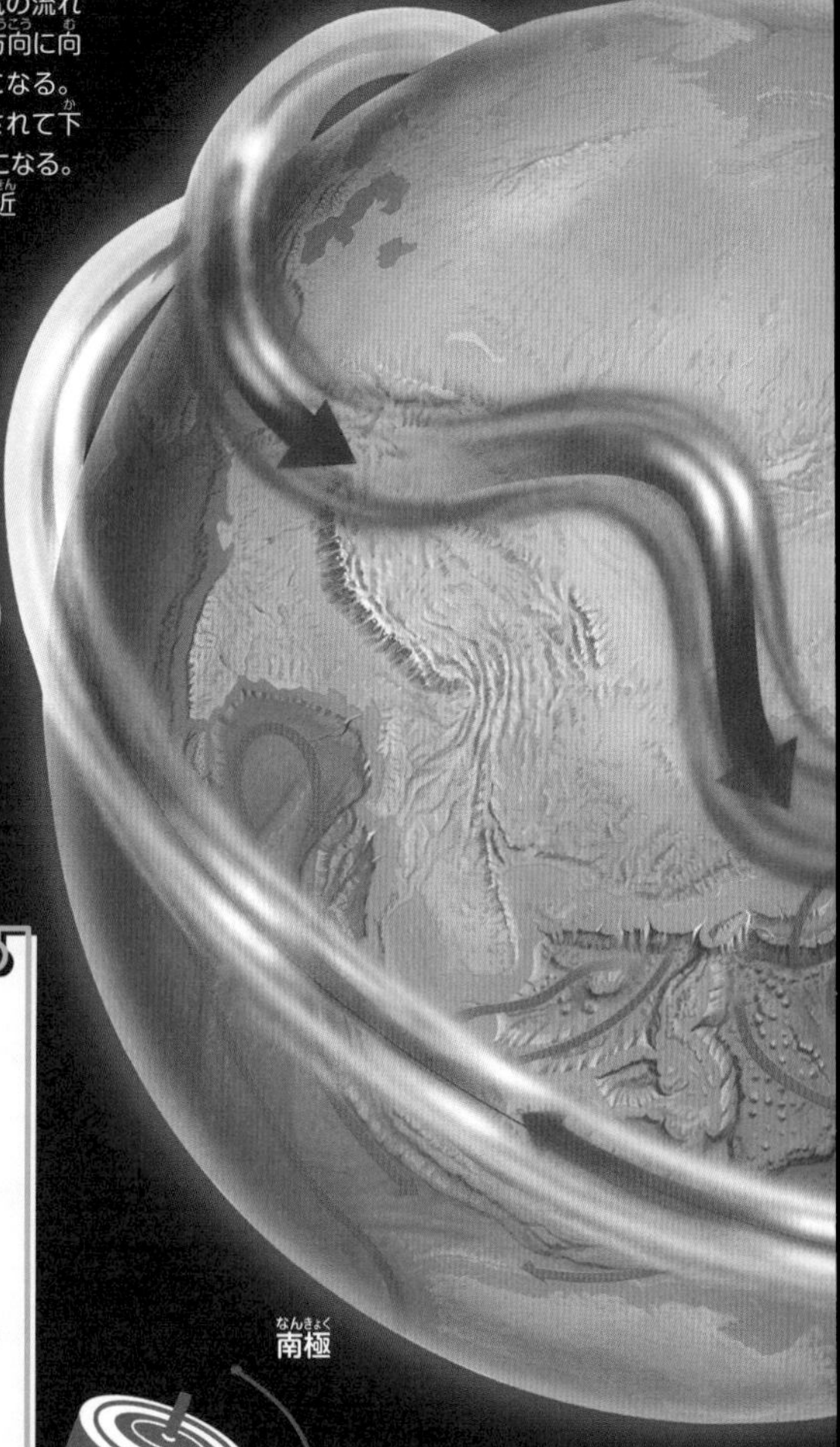

メモ

天体《てんたい》がコマのようにみずからまわることを「自転《じてん》」という。自転《じてん》する天体《てんたい》の表面《ひょうめん》を動《うご》く物体《ぶったい》には、見《み》かけの力《ちから》（コリオリの力《ちから》）がかかる。北半球《きたはんきゅう》では、この力《ちから》が物体《ぶったい》の進行方向《しんこうほうこう》を右向《みぎむ》きにかえるようにはたらく。

もっと知《し》りたい

コリオリの力《ちから》は極域《きょくいき》に近《ちか》いほど強《つよ》くなるので、偏西風《へんせいふう》の勢《いきお》いも強《つよ》くなる。

05 地球規模《ちきゅうきぼ》の海《うみ》の流《なが》れも温暖《おんだん》な気候《きこう》に関係《かんけい》している

海《うみ》の流《なが》れ（海流《かいりゅう》）も、地球《ちきゅう》の気候《きこう》に大《おお》きな影響《えいきょう》をあたえます。

深《ふか》さ数百《すうひゃく》メートルまでの海流《かいりゅう》は、海上《かいじょう》をふく風《かぜ》にひきずられることで生《う》まれます。一方《いっぽう》、海《うみ》の深《ふか》いところにできる海流《かいりゅう》は、海水《かいすい》の塩分濃度《えんぶんのうど》と温度《おんど》が関係《かんけい》して生《う》まれます。たと

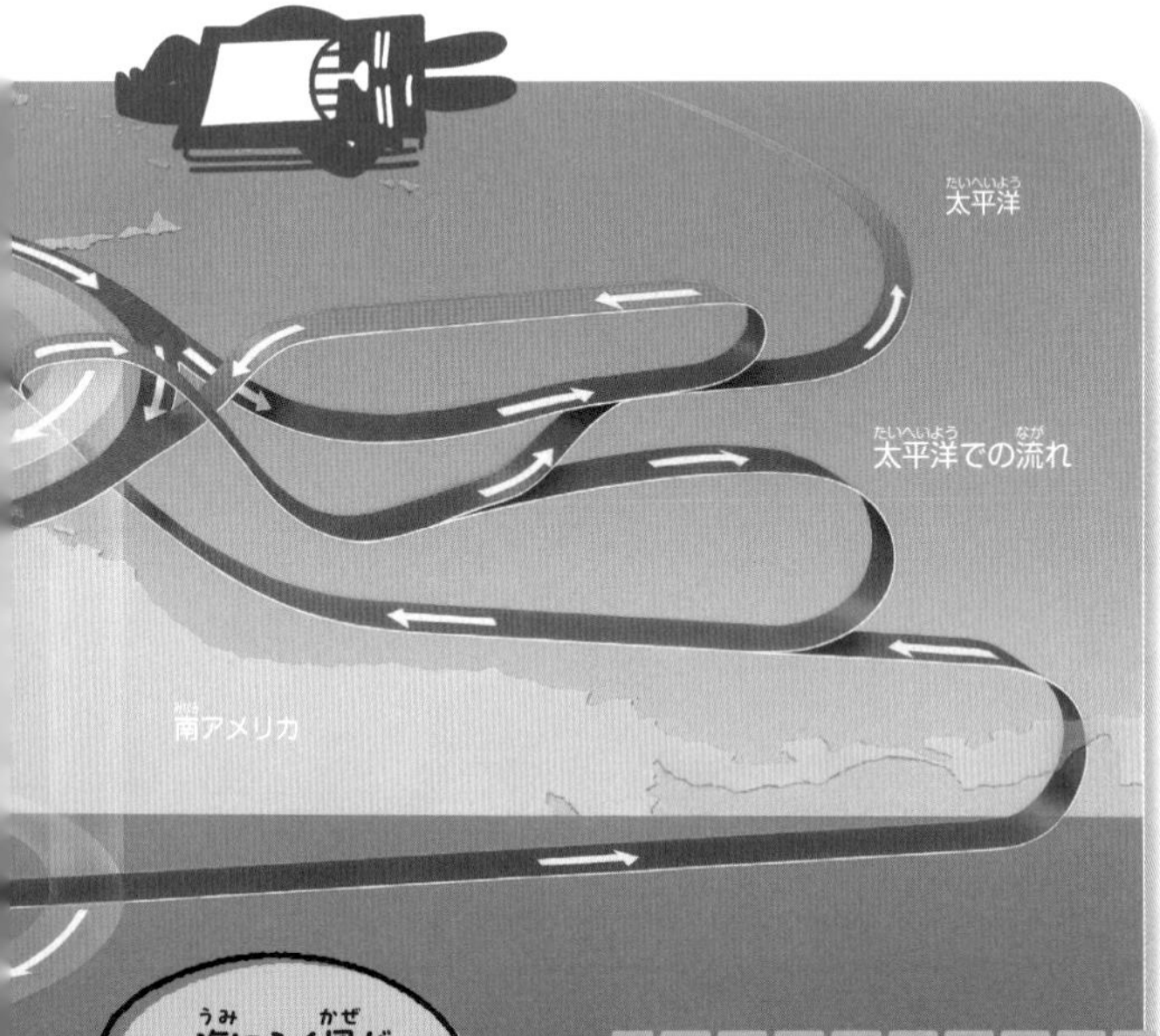

メモ

表層《ひょうそう》の海流《かいりゅう》は、赤道付近《せきどうふきん》の大気《たいき》からうばった熱《ねつ》を極域《きょくいき》に運《はこ》ぶことで低温《ていおん》になる。また、極域《きょくいき》の海《うみ》では、海氷《かいひょう》ができるぶんだけ塩分濃度《えんぶんのうど》が高《たか》くなる。これらの結果《けっか》として、海水《かいすい》が深層《しんそう》にもぐりこんでいく。

えば極域《きょくいき》の海《うみ》は、塩分《えんぶん》濃度《のうど》が高《たか》く温度《おんど》が低《ひく》いので、深海《しんかい》にもぐりこみます。これが海流《かいりゅう》となって深海《しんかい》を流《なが》れていきます。

この2つの海流《かいりゅう》は地《ち》球《きゅう》の広《ひろ》い範《はん》囲《い》をめぐり、全体《ぜんたい》として赤道《せきどう》付《ふ》近《きん》の熱《ねつ》を極域《きょくいき》に運《はこ》ぶサイクルをつくっています。このサイクルも、地球全体《ちきゅうぜんたい》の気候《きこう》を温暖《おんだん》にしているのです。

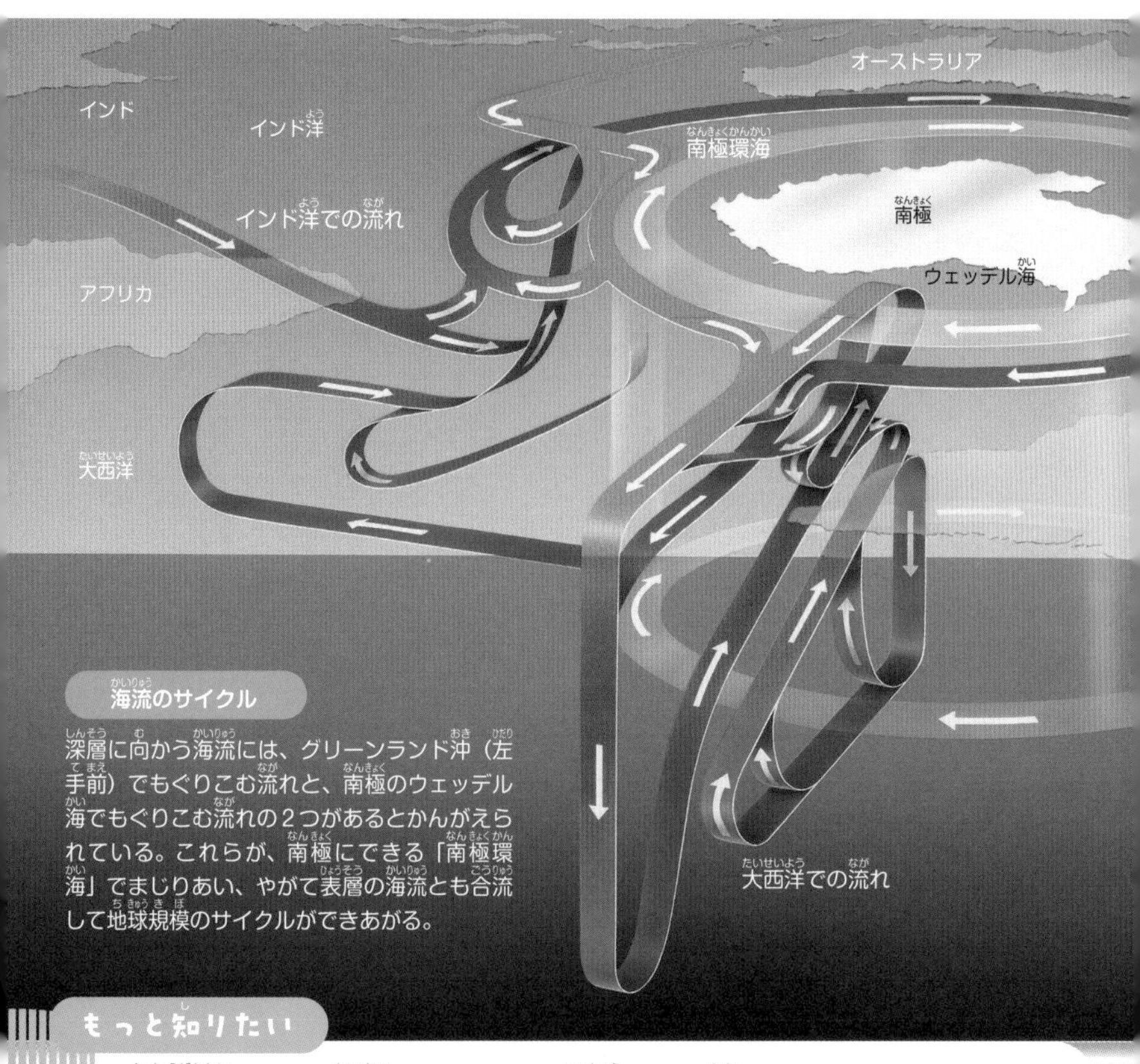

海流《かいりゅう》のサイクル

深層《しんそう》に向《む》かう海流《かいりゅう》には、グリーンランド沖《おき》（左《ひだり》手《て》前《まえ》）でもぐりこむ流《なが》れと、南極《なんきょく》のウェッデル海《かい》でもぐりこむ流《なが》れの2つがあるとかんがえられている。これらが、南極《なんきょく》にできる「南極環海《なんきょくかんかい》」でまじりあい、やがて表層《ひょうそう》の海流《かいりゅう》とも合流《ごうりゅう》して地《ち》球《きゅう》規《き》模《ぼ》のサイクルができあがる。

もっと知《し》りたい

地球全体《ちきゅうぜんたい》をめぐる海水《かいすい》のサイクルは、一周《いっしゅう》に1500年《ねん》ほどかかるといわれている。

06

地球《ちきゅう》に四季《しき》があるのは地軸《ちじく》が少《すこ》し傾《かたむ》いているから

地球《ちきゅう》は、コマのように自転《じてん》しながら太陽《たいよう》を公転《こうてん》しています。その公転軌道《こうてんきどう》（21ページ）を円盤《えんばん》にみたてると、自《じ》転軸《てんじく》は円盤《えんばん》の面《めん》に対《たい》して23・4度《ど》傾《かたむ》いています。実《じつ》はこの傾《かたむ》きが、地球《ちきゅう》に四《し》季《き》をつくりだしています。

四季《しき》の気候《きこう》がかわっていくのは、地《ち》表面《ひょうめん》が受《う》け取《と》る太陽《たいよう》エネルギー量《りょう》が季《き》節《せつ》によってことなるからです。

北半球《きたはんきゅう》だけをかんがえると、日本《にほん》があるあたりの緯度《いど》の夏《なつ》は、太陽《たいよう》の上《あ》がる高《たか》さがとても高《たか》くなります。一方《いっぽう》、冬《ふゆ》の太陽《たいよう》はそれほど高《たか》くは上《あ》がりません。太陽《たいよう》の高《たか》さが高《たか》くなるほど、地表《ちひょう》面《めん》で受《う》け取《と》るエネルギー量《りょう》が多《おお》くなるので、気温《きおん》が上《あ》がるのです。

メモ

緯度《いど》は、地球上《ちきゅうじょう》のある場所《ばしょ》の真上《まうえ》の方向《ほうこう》と赤道面《せきどうめん》（自《じ》転軸《てんじく》と垂直《すいちょく》な面《めん》）がつくる角度《かくど》で、赤道《せきどう》が0度《ど》、極《きょく》（北極《ほっきょく》と南極《なんきょく》）が90度《ど》になる。北半球《きたはんきゅう》は北緯《ほくい》、南半球《みなみはんきゅう》は南《なん》緯《い》ではかる。

傾《かたむ》きながら太陽《たいよう》をまわる地球《ちきゅう》

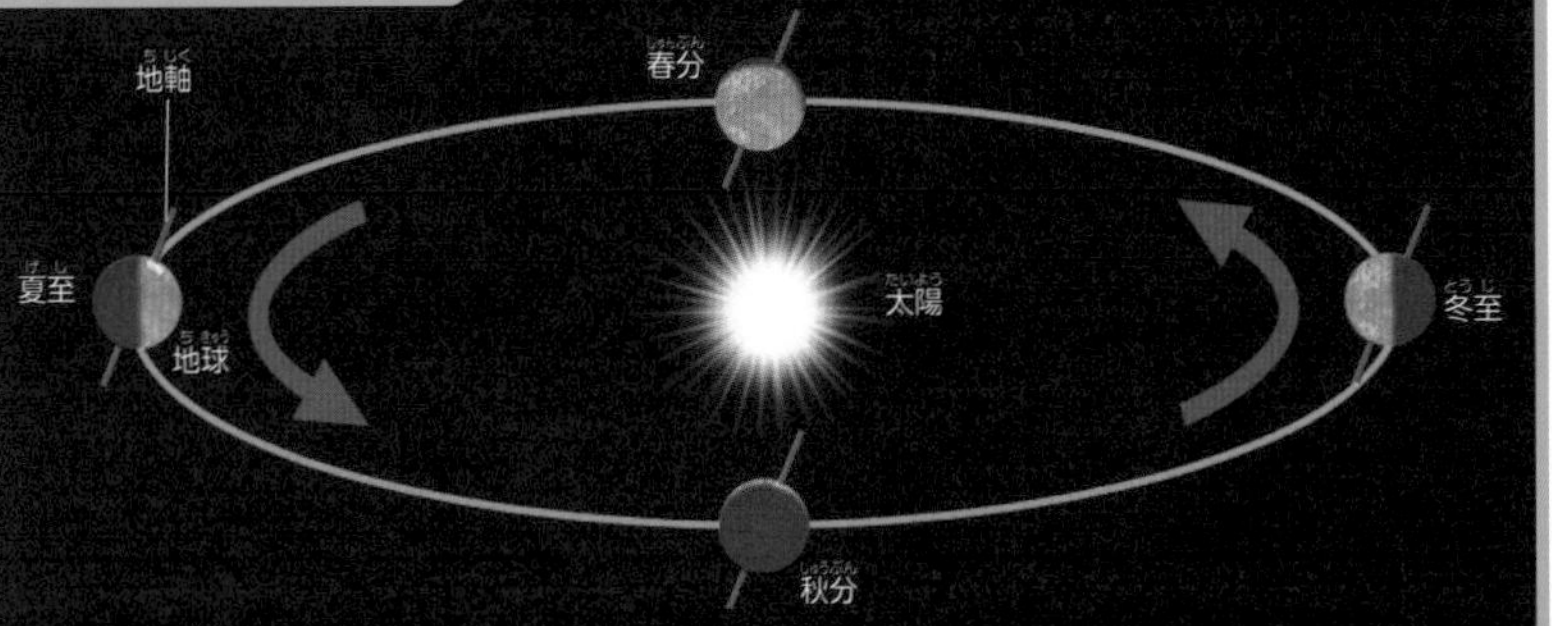

地球《ちきゅう》は1日《にち》に1回自転《かいじてん》しながら、1年《ねん》で太陽《たいよう》を1周《しゅう》する。自転軸《じてんじく》が23.4度傾《どかたむ》いているので、日本《にほん》のある北緯《ほくい》35度《と》あたりでは、夏至《げし》で太陽《たいよう》の上《あ》がる高《たか》さがほぼ真上《まうえ》になる。一方《いっぽう》、冬至《とうじ》ではそれよりも低《ひく》くなり、春分《しゅんぶん》と秋分《しゅうぶん》では夏至《げし》と冬至《とうじ》の間《あいだ》くらいの高《たか》さになる。

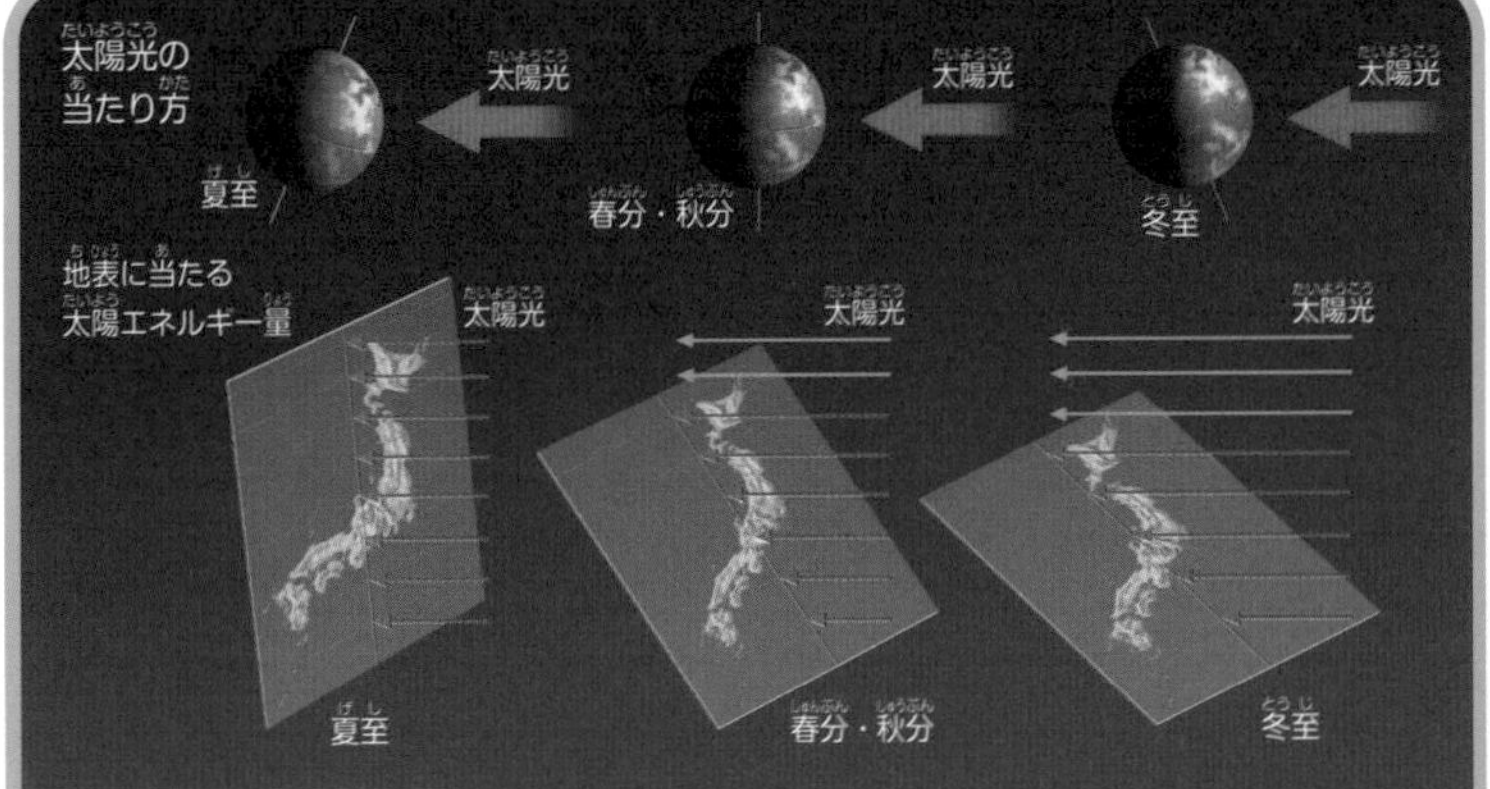

季節《きせつ》でことなる太陽光《たいようこう》の量《りょう》

地表《ちひょう》が受《う》け取《と》る太陽光《たいようこう》（太陽《たいよう》エネルギー）の量《りょう》を、同《おな》じ間《かん》かくで並《なら》ぶ矢印《やじるし》であらわしてみる。夏至《げし》を基準《きじゅん》にすると、春分《しゅんぶん》・秋分《しゅうぶん》、冬至《とうじ》では、太陽光《たいようこう》が夏至《げし》のときより斜《なな》めから当《あ》たるぶん、矢印《やじるし》の当《あ》たる量《りょう》が減《へ》る。それだけ、あたためられにくいことを意味《いみ》している。

もっと知《し》りたい

太陽光《たいようこう》が大気《たいき》をあたためるのに約《やく》1か月《げつ》かかるので、夏至《げし》は最《もっと》も暑《あつ》い時期《じき》ではない。

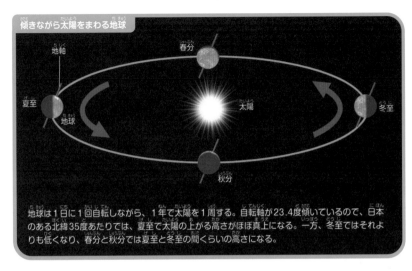

やすみじかん

自転軸《じてんじく》の方向《ほうこう》が動《うご》くってほんと？

　夜空《よぞら》の星《ほし》は時間《じかん》とともに動《うご》いていきます。これは地球《ちきゅう》が自転《じてん》しているからです。動《うご》いているのは、実《じつ》は地球《ちきゅう》にいる私《わたし》たちのほうなのです。

　ただし、自転軸《じてんじく》の方向《ほうこう》（北半球《きたはんきゅう》では北極《ほっきょく》の真上《まうえ》）だけは動《うご》きません。北極《ほっきょく》の真上《まうえ》のことを「天《てん》の北極《ほっきょく》」といいます。天《てん》の北極《ほっきょく》には、いつも「北極星《ほっきょくせい》」がみえます。そのため、夜《よ》空《そら》の目印《めじるし》にもなっています。

　実《じつ》は、天《てん》の北極《ほっきょく》もゆっくりと動《うご》いていることがわかっています。5000年前《ねんまえ》の天《てん》の北極《ほっきょく》には、トゥバンという星《ほし》がありました。

　天《てん》の北極《ほっきょく》の動《うご》きを線《せん》でむすぶと、「りゅう座《ざ》」という星座《せいざ》のまわりをとり囲《かこ》む大《おお》きな円《えん》になります。天《てん》の北極《ほっきょく》は、この円《えん》を2万《まん》6000年《ねん》かけて1周《しゅう》するのです。

オレも動《うご》いてないように
みえるだけだぜ

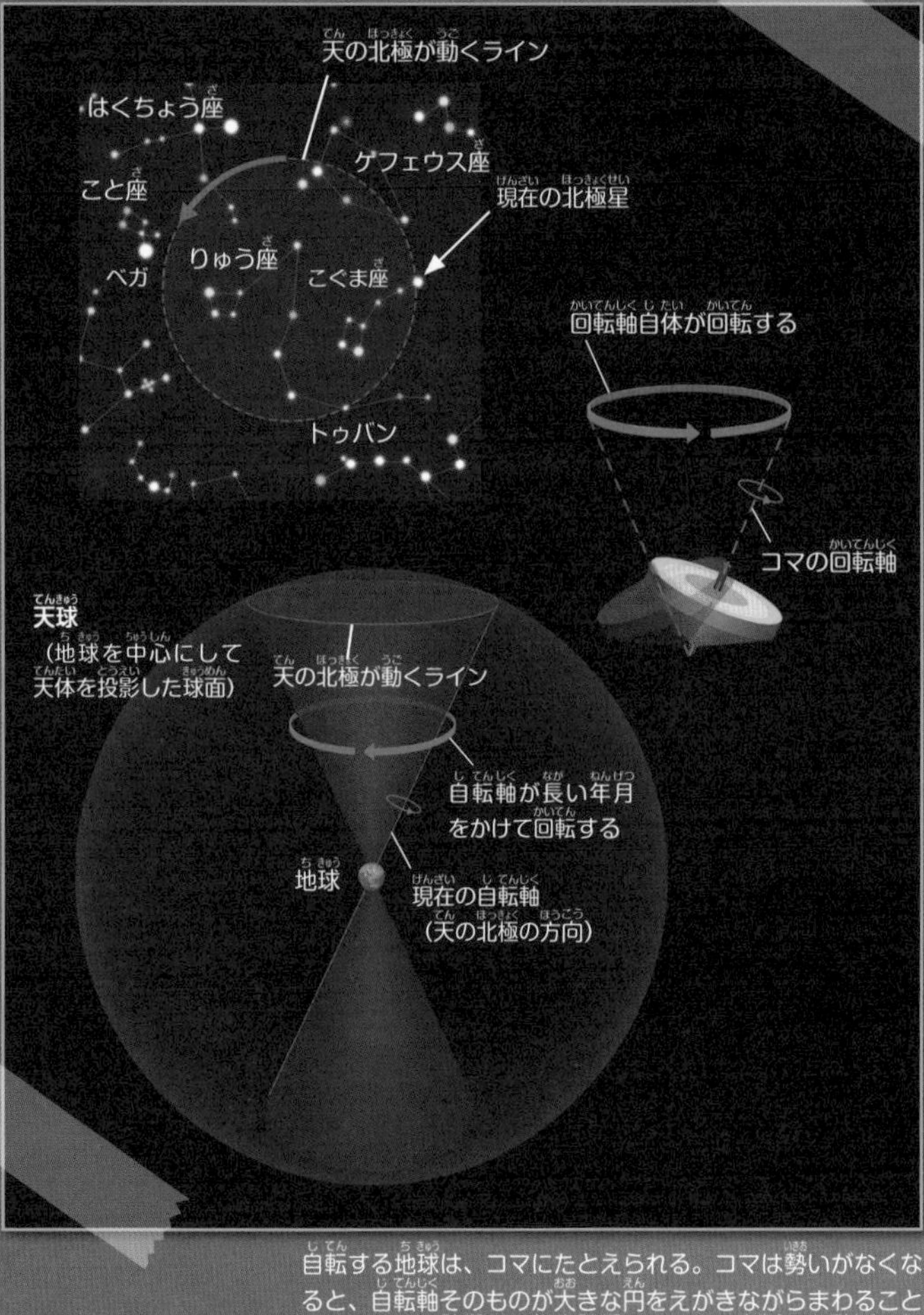

自転《じてん》する地球《ちきゅう》は、コマにたとえられる。コマは勢《いきお》いがなくなると、自転軸《じてんじく》そのものが大《おお》きな円《えん》をえがきながらまわることがある。この運動《うんどう》を「歳差運動《さいさうんどう》」という。地球《ちきゅう》の自転軸《じてんじく》も歳《さい》差運動《さうんどう》をおこなうが、軸《じく》が1周《しゅう》するのに2万《まん》6000年《ねん》かかるほどゆっくりなので、私《わたし》たちの目《め》には止《と》まってみえる。

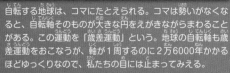

07 月《つき》は地球《ちきゅう》にただ一《ひと》つある衛星《えいせい》

月《つき》は、地球《ちきゅう》のまわりを公転《こうてん》する、ただ一《ひと》つの衛星《えいせい》です。大《おお》きさは地球《ちきゅう》の4分《ぶん》の1ほど、重《おも》さ（質量《しつりょう》）は地球《ちきゅう》の80分《ぶん》の1ほどです。中身《なかみ》は地球《ちきゅう》によく似《に》ているとみられています。

月《つき》は、いつも同《おな》じ面《めん》を地球《ちきゅう》に向《む》けてまわっています。ということは、月《つき》が地球《ちきゅう》を1周《しゅう》し終《お》えると、自転《じてん》も1回《かい》し終《お》えていることになります。これは、月《つき》の自転周期《じてんしゅうき》と公転周期《こうてんしゅうき》が、どちらも同《おな》じ約《やく》27日《にち》であることが理由《りゆう》です。

月《つき》 Moon

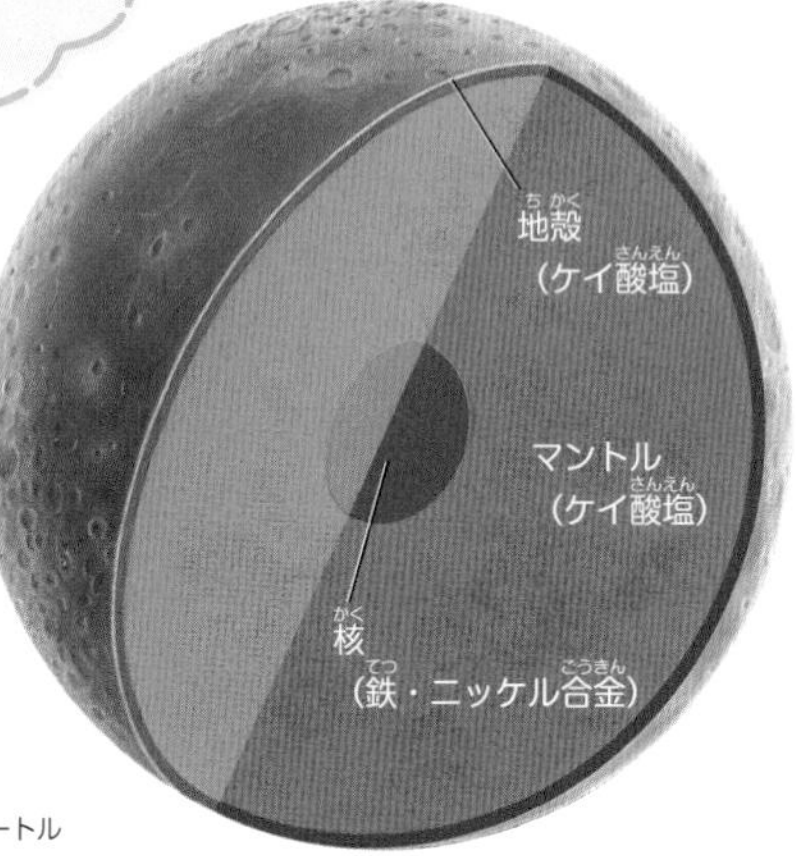

月《つき》のデータ

赤道半径《せきどうはんけい》	1737.4キロメートル
赤道重力《せきどうじゅうりょく》	地球《ちきゅう》の0.17倍《ばい》
体積《たいせき》	地球《ちきゅう》の0.0203倍《ばい》
質量《しつりょう》	地球《ちきゅう》の0.0123倍《ばい》
密度《みつど》	3.34グラム毎立方《まいりっぽう》センチメートル
自転周期《じてんしゅうき》	27.3217日《にち》
公転周期《こうてんしゅうき》	27.321662日《にち》（恒星月《こうせいづき》）

国立天文台編《こくりつてんもんだいへん》『理科年表《りかねんぴょう》2023』より

月《つき》は表《おもて》と裏《うら》で見《み》た目《め》がちがう

月《つき》の表側《おもてがわ》と、地球《ちきゅう》からはみえない裏側《うらがわ》では、見《み》た目《め》がかなりちがう。どちらにもみられる明《あか》るい場所《ばしょ》には、「クレーター」とよばれるへこんだ地形《ちけい》が無数《むすう》にある。一方《いっぽう》、暗《くら》い場所《ばしょ》では、かつて流《なが》れた溶岩《ようがん》でクレーターはうめられてしまった。

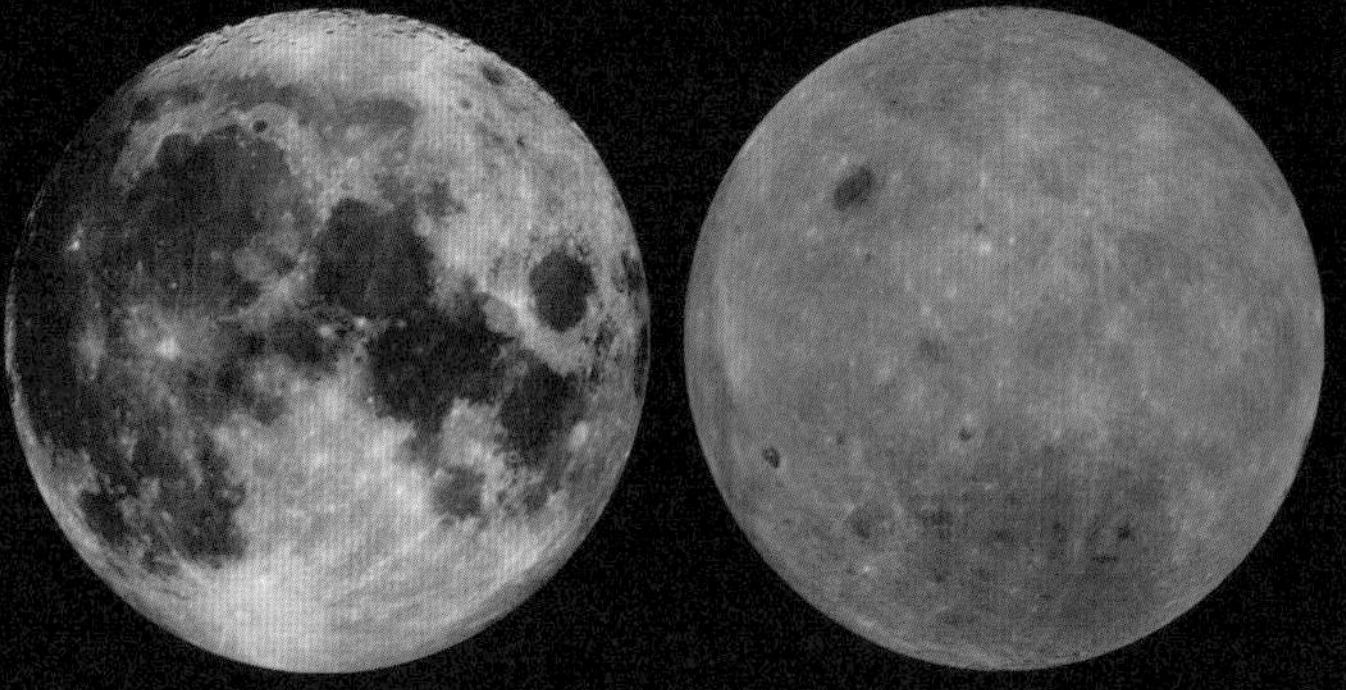

月《つき》の表側《おもてがわ》　　月《つき》の裏側《うらがわ》

アメリカの探査機《たんさき》「クレメンタイン」撮影《さつえい》の画像《がぞう》を合成《ごうせい》

メモ

くりかえしおきる現象《げんしょう》が、ひとまわりする時間《じかん》を周期《しゅうき》という。月《つき》が地球《ちきゅう》を1周《しゅう》するのにかかる時間《じかん》は公転周期《こうてんしゅうき》、月《つき》が1回自転《かいじてん》するのにかかる時間《じかん》は自転《じてん》周期《しゅうき》という。

もっと知《し》りたい

月面《げつめん》の暗《くら》い場所《ばしょ》には「海《うみ》」という名前《なまえ》がつけられている。

08 しゃしんギャラリー 探査機《たんさき》がとらえた月《つき》

月面《げつめん》には、折《お》り重《かさ》なるように、たくさんの「クレーター」がみられます。探査機《たんさき》が間近《まぢか》でとらえた、月《つき》の姿《すがた》を観察《かんさつ》しましょう。

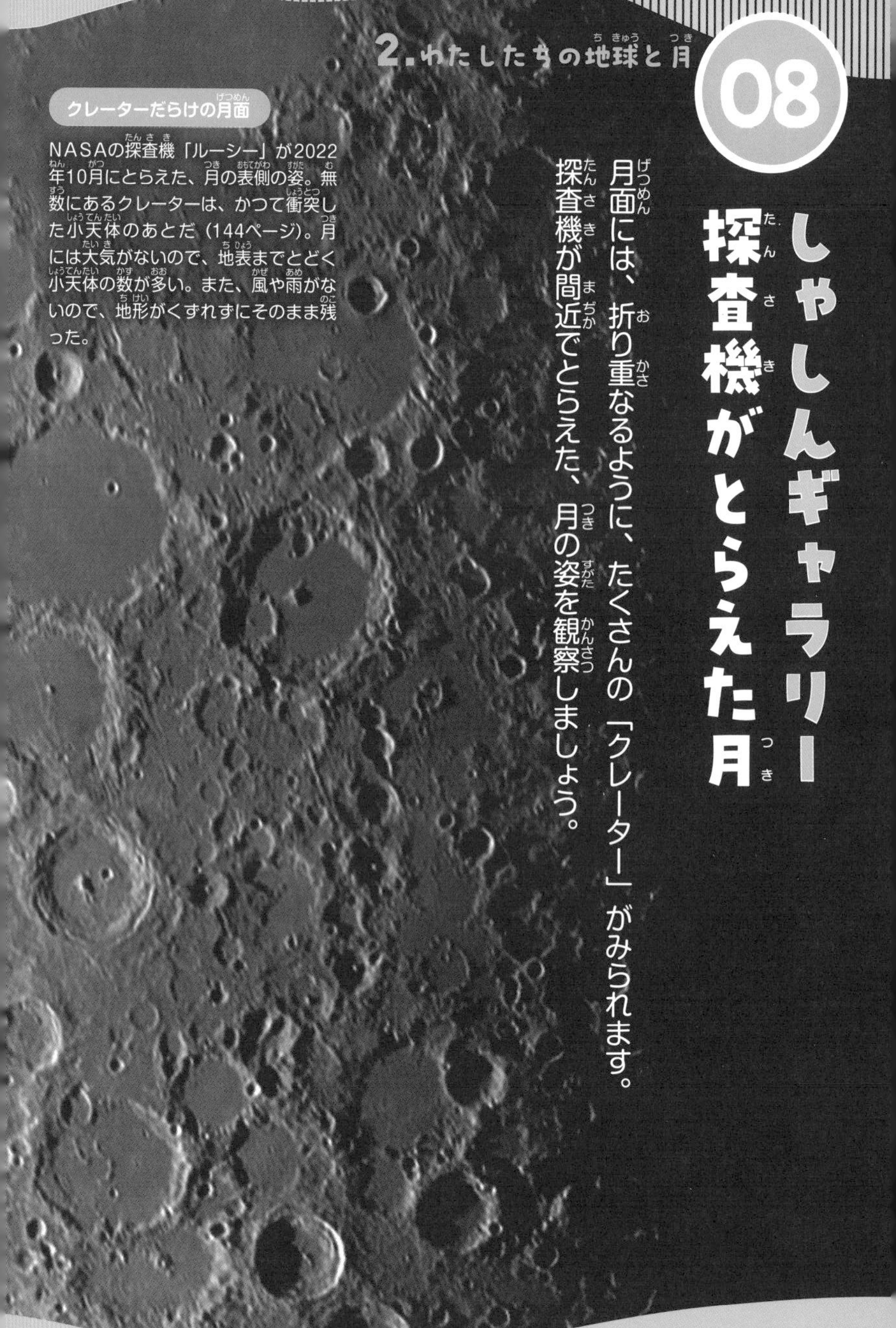

クレーターだらけの月面《げつめん》

NASAの探査機《たんさき》「ルーシー」が2022年《ねん》10月《がつ》にとらえた、月《つき》の表側《おもてがわ》の姿《すがた》。無数《むすう》にあるクレーターは、かつて衝突《しょうとつ》した小天体《しょうてんたい》のあとだ（144ページ）。月《つき》には大気《たいき》がないので、地表《ちひょう》までとどく小天体《しょうてんたい》の数《かず》が多《おお》い。また、風《かぜ》や雨《あめ》がないので、地形《ちけい》がくずれずにそのまま残《のこ》った。

月面《げつめん》の地質図《ちしつず》

NASAや日本《にほん》のJAXAなどの月探査衛星《つきたんさえいせい》がとらえたデータをもとにつくった月面《げつめん》の地質《ちしつ》図《ず》。ことなる地形《ちけい》や地質《ちしつ》を色分《いろわ》けするなど、月面《げつめん》の情報《じょうほう》がまとめられた。

月《つき》にも山《やま》がある

NASAの月周回衛星《つきしゅうかいえいせい》「ルナー・リコネサンス・オービター」が2009年《ねん》にとらえた月面《げつめん》の山《やま》。

もっと知《し》りたい

日本《にほん》の月周回衛星《つきしゅうかいえいせい》「かぐや」は、2009年《ねん》に月面《げつめん》に落下《らっか》させてミッションを終《お》えた。

09

月《つき》をつくったジャイアント・インパクト

月《つき》は、どうやって生《う》まれたのでしょうか?

そのでき方《かた》には、いくつかの説《せつ》があります。たとえば、太陽系《たいようけい》が生《う》まれる前《まえ》の「原始太陽系円盤《げんしたいようけいえんばん》」(152ページ)の中《なか》で、地球《ちきゅう》の兄弟《きょうだい》のように月《つき》ができたとする「兄弟《きょうだい》」説《せつ》があります。また、地球《ちきゅう》のそばを通《とお》った小天体《しょうてんたい》が、地球《ちきゅう》の重力《じゅうりょく》につかまって月《つき》ができたとする「他人《たにん》」説《せつ》というのもあります。

ほかにもありますが、最《もっと》も有力《ゆうりょく》なのが「ジャイアント・インパクト」説《せつ》です。これは、生《う》まれる最終段階《さいしゅうだんかい》にある地球《ちきゅう》に、火星《かせい》サイズの天体《てんたい》が衝突《しょうとつ》し、そのかけらが集《あつ》まって月《つき》ができたという説《せつ》です。

メモ

重力《じゅうりょく》は天体《てんたい》どうしが引《ひ》き合《あ》う力《ちから》(引力《いんりょく》)になる。この力《ちから》は、天体《てんたい》が「質量《しつりょう》」をもっていることで生《う》まれる。地上《ちじょう》の物《もの》にも質量《しつりょう》があるので、地球《ちきゅう》との間《あいだ》に重力《じゅうりょく》がはたらいて地球《ちきゅう》にひっぱられる。それが「重《おも》さ」の正体《しょうたい》だ。

「巨大衝突《きょだいしょうとつ》」説《せつ》が有力《ゆうりょく》な理由《りゆう》

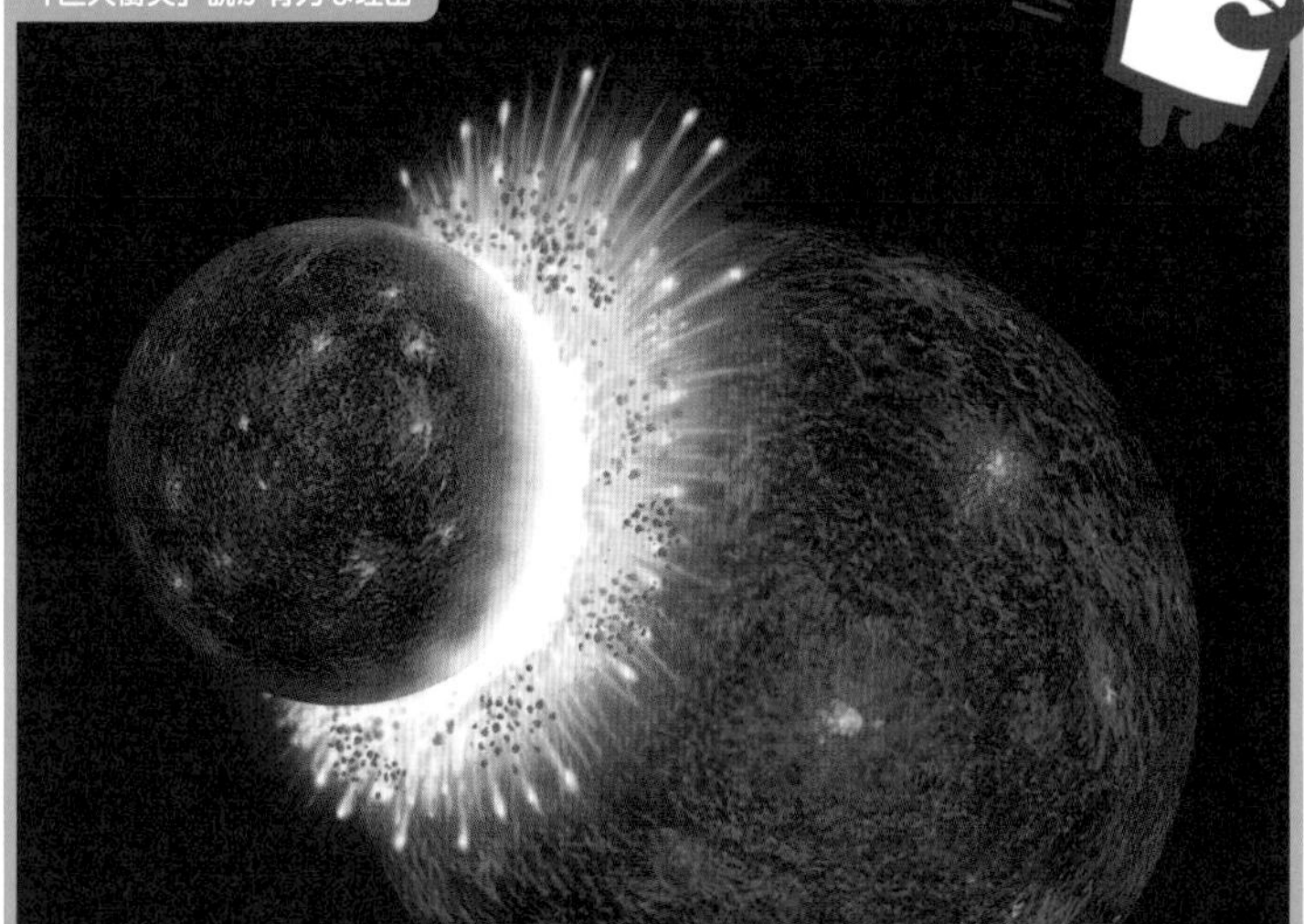

ジャイアント・インパクトとは「巨大衝突《きょだいしょうとつ》」のこと。この説《せつ》が有力《ゆうりょく》な理由《りゆう》として、地球《ちきゅう》のマントルがつくられた年代《ねんだい》と月《つき》の岩石《がんせき》がつくられた年代《ねんだい》がほぼ同《おな》じことがあげられる。また、地球《ちきゅう》のサイズにくらべて月《つき》がとても大《おお》きいことも、この説《せつ》ならうまく説明《せつめい》できる。

生《う》まれる最終段階《さいしゅうだんかい》の地球《ちきゅう》

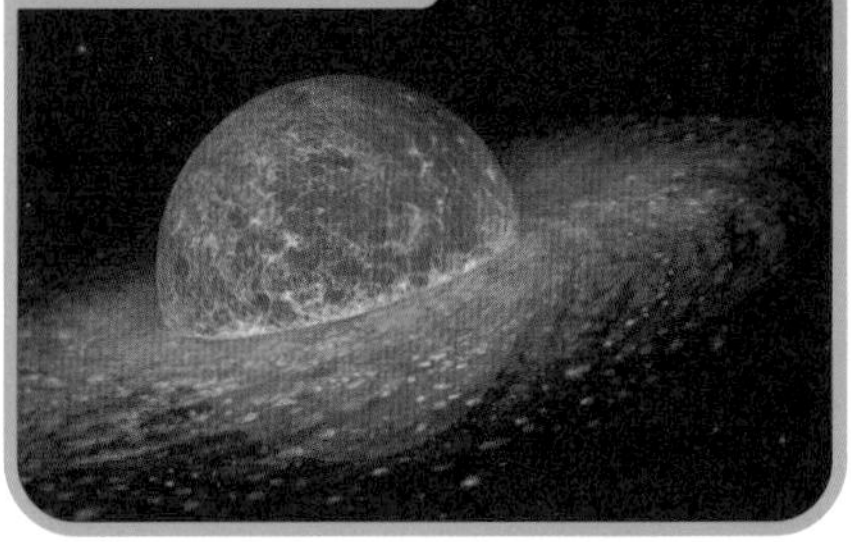

太陽《たいよう》が生《う》まれてから1億年後《おくねんご》ごろ、太陽系《たいようけい》には原始惑星《げんしわくせい》（154ページ）という天体《てんたい》がたくさんあった。このころ、生《う》まれる最終段階《さいしゅうだんかい》にあった地球《ちきゅう》に、火星《かせい》ほどの大《おお》きさの原始惑星《げんしわくせい》が衝突《しょうとつ》したというのがジャイアント・インパクト説《せつ》だ。

もっと知《し》りたい

地球《ちきゅう》が生《う》まれた直後《ちょくご》に、その一部《いちぶ》がちぎれて月《つき》ができたとする「親子《おやこ》」説《せつ》もある。

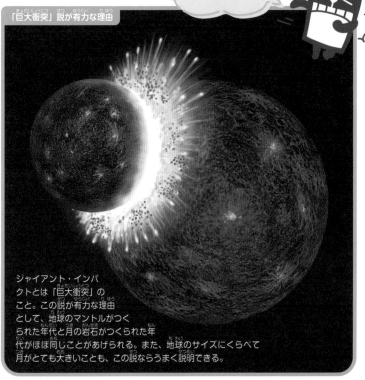

10 夜空《よぞら》にあらわれる月《つき》の形《かたち》は太陽《たいよう》との位置《いち》関係《かんけい》でかわる

月《つき》は、太陽《たいよう》の光《ひかり》に照《て》らされてかがやきます。太陽《たいよう》のような恒星《こうせい》（28ページ）でないかぎり、天体《てんたい》は自分《じぶん》で光《ひか》ることができないからです。

太陽《たいよう》に照《て》らされた月《つき》の形《かたち》は、日々《ひび》かわっていきます。まったくみえない「新月《しんげつ》」から、少《すこ》しずつみえはじめ、三日目《みっかめ》に「三日月《みかづき》」になります。そこから、だんだんと大《おお》きくなり、ついにはまん丸《まる》の「満月《まんげつ》」になります。

そこからまた少《すこ》しずつ欠《か》けていって、新月《しんげつ》へと戻《もど》ります。このサイクルを29・5日《か》かけてくりかえすのです。

このように月《つき》の形《かたち》がかわるのは、地《ち》球《きゅう》からみた月《つき》と太陽《たいよう》の位置《いち》がかわるからです。

メモ

月《つき》の公転周期《こうてんしゅうき》（27.3日《にち》）と月《つき》の満《み》ち欠《か》けのサイクル（29.5日《にち》）がずれるのは、月《つき》が地球《ちきゅう》を1周《しゅう》する間《あいだ》に地球《ちきゅう》も太陽《たいよう》を公転《こうてん》するためだ。

月《つき》の形《かたち》は太陽《たいよう》の位置《いち》でかわる

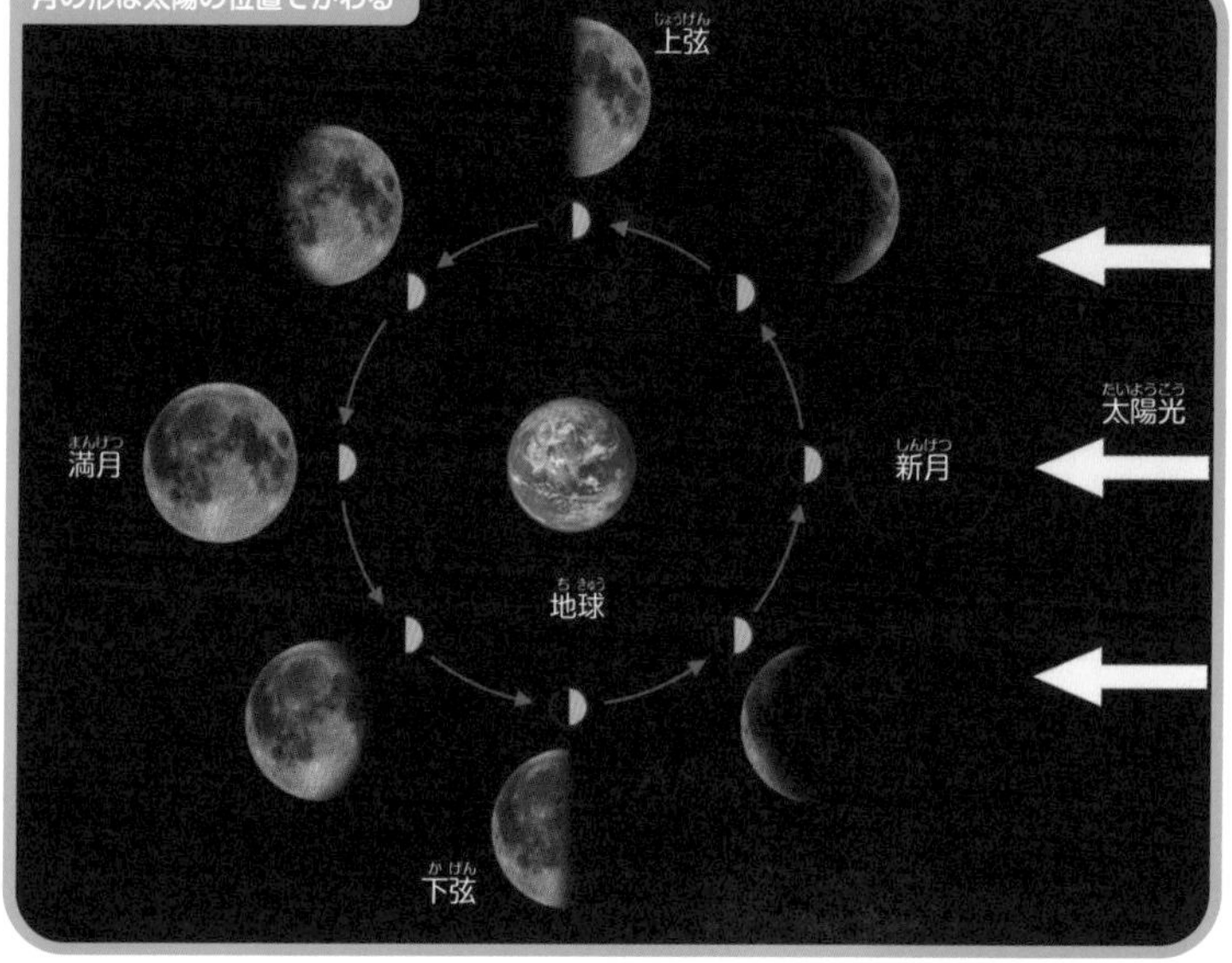

月《つき》の半分《はんぶん》は、つねに太陽《たいよう》に照《て》らされている。月《つき》は地球《ちきゅう》を公転《こうてん》するので、照《て》らされた半分《はんぶん》のみえ方《かた》で月《つき》の形《かたち》がかわる。月《つき》と太陽《たいよう》の間《あいだ》に地球《ちきゅう》があるときが「満月《まんげつ》」、地球《ちきゅう》と太陽《たいよう》の間《あいだ》に月《つき》があるときが「新月《しんげつ》」だ。新月《しんげつ》と満月《まんげつ》の間《あいだ》を「上弦《じょうげん》の月《つき》」、満月《まんげつ》と新月《しんげつ》の間《あいだ》を「下弦《かげん》の月《つき》」という。

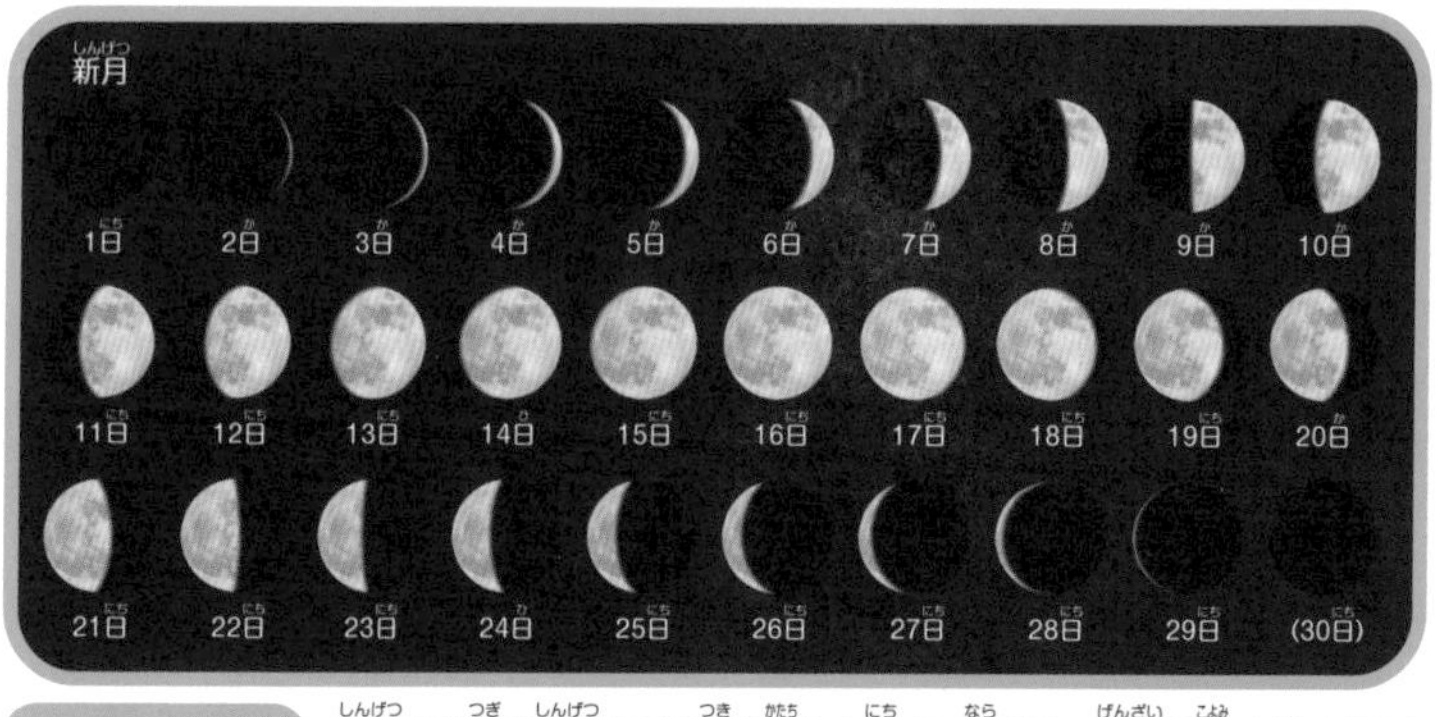

新月《しんげつ》から満月《まんげつ》、また新月《しんげつ》へ

新月《しんげつ》から次《つぎ》の新月《しんげつ》までの月《つき》の形《かたち》を１日《にち》ずつ並《なら》べた。現在《げんざい》の暦《こよみ》（グレゴリオ暦《れき》）は、太陽《たいよう》の動《うご》きをもとにつくられているが、日本《にほん》では明治《めいじ》６年《ねん》まで、新月《しんげつ》から次《つぎ》の新月《しんげつ》までをひと月《つき》とする暦《こよみ》（太陽太陰暦《たいようたいいんれき》）が使《つか》われていた。

もっと知《し》りたい

満月《まんげつ》のことを「望《ぼう》」、新月《しんげつ》のことを「朔《さく》」ともいう。

11

潮《しお》の満《み》ち引《ひ》きには月《つき》が大《おお》きく関係《かんけい》している

海《うみ》ではよく、波《なみ》打《う》ち際《ぎわ》が少《すこ》しずつ沖《おき》まで引《ひ》いていくようすがみられます。一方《いっぽう》で、歩《ある》いて行《い》ける岩場《いわば》が、じょじょに水《みず》につかるようすもみられます。

このように、周期的《しゅうきてき》に海面《かいめん》が高《たか》くなったり低《ひく》くなることを、「潮《しお》」や「潮汐《ちょうせき》」といいます。

潮《しお》の満《み》ち引《ひ》きがおきる原因《げんいん》は2つあります。一《ひと》つ目《め》は、月《つき》の引力《いんりょく》によって海《うみ》の水《みず》が引《ひ》っぱら

大潮《おおしお》と小潮《こしお》は太陽《たいよう》が原因《げんいん》

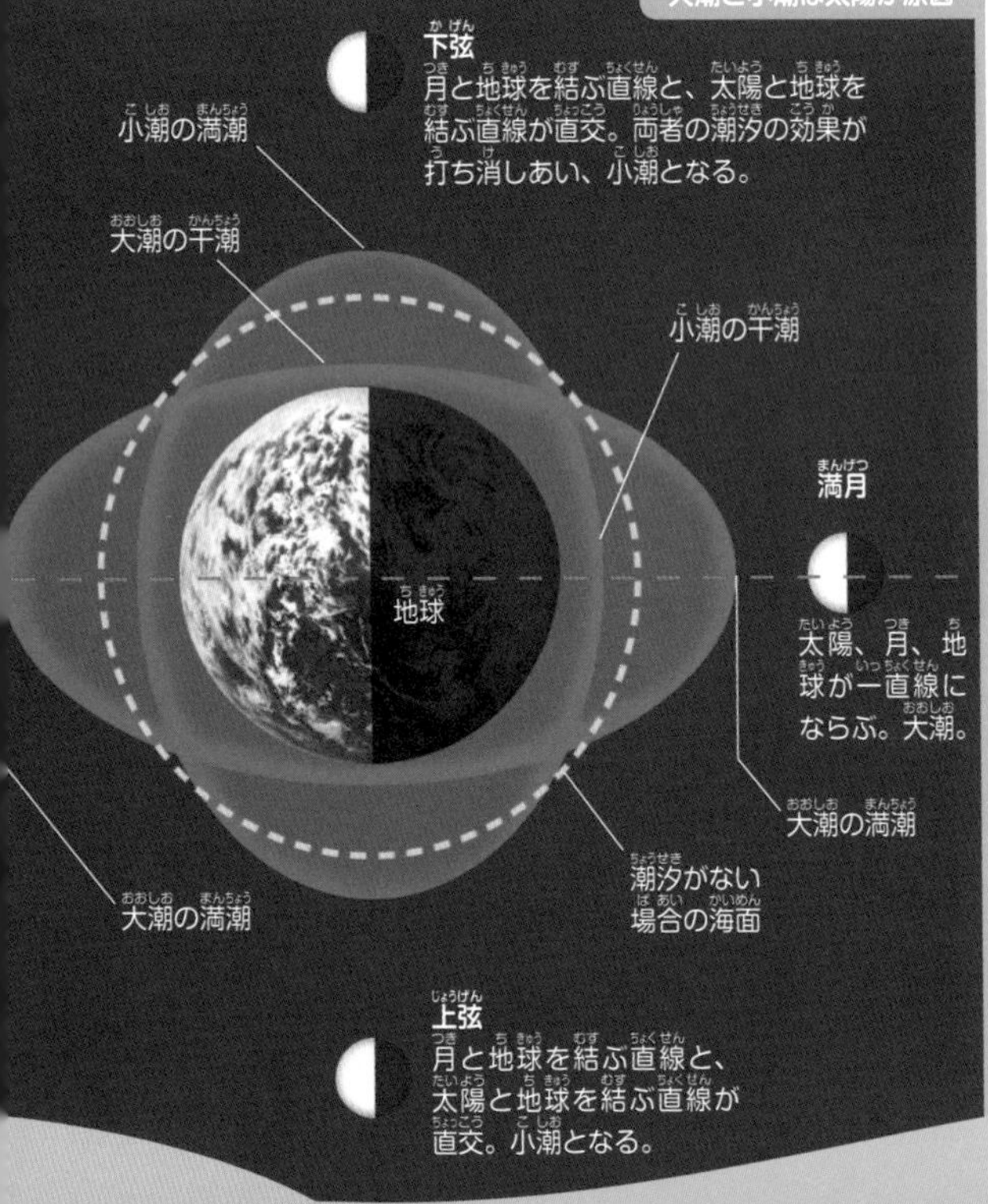

れることです。二《ふた》つ目《め》は、地球《ちきゅう》と月《つき》がたがいに公転《こうてん》することでおきる「遠心力《えんしんりょく》」で、海面《かいめん》が月《つき》とは反対側《はんたいがわ》に追《お》いやられることです。

この遠心力《えんしんりょく》の大《おお》きさは、地球《ちきゅう》のどこでも同《おな》じです。一方《いっぽう》、引《いん》力《りょく》は月《つき》に近《ちか》い場所《ばしょ》ほど強《つよ》くなります。すると、月《つき》に近《ちか》い側《がわ》では遠心力《えんしんりょく》より引力《いんりょく》が勝《まさ》る一方《いっぽう》、遠《とお》い側《がわ》では引力《いんりょく》より遠心力《えんしんりょく》のほうが勝《まさ》ります。これによって、どちらの側《がわ》の海面《かいめん》も盛《も》り上《あ》がり、潮汐《ちょうせき》がおきるのです。

メモ

月《つき》は地球《ちきゅう》を公転《こうてん》しているが、実《じつ》は地球《ちきゅう》も月《つき》を公転《こうてん》している。これを「地球《ちきゅう》と月《つき》の公転《こうてん》」という。地球《ちきゅう》のほうがとても重《おも》いので、月《つき》だけが動《うご》いているようにみえるのだ。

潮《しお》の満《み》ち引《ひ》きは、太陽《たいよう》によってもおきる。その効《こう》果《か》で、太陽《たいよう》と地球《ちきゅう》と月《つき》が一直線上《いっちょくせんじょう》に並《なら》ぶ新月《しんげつ》や満《まん》月《げつ》のときは、海面《かいめん》がさらに盛《も》り上《あ》がる（大潮《おおしお》）。一方《いっぽう》、太陽《たいよう》と地球《ちきゅう》と月《つき》が直角《ちょっかく》になる上弦《じょうげん》と下弦《かげん》のときは、2つの潮汐《ちょうせき》の力《ちから》が打《う》ち消《け》しあって、海面《かいめん》の盛《も》り上《あ》がりは小《ちい》さくなる（小潮《こしお》）。

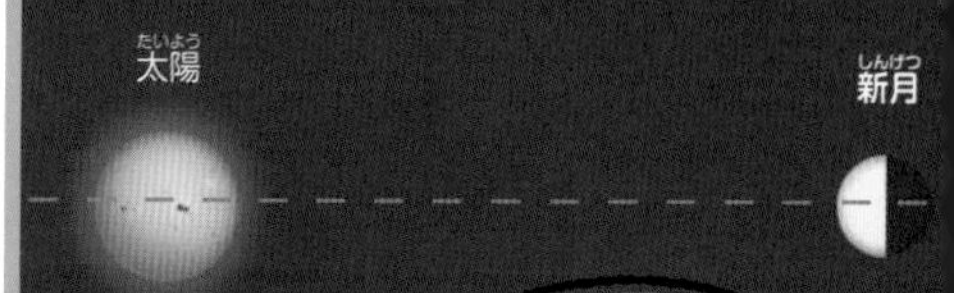

もっと知《し》りたい

遠心力《えんしんりょく》とは、ロープをふりまわしたときに先《さき》っちょが外側《そとがわ》に行《い》こうとする力《ちから》のこと。

12 月食《げっしょく》は地球《ちきゅう》の影《かげ》に月《つき》が入《はい》っておきる

だんだんと欠《か》ける月《つき》

この連続写真《れんぞくしゃしん》は、だんだんと欠《か》けていく月《つき》を、右上《みぎうえ》から左下《ひだりした》へと並《なら》べたもの。月食《げっしょく》になると、地球《ちきゅう》の大気《たいき》を通《とお》った赤《あか》っぽい光《ひかり》をあびるので、月《つき》が赤《あか》く浮《う》かび上《あ》がる。

月食《げっしょく》は本影《ほんえい》でおきる

太陽光《たいようこう》によってできる地球《ちきゅう》の影《かげ》には「本影《ほんえい》」と「半影《はんえい》」がある。実《じつ》は半影《はんえい》にかくれても、月《つき》はほとんど暗《くら》くならず、「本影《ほんえい》」に入《はい》ったときに目視《もくし》できる月食《げっしょく》がおきる。月《げっ》食《しょく》には、月《つき》の一部《いちぶ》がかくれる「部分月食《ぶぶんげっしょく》」と、すべてがかくれる「皆既月食《かいきげっしょく》」がある。

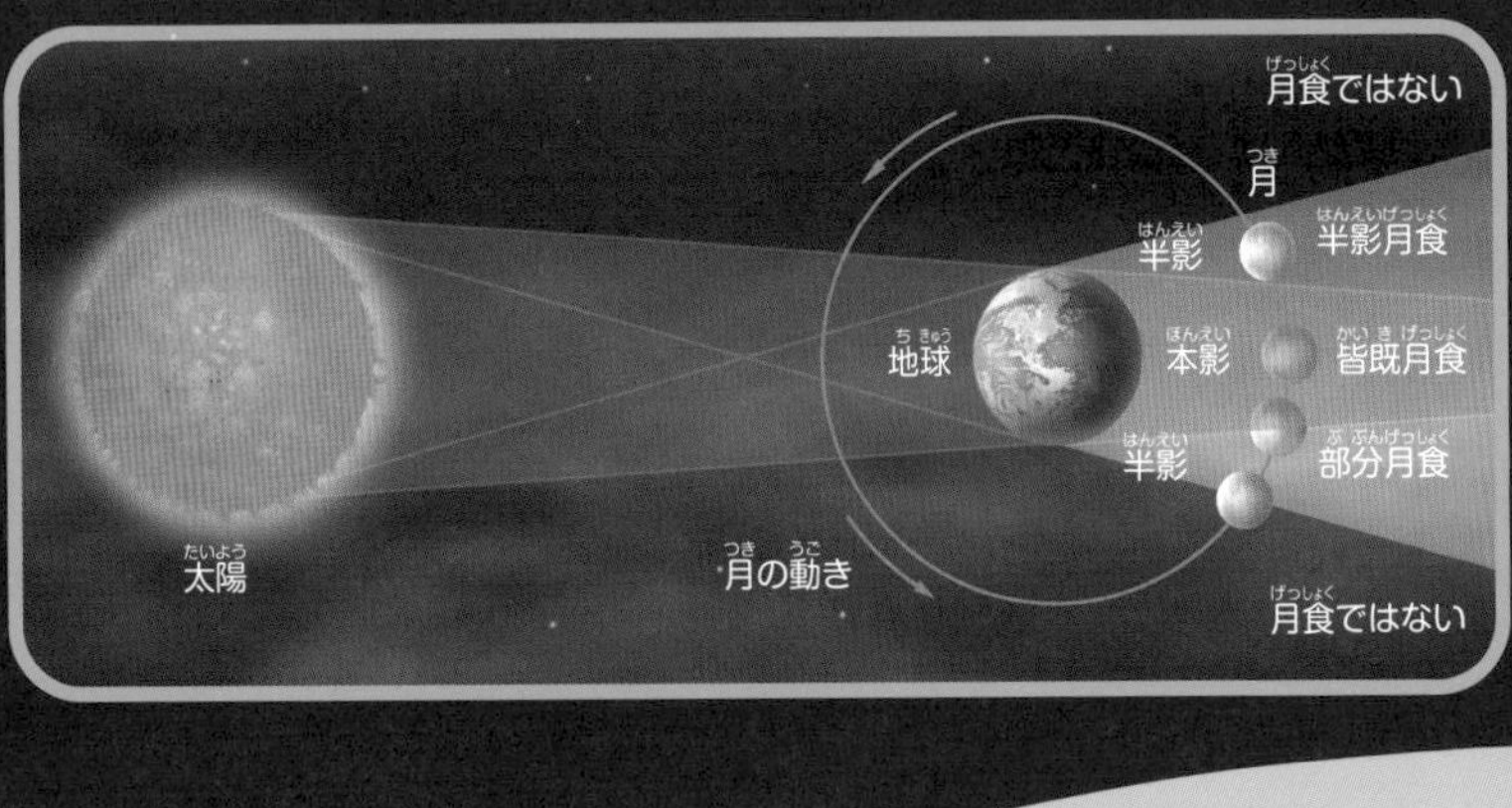

満月《まんげつ》のとき、太陽《たいよう》と地球《ちきゅう》と月《つき》は一直線上《いっちょくせんじょう》に並《なら》びます（65ページ）。太陽《たいよう》を背《せ》にして、太陽光《たいようこう》に照《て》らされた月《つき》をみている状態《じょうたい》です。

まれに、地球《ちきゅう》の影《かげ》の中《なか》に満《まん》月《げつ》がかくれることがあります。これを「月食《げっしょく》」といいます。月食《げっしょく》がおきるのは、空《そら》の太陽《たいよう》の通《とお》り道《みち》（黄道《こうどう》）と月《つき》の通《とお》り道《みち》が重《かさ》なるからです。この2つの通《とお》り道《みち》は5・1度《ど》傾《かたむ》いているので、月食《げっしょく》が見《み》られるのは年《ねん》に2～3回《かい》です。

月食《げっしょく》

もっと知《し》りたい

月食《げっしょく》のうち皆既月食《かいきげっしょく》となるのは、年《ねん》に1～2回《かい》。

13

月《つき》に人類《じんるい》を送《おく》ったアポロ計画《けいかく》と月《つき》と火星《かせい》を目指《めざ》すアルテミス計画《けいかく》

人類《じんるい》は1957年《ねん》に、はじめて人工《じんこう》衛星《えいせい》を飛《と》ばすことに成功《せいこう》しました。ソ連《れん》（現在《げんざい》のロシア）による業績《ぎょうせき》です。それから12年《ねん》後《ご》の1969年《ねん》7月《がつ》20日《か》、人類《じんるい》はついに月《つき》の上《うえ》に降《お》り立《た》ちました。人類《じんるい》がはじめて、地球《ちきゅう》以外《いがい》の天体《てんたい》にたどり着《つ》いた瞬間《しゅんかん》でした。

この成功《せいこう》をなしとげたのは、アメリカの「アポロ計画《けいかく》」です。最初《さいしょ》に2人《ふたり》を月面《げつめん》に送《おく》り込《こ》んだアポロ11号《ごう》以降《いこう》、全部《ぜんぶ》で12人《にん》が月面《げつめん》に降《お》り立《た》ちました。

今《いま》、人類《じんるい》はまた月《つき》を目指《めざ》そうとしています。アメリカや日本《にほん》など、たくさんの国々《くにぐに》がかかわる「アルテミス計《けい》画《かく》」です。

メモ

アルテミス計画《けいかく》は、月《つき》と火《か》星《せい》に人《ひと》を送《おく》ることを目指す国際《こくさい》プロジェクトだ。計画《けいかく》では、まず月《つき》をまわる宇宙《うちゅう》ステーションをつくり、そこを足《あし》がかりに月面《げつめん》に基地《きち》をつくる。その基地《きち》から火《か》星《せい》に人《ひと》を送《おく》る計画《けいかく》だ。

人《ひと》を月《つき》に送《おく》ったアポロ計画《けいかく》

アポロ11号《ごう》は、バズ・オルドリン宇宙飛行士《うちゅうひこうし》とニール・アームストロング船長《せんちょう》の2人《ふたり》を月面《げつめん》に送《おく》った。画像《がぞう》には、2人《ふたり》を乗《の》せた着陸船《ちゃくりくせん》イーグル号《ごう》も写《うつ》っている。このときの滞在時間《たいざいじかん》は、21時間半《じかんはん》ほどだった。

月面《げつめん》に基地《きち》をつくるアルテミス計画《けいかく》

アルテミス計画《けいかく》で月面《げつめん》に建設《けんせつ》される予定《よてい》の「アルテミス・ベースキャンプ」の想像図《そうぞうず》。計画《けいかく》では、4人《にん》の宇《う》宙飛行士《ちゅうひこうし》が1か月《げつ》ほど滞在《たいざい》し、酸素《さんそ》や水素《すいそ》をつくるための氷《こおり》や鉱物資源《こうぶつしげん》を調査《ちょうさ》する。

もっと知《し》りたい

月《つき》をまわる軌道《きどう》につくられる宇宙《うちゅう》ステーションの名前《なまえ》は「ゲートウェイ」。

やすみじかん

太陽《たいよう》が月《つき》にかくれることもあるの？

太陽《たいよう》と地球《ちきゅう》の間《あいだ》に月《つき》が入《はい》る新月《しんげつ》のとき、太《たい》陽《よう》が月《つき》にかくれる「日食《にっしょく》」がおきることがあります。

実《じつ》は、月《つき》の軌道《きどう》は少《すこ》しゆがんでいて、近《ちか》くなったり遠《とお》くなったりします。近《ちか》いと月《つき》は大《おお》きくみえるので、太陽《たいよう》がすっぽりかくれる「皆既日食《かいきにっしょく》」がおきます。一方《いっぽう》、遠《とお》いと小《ちい》さくみえるので、太陽《たいよう》がかくれきれず環《わ》のようにみえる「金環日食《きんかんにっしょく》」がおきます。面白《おもしろ》いですね。

太陽《たいよう》をみるときは
注意《ちゅうい》してね

皆既日食《かいきにっしょく》

金環日食《きんかんにっしょく》

地球《ちきゅう》からみた太陽《たいよう》と月《つき》の半径《はんけい》の値《あたい》は近《ちか》い。月《つき》の遠《とお》さで「皆既《かいき》」にも「金環《きんかん》」にもなる。

3 じかんめ

地球《ちきゅう》に似《に》た地球型惑星《ちきゅうがたわくせい》

「地球型惑星《ちきゅうがたわくせい》」の水星《すいせい》・金星《きんせい》・火星《かせい》は、地球《ちきゅう》と同《おな》じように、表面《ひょうめん》はカチカチの岩石《がんせき》でできています。でも、地球上《ちきゅうじょう》の生物《せいぶつ》がすめる環境《かんきょう》はもっていません。それぞれに、どんな世界《せかい》がひろがっているのか、見《み》ていきましょう。

01 太陽《たいよう》の一番近《いちばんちか》くをまわる水星《すいせい》はクレーターだらけの〝鉄《てつ》の球《たま》〟

惑星《わくせい》の中《なか》で太陽《たいよう》に一番近《いちばんちか》い水星《すいせい》の表面《ひょうめん》は、〝昼《ひる》〟の温度《おんど》が430℃にもなります。水星《すいせい》は自転周期《じてんしゅうき》が長《なが》く、そのぶん太陽光《たいようこう》を長《なが》くあびることも影響《えいきょう》しています。逆《ぎゃく》に〝夜《よる》〟の温度《おんど》はマイナス200℃近《ちか》くまで下《さ》がります。

水星《すいせい》の大《おお》きさは太陽系《たいようけい》の惑星《わくせい》の中《なか》で最小《さいしょう》です。その中身《なかみ》は、半径《はんけい》の7割《わり》を鉄《てつ》とニッケル合金《ごうきん》がしめていて、まるで〝鉄《てつ》の球《たま》〟です。表面《ひょうめん》には惑星全体《わくせいぜんたい》をおおうように無数《むすう》のクレーターがみられます。

水星《すいせい》 Mercury

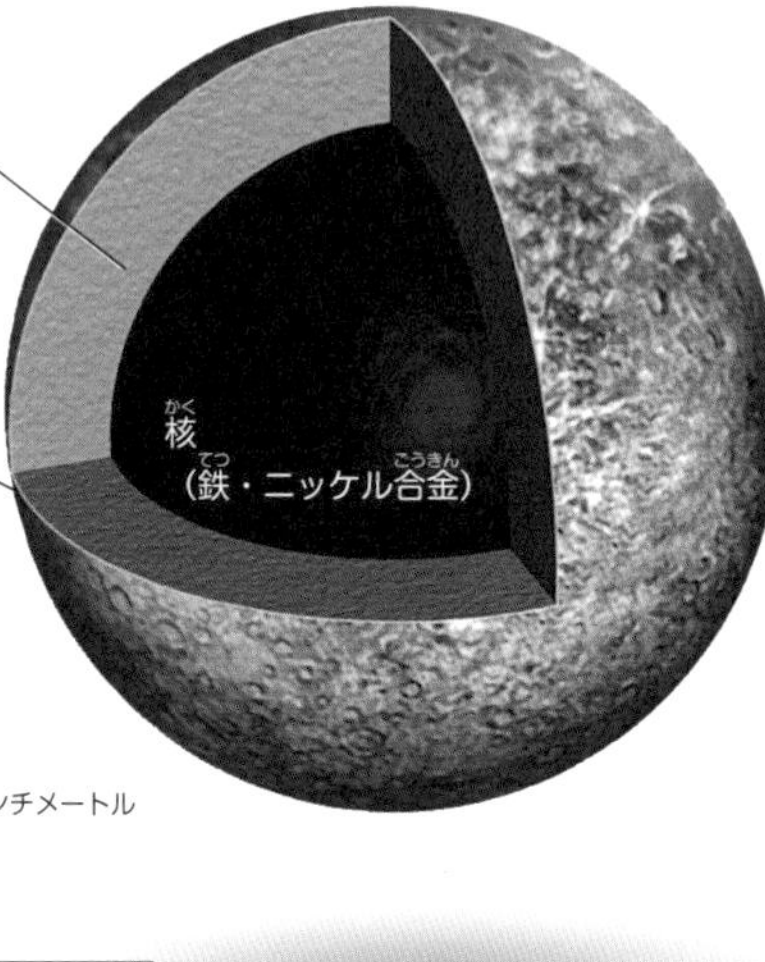

水星《すいせい》のデータ

赤道半径《せきどうはんけい》	2439.4キロメートル
赤道重力《せきどうじゅうりょく》	地球《ちきゅう》の0.38倍《ばい》
体積《たいせき》	地球《ちきゅう》の0.056倍《ばい》
質量《しつりょう》	地球《ちきゅう》の0.05527倍《ばい》
密度《みつど》	5.43グラム毎立方《まいりっぽう》センチメートル
自転周期《じてんしゅうき》	58.6461日《にち》
公転周期《こうてんしゅうき》	0.24085ユリウス年《ねん》
衛星数《えいせいすう》	0個《こ》

国立天文台編《こくりつてんもんだいへん》『理科年表《りかねんぴょう》2023』より

表面《ひょうめん》には“しわ”もある

水星《すいせい》の表面《ひょうめん》には、「リンクルリッジ」とよばれる“しわ”のような地形《ちけい》もある。大《おお》きなものでは、高《たか》さ２キロメートル、長《なが》さ500キロメートルにもなる。水星《すいせい》が生《う》まれるときに、内部《ないぶ》が冷《ひ》やされたことで水星全体《すいせいぜんたい》がちぢみ、そのはずみでできたとかんがえられている。

メモ

水星《すいせい》は公転周期《こうてんしゅうき》にくらべて自転周期《じてんしゅうき》が長《なが》く、太陽《たいよう》を２周《しゅう》する間《あいだ》に３回《かい》ほどしか自転《じてん》しない。そのため、太陽《たいよう》が当《あ》たる“昼《ひる》”と当《あ》たらない“夜《よる》”をあわせた１日《にち》は、地球《ちきゅう》の約《やく》176日《にち》ぶんにもなる。大気《たいき》がほぼないので、太陽《たいよう》の影響《えいきょう》をまともに受《う》ける。

もっと知《し》りたい

水星《すいせい》の極域《きょくいき》にあるクレーターの底《そこ》には太陽光《たいようこう》が当《あ》たらないので、氷《こおり》がある。

02

しゃしんギャラリー 探査機《たんさき》がとらえた水星《すいせい》

水星《すいせい》は太陽《たいよう》に近《ちか》すぎて、観測《かんそく》がむずかしい惑星《わくせい》といわれています。「メッセンジャー」が水星《すいせい》をまわりながらとらえた、表面《ひょうめん》のようすを観察《かんさつ》しましょう。

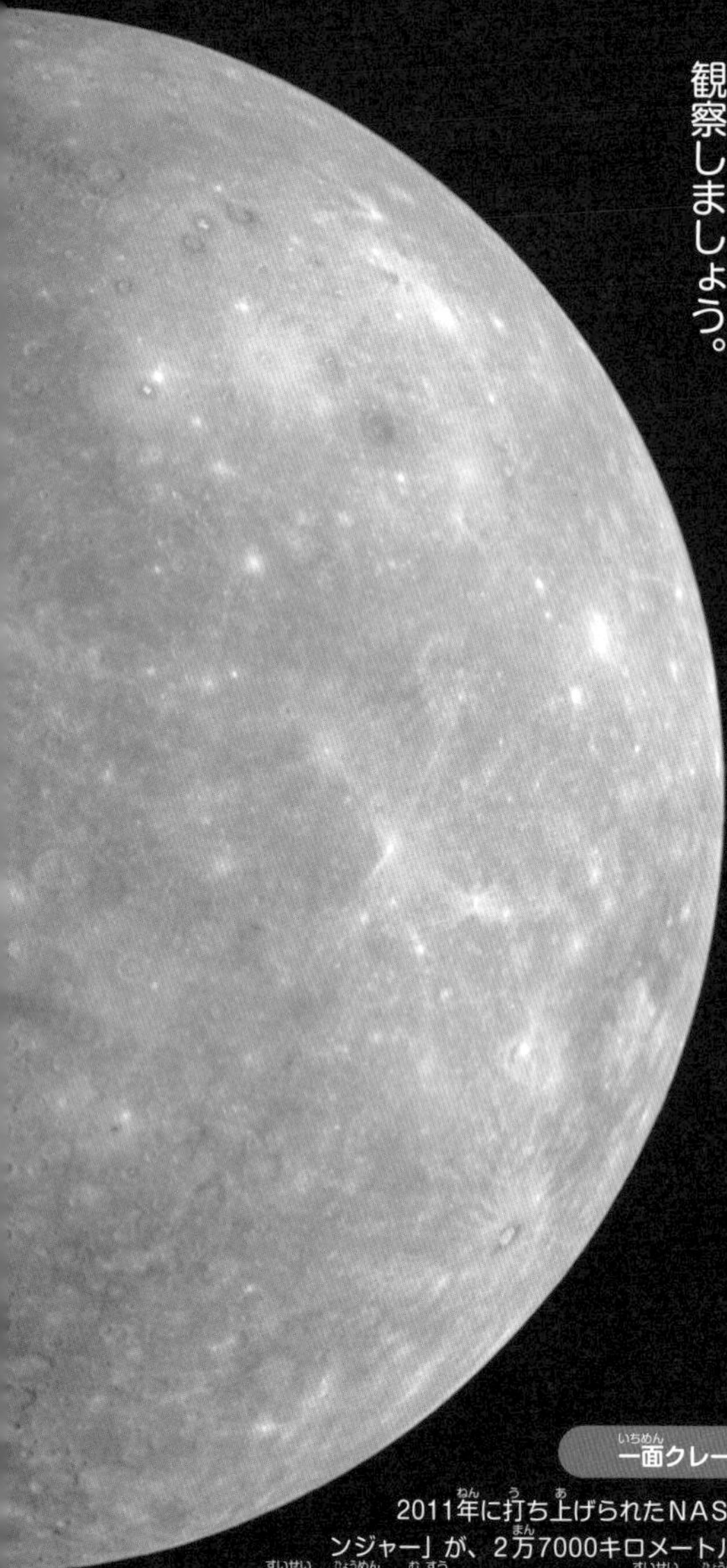

一面《いちめん》クレーターがおおう

2011年《ねん》に打《う》ち上《あ》げられたNASAの探査機《たんさき》「メッセンジャー」が、2万《まん》7000キロメートル上空《じょうくう》からとらえた水星《すいせい》の表面《ひょうめん》。無数《むすう》のクレーターが、水星《すいせい》の表面《ひょうめん》をまんべんなくおおっている。これらは、水星《すいせい》に降《ふ》り注《そそ》いできた小天体《しょうてんたい》のあとだ。

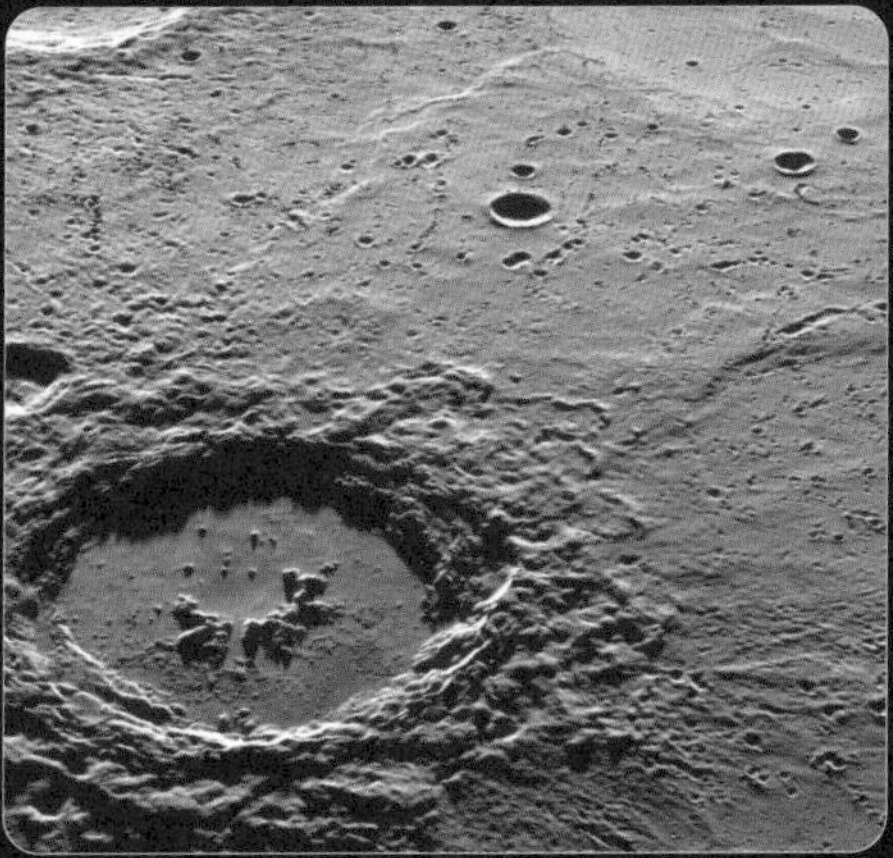

芸術家《げいじゅつか》の名前《なまえ》をもつクレーター

直径《ちょっけい》95キロメートルのクレーター「ホクサイ」。日本《にほん》の浮世《うきよ》絵師《えし》である葛飾北斎《かつしかほくさい》にちなんで名《な》づけられた。「ヒロシゲ」や「バショー」というクレーターもある。

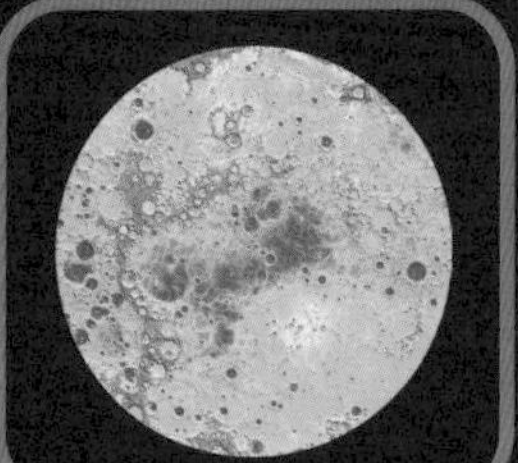

水星《すいせい》の地形図《ちけいず》

メッセンジャーが観測《かんそく》した北半球《きたはんきゅう》の地形図《ちけいず》。高度《こうど》が色分《いろわ》けされていて、赤《あか》いほど高《たか》く、紫《むらさき》になるほど低《ひく》い。この画像《がぞう》では、最大《さいだい》で10キロメートルほどの差《さ》があるという。

もっと知《し》りたい

現在《げんざい》、3度目《どめ》の水星探査計画《すいせいたんさけいかく》となる「ベピコロンボ」が進《すす》められている。

03 金星《きんせい》は地球《ちきゅう》にそっくりだが、きびしすぎる環境《かんきょう》の惑星《わくせい》

金星《きんせい》は大《おお》きさも、太陽《たいよう》からの遠《とお》さも地球《ちきゅう》に似《に》ています。地球《ちきゅう》の「兄弟星《きょうだいぼし》」ともいわれますが、表面《ひょうめん》の環境《かんきょう》は地球《ちきゅう》とはまったくちがいます。

たとえば表面《ひょうめん》の気圧《きあつ》は、地球上《ちきゅうじょう》の気《き》圧《あつ》の約《やく》90倍《ばい》あります。地球表面《ちきゅうひょうめん》の生物《せいぶつ》は押《お》しつぶされてしまう環境《かんきょう》です。

また、表面《ひょうめん》の気温《きおん》は４６０℃にもなります。金星《きんせい》の大気《たいき》の96パーセントをしめる二酸化炭素《にさんかたんそ》が、すさまじい「温《おん》室効果《しつこうか》」をはたらかせるからです。

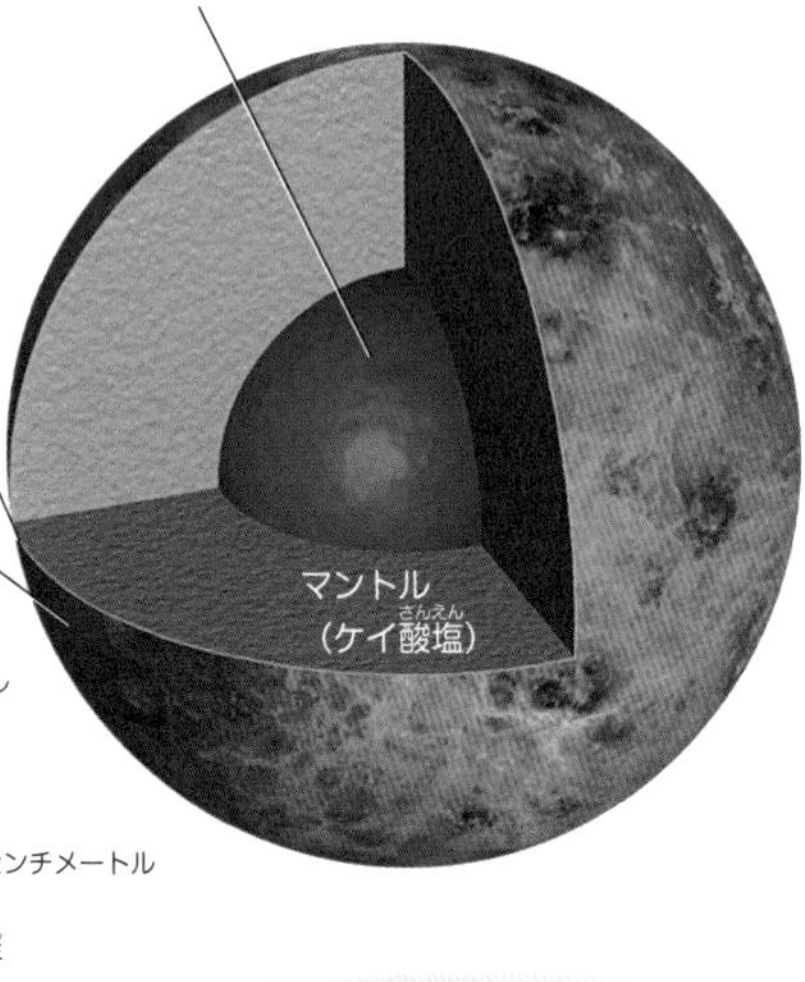

金星《きんせい》のデータ

赤道半径《せきどうはんけい》	6051.8キロメートル
赤道重力《せきどうじゅうりょく》	地球《ちきゅう》の0.91倍《ばい》
体積《たいせき》	地球《ちきゅう》の0.857倍《ばい》
質量《しつりょう》	地球《ちきゅう》の0.815倍《ばい》
密度《みつど》	5.24グラム毎立方《まいりっぽう》センチメートル
自転周期《じてんしゅうき》	243.0185日《にち》
公転周期《こうてんしゅうき》	0.61520ユリウス年《ねん》
衛星数《えいせいすう》	0個《こ》

国立天文台編《こくりつてんもんだいへん》『理科年表《りかねんぴょう》2023』より

濃硫酸《のうりゅうさん》の雲《くも》がおおう

NASAの探査機《たんさき》「パイオニア・ビーナス」が1979年《ねん》にとらえた金星《きんせい》のようす。「濃硫酸《のうりゅうさん》」の厚《あつ》い雲《くも》におおわれていて、表面《ひょうめん》のようすはみることができない。濃硫酸《のうりゅうさん》は太陽光《たいようこう》をよく反射《はんしゃ》するので、金星《きんせい》は明《あか》るくかがやく。

メモ

金星《きんせい》の自転周期《じてんしゅうき》は約《やく》243日《にち》とゆっくりで、まわる方向《ほうこう》は地球《ちきゅう》とは逆《ぎゃく》。一方《いっぽう》、大気《たいき》中《ちゅう》の気流《きりゅう》の速《はや》さは自転《じてん》の60倍《ばい》あり、「スーパーローテーション」とよばれている。

もっと知《し》りたい

明《あ》け方《がた》にみえる金星《きんせい》を「明《あ》けの明星《みょうじょう》」、夕方《ゆうがた》にみえる金星《きんせい》を「宵《よい》の明星《みょうじょう》」という。

04 しゃしんギャラリー 探査機《たんさき》がとらえた金星《きんせい》

金星《きんせい》の雲《くも》は厚《あつ》すぎて、可視光《かしこう》では雲《くも》の表面《ひょうめん》しかみることができません。探査機《たんさき》が電波《でんぱ》や紫外線《しがいせん》を使《つか》ってとらえた、金星《きんせい》の姿《すがた》を観察《かんさつ》しましょう。

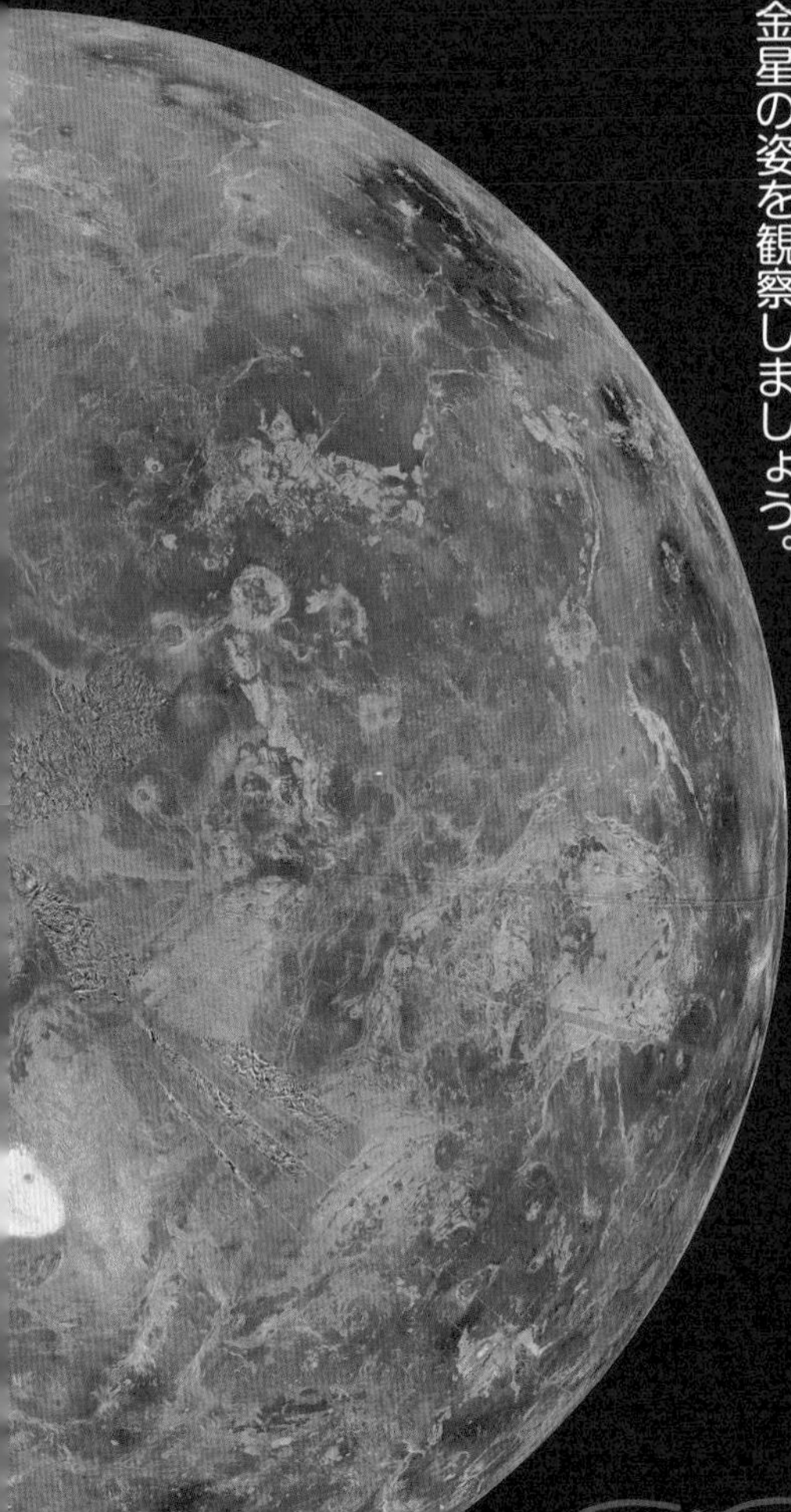

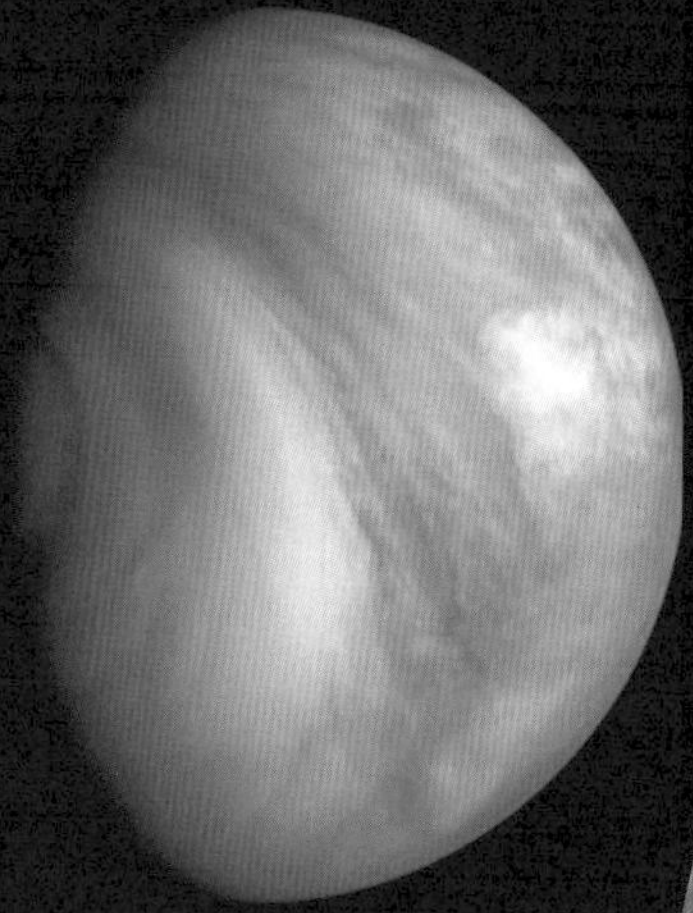

紫外線《しがいせん》でみた金星《きんせい》

ESA（欧州《おうしゅう》宇宙《うちゅう》機関《きかん》）の探査機《たんさき》「ビーナス・エクスプレス」が紫《し》外線《がいせん》でとらえた、金星《きんせい》の雲《くも》の中《なか》。金星《きんせい》の雲《くも》は、高度《こうど》45～70キロメートルの間《あいだ》に広《ひろ》がっている。この画像《がぞう》は、高度《こうど》65キロメートルほどのところの雲《くも》をみていることになる。

電波《でんぱ》でみた金星《きんせい》

レーダー（電波《でんぱ》）でとらえた北半球《きたはんきゅう》の金星《きんせい》表面《ひょうめん》のようす。明《あか》るいところは、でこぼこがはげしい。NASAの探査機《たんさき》「マゼラン」のデータを組《く》み合《あ》わせ、ソ連《れん》（現在《げんざい》のロシア）の探査機《たんさき》「ベネラ13号《ごう》」「ベネラ14号《ごう》」がとらえた画像《がぞう》をもとに色《いろ》をつけている。

もっと知《し》りたい

電磁波《でんじは》の一部《いちぶ》「近赤外線《きんせきがいせん》」を使《つか》うと、雲《くも》の表面《ひょうめん》の温度《おんど》がはかれる。

05

金星《きんせい》の表面《ひょうめん》は、ほとんど溶岩《ようがん》でおおわれている

金星《きんせい》の表面《ひょうめん》をおおっているのは、ほとんどが溶岩《ようがん》です。

この地形《ちけい》は、数億年前《すうおくねんまえ》のあるときに、数千万年《すうせんまんねん》ほどの〝短期間《たんきかん》〟でつくられたようです。金星《きんせい》には多《おお》くの火山《かざん》があり、火山《かざん》から流《なが》れ出《で》た溶岩流《ようがんりゅう》が、いっせいに金星表面《きんせいひょうめん》をおおいつくしたというのです。

そのこともあってか、金星表面《きんせいひょうめん》の60パーセントは平《たい》らな土地《とち》です。平均面《へいきんめん》から2キロメートル以上《いじょう》の高地《こうち》は、約《やく》13パーセントにとどまります。

金星《きんせい》の火山《かざん》は、直径《ちょっけい》20キロメートル以下《いか》の小《ちい》さなものが多《おお》く、これらの火《か》山《ざん》が集《あつ》まったなだらかな大地《だいち》が広《ひろ》がっているとみられています。

メモ

マゼランがとらえたデータを立体《りったい》にすることで、「マート山《さん》」のような火山《かざん》がうかびあがってくる。金星《きんせい》には今《いま》も、活火山《かっかざん》があるのではないかとみられている。

金星《きんせい》の火山《かざん》「マート山《さん》」

探査機《たんさき》「マゼラン」の観測《かんそく》データをもとに、立体《りったい》にみえるようにした「マート山《さん》」(実際《じっさい》よりも高《たか》くみえるようにしている)。まわりは一面《いちめん》、溶岩《ようがん》でおおわれている。

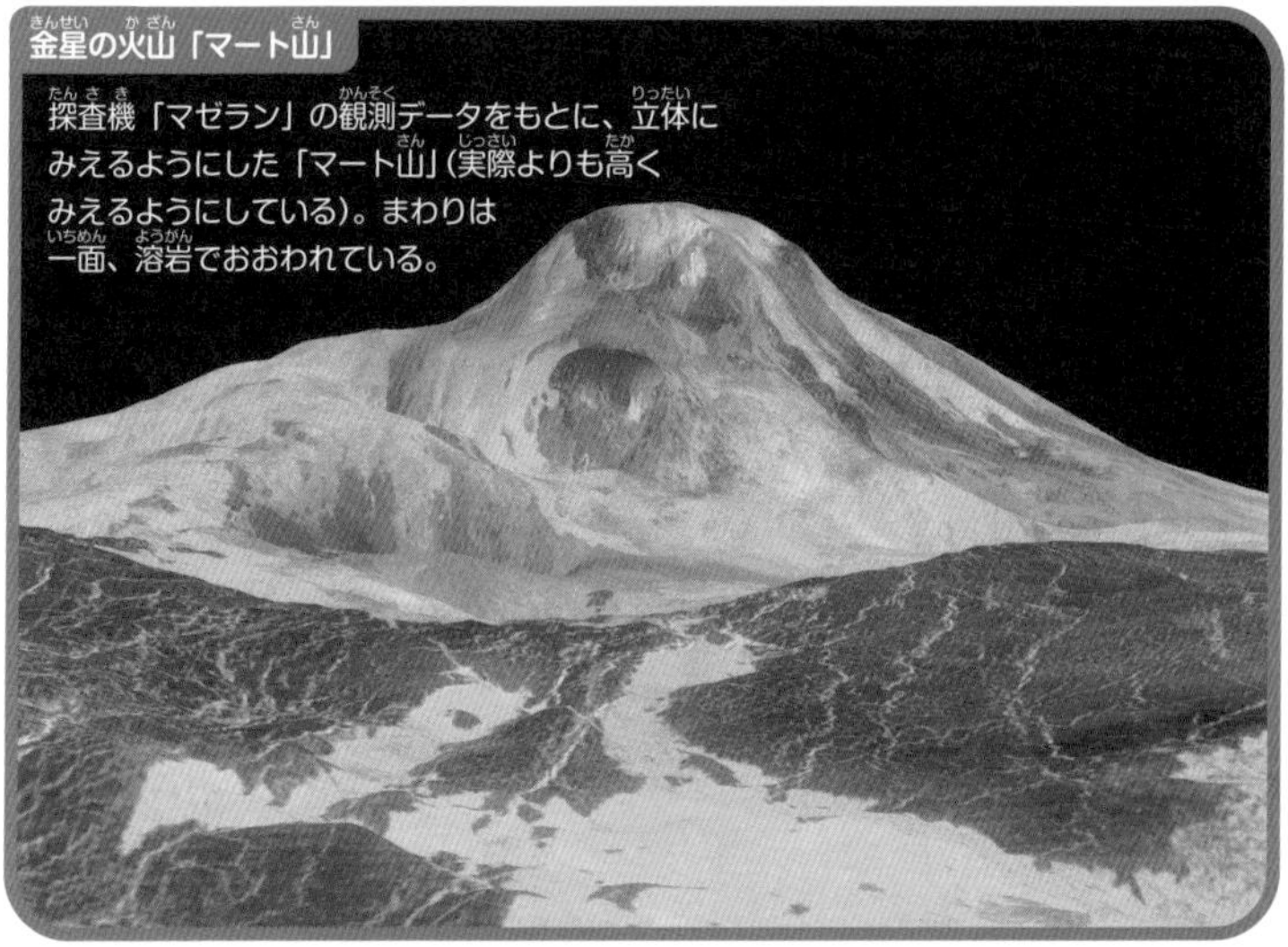

溶岩《ようがん》ドーム「コロナ」

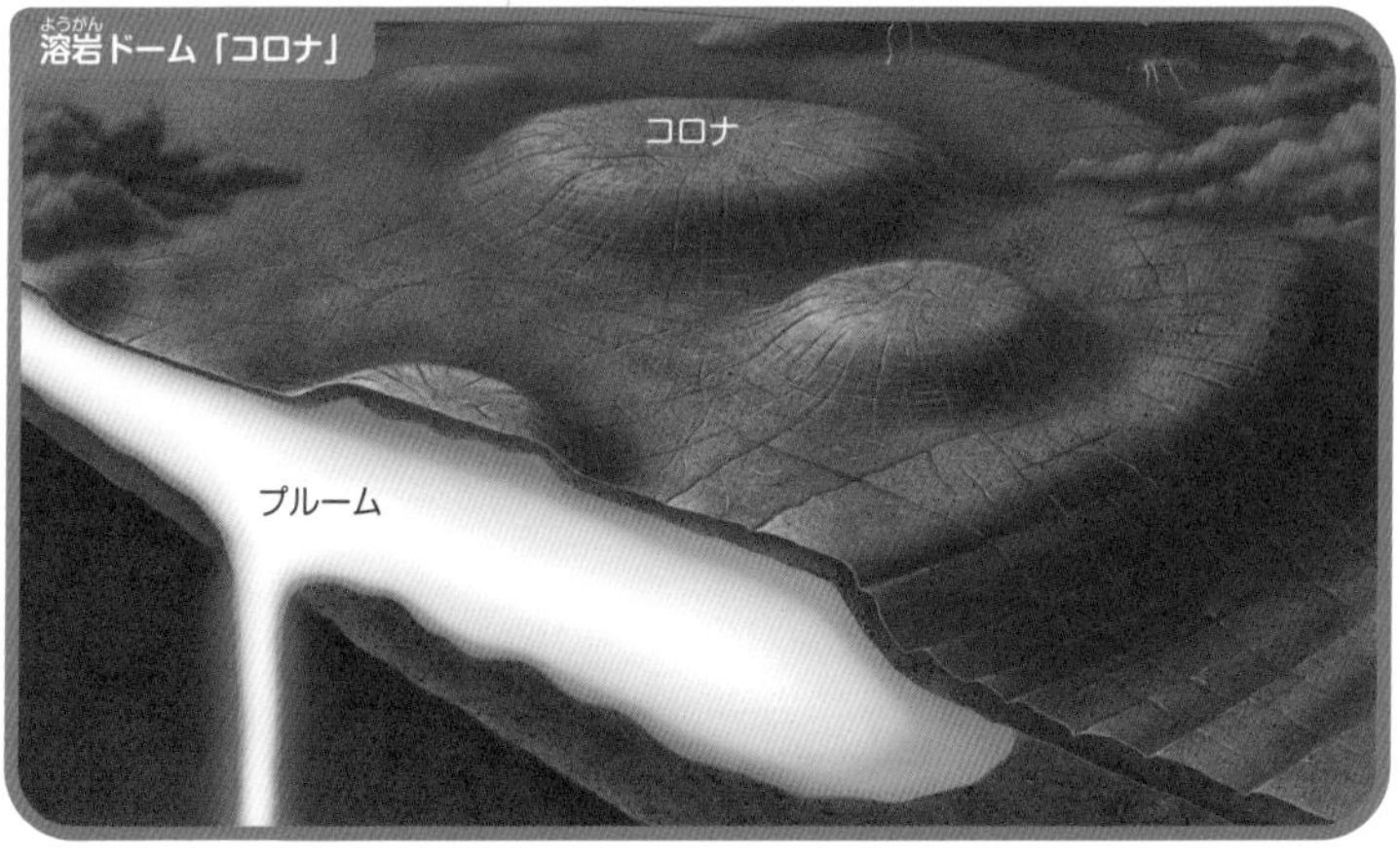

金星表面《きんせいひょうめん》にあるとみられる、パンケーキのような形《かたち》をした溶岩《ようがん》ドーム「コロナ」の想像図《そうぞうず》。内部《ないぶ》のマントルから上昇《じょうしょう》した高温物質《こうおんぶっしつ》の流《なが》れ「プルーム」が地殻《ちかく》を押《お》し上《あ》げ、その後《ご》、冷《ひ》えて固《かた》まってできるとされる。

もっと知《し》りたい

金星《きんせい》で最《もっと》も高《たか》い山《やま》は、標高約《ひょうこうやく》11キロメートルの「マクスウェル山《さん》」。

06

秒速《びょうそく》100メートルの金星《きんせい》の気流《きりゅう》「スーパーローテーション」

スーパーローテーション

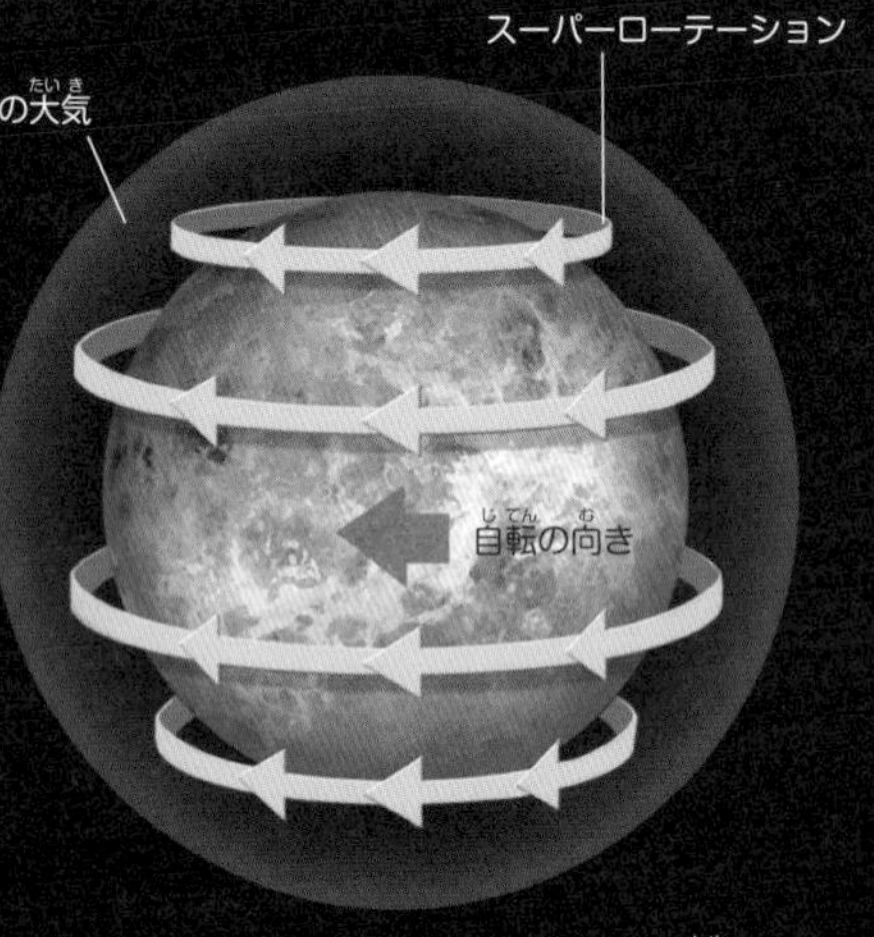

イラストは、スーパーローテーションをわかりやすく示《しめ》したもの。大気中《たいきちゅう》の気流《きりゅう》が、自転《じてん》の向《む》きにまわっている。

金星《きんせい》の大気中《たいきちゅう》の気流《きりゅう》は、自転《じてん》の60倍《ばい》の速《はや》さでまわっています。これを「スーパーローテーション」といいます(79ページ)。

秒速《びょうそく》100メートルにもなる、この気流《きりゅう》のしくみは、長《なが》らくなぞとされてきました。このなぞに挑戦《ちょうせん》した日本《にほん》の探査機《たんさき》「あかつき」の観測結果《かんそくけっか》が、このなぞを解《と》き明《あ》かしたのです。

気流《きりゅう》の原因《げんいん》は、昼《ひる》と夜《よる》の温度《おんど》

「あかつき」がとらえた金星《きんせい》

2015年《ねん》12月《がつ》に、金星《きんせい》をまわる軌道《きどう》に入《はい》った探査機《たんさき》「あかつき」がとらえた金星《きんせい》の姿《すがた》。スーパーローテーションは、大気中《たいきちゅう》の上層部《じょうそうぶ》でおきているとみられている。

あかつきは金星大気《きんせいたいき》のなぞをとくためにつくられたんだよ

の差《さ》にありました。温度差《おんどさ》によって、空気《くうき》はふくらんだり、ちぢんだりをくりかえし、それが空気《くうき》の流《なが》れを生《う》みます。このしくみを「熱潮汐《ねつちょうせき》」といいます。「あかつき」のデータは、この気流《きりゅう》が熱潮汐《ねつちょうせき》でおきていることを示《しめ》しました。自転周期《じてんしゅうき》が長《なが》い金星《きんせい》では、昼《ひる》と夜《よる》の温度差《おんどさ》が大《おお》きくなるのです。

スーパーローテーションは、熱《ねつ》を効果的《こうかてき》に大気中《たいきちゅう》にいきわたらせていることもわかりました。

もっと知《し》りたい

「あかつき」は、雲《くも》の動《うご》きにあわせて金星《きんせい》をまわりながら観測《かんそく》した。

07 火星《かせい》は地球《ちきゅう》に似《に》た環境《かんきょう》の赤《あか》い惑星《わくせい》

火星《かせい》は、地球《ちきゅう》に一番近《いちばんちか》い環境《かんきょう》をもつ惑星《わくせい》です。

自転周期《じてんしゅうき》は、地球《ちきゅう》の１日《にち》とほぼ同《おな》じです。また、自転軸《じてんじく》が約《やく》25度《ど》傾《かたむ》いているので、地球《ちきゅう》のように四季《しき》もあります。表面《ひょうめん》には、うすい大気《たいき》もあります。

とはいえ、大気《たいき》のほとんどは二酸化《にさんか》炭素《たんそ》で、気圧《きあつ》は地球《ちきゅう》の約《やく》１５０分《ぶん》の１です。夏《なつ》は20℃ほどになりますが、火《か》星《せい》の温室効果《おんしつこうか》は小《ちい》さいため、冬《ふゆ》はマイナス１４０℃まで下《さ》がります。

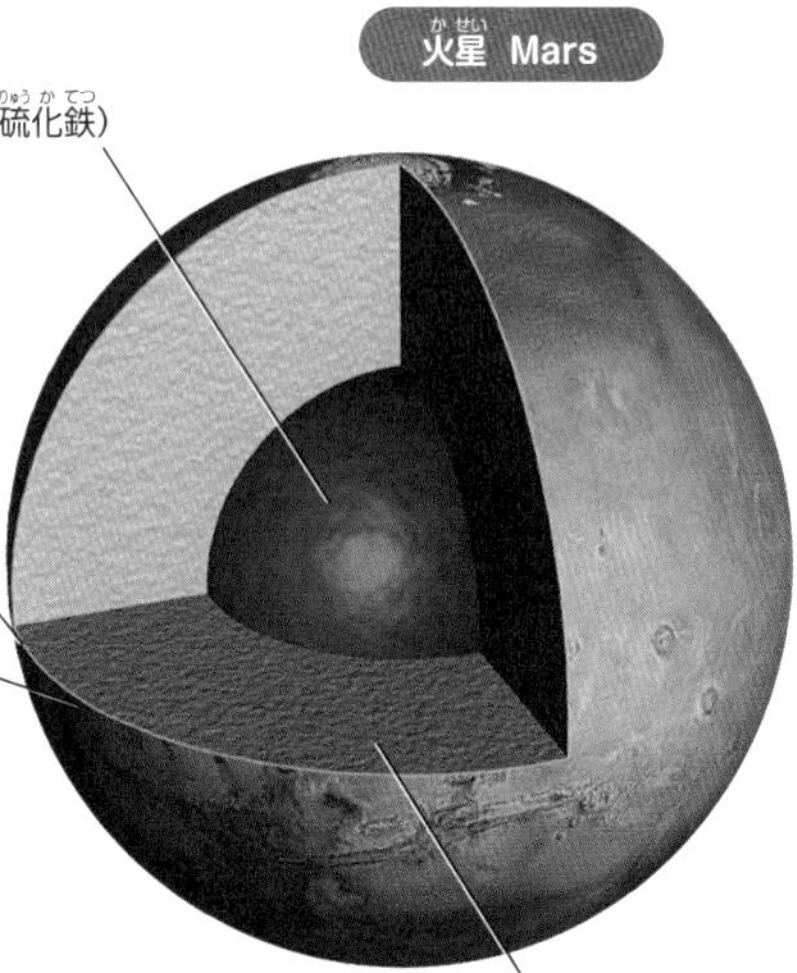

火星《かせい》のデータ

赤道半径《せきどうはんけい》	3396.2キロメートル
赤道重力《せきどうじゅうりょく》	地球《ちきゅう》の0.38倍《ばい》
体積《たいせき》	地球《ちきゅう》の0.151倍《ばい》
質量《しつりょう》	地球《ちきゅう》の0.1074倍《ばい》
密度《みつど》	3.93グラム毎立方《まいりっぽう》センチメートル
自転周期《じてんしゅうき》	1.026日《にち》
公転周期《こうてんしゅうき》	1.88085ユリウス年《ねん》
衛星数《えいせいすう》	2個《こ》

国立天文台編《こくりつてんもんだいへん》『理科年表《りかねんぴょう》2023』より

火星全体《かせいぜんたい》をおおう砂嵐《すなあらし》

NASAのハッブル宇宙望遠鏡《うちゅうぼうえんきょう》がとらえた、ことなる時期《じき》の火星《かせい》の姿《すがた》。火星《かせい》には、惑星全体《わくせいぜんたい》をおおうほどの砂嵐《すなあらし》がおきることがある。左《ひだり》の画像《がぞう》では表面《ひょうめん》がみえているが、右《みぎ》の画像《がぞう》ではほとんどみえていない。巨大砂嵐《きょだいすなあらし》は、火星《かせい》の季節《きせつ》の変化《へんか》でおきるとみられている。

2001年《ねん》6月《がつ》26日《にち》　2001年《ねん》9月《がつ》4日《か》

メモ

火星《かせい》の地殻《ちかく》は、地球《ちきゅう》と同《おな》じように、主《おも》にケイ酸塩《さんえん》でできている。けれども表面《ひょうめん》には、酸化鉄《さんかてつ》（赤《あか》さび）をふくむ岩石《がんせき》が多《おお》いので、赤《あか》い星《ほし》ともよばれる。

もっと知《し》りたい

火星《かせい》の極域《きょくいき》では、上昇気流《じょうしょうきりゅう》が砂《すな》を巻《ま》き上《あ》げて砂嵐《すなあらし》になる。

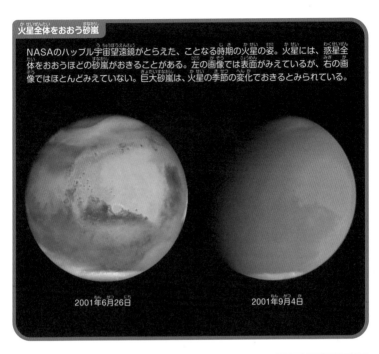

08

しゃしんギャラリー

人類《じんるい》は火星上《かせいじょう》に探査車《たんさしゃ》を送《おく》った

火星探査《かせいたんさ》は、火星上《かせいじょう》に着陸《ちゃくりく》させた探査車《たんさしゃ》を走《はし》らせながらおこなう時代《じだい》です。「パーサヴィアランス」がとらえた、火星《かせい》の大地《だいち》を観察《かんさつ》しましょう。

これは探査車《たんさしゃ》の自撮《じど》り画像《がぞう》だよ

岩石《がんせき》をとって調《しら》べる

NASAの探査車《たんさしゃ》「パーサヴィアランス」がとらえた画像《がぞう》を組《く》み合《あ》わせてつくられた火星《かせい》の姿《すがた》（2021年《ねん》2月《がつ》18日《にち》に火星着陸《かせいちゃくりく》）。探査車《たんさしゃ》の手前《てまえ》にある岩《いわ》には、コアサンプルをとるためにあけられた2つの穴《あな》がある。火星《かせい》サンプルを持《も》ち帰《かえ》ることも探査《たんさ》の目的《もくてき》だ。

火星《かせい》を飛《と》びながら調《しら》べる

パーサヴィアランスとともに火星《かせい》に送《おく》られた小《こ》型《がた》ヘリコプター「インジェニュイティ」。火星《かせい》のうすい大気《たいき》でも小型《こがた》ヘリが飛《と》ぶことが示《しめ》された。

もっと知《し》りたい

最初《さいしょ》の火星探査車《かせいたんさしゃ》は2004年《ねん》に火星《かせい》に着陸《ちゃくりく》し、昔《むかし》は水《みず》があったことを確《たし》かめた。

09 昔《むかし》の火星《かせい》の表面《ひょうめん》には液体《えきたい》の水《みず》が流《なが》れていた

地球《ちきゅう》に似《に》た環境《かんきょう》をもつ火星《かせい》では、その昔《むかし》、主《おも》に水蒸気《すいじょうき》と二酸化炭素《にさんかたんそ》からなるわりと濃《こ》い大気《たいき》があったとかんがえられています。ところが、多《おお》くの小天《しょうてん》体《たい》が降《ふ》り注《そそ》いだことで、大気《たいき》ははぎとられていったとみられています。火星《かせい》表面《ひょうめん》の重力《じゅうりょく》が地球《ちきゅう》の約《やく》4割《わり》と小《ちい》さく、大気《たいき》が逃《に》げやすい環境《かんきょう》だったことも影《えい》響《きょう》したようです。

さまざまな探査機《たんさき》が調《しら》べた結果《けっか》、昔《むかし》の火星《かせい》の表面《ひょうめん》には液体《えきたい》の水《みず》が流《なが》れていたことがわかりました。それどころか、現在《げんざい》の火星《かせい》の土《つち》に水《みず》の氷《こおり》がふくまれていることもわかったのです。極域《きょくいき》のクレーターの中《なか》にある大量《たいりょう》の氷《こおり》もみつかっています。

メモ

NASAの探査機《たんさき》「フェニックス」(2008年《ねん》に火星着陸《かせいちゃくりく》)は、土《つち》の中《なか》に氷《こおり》の水《みず》があることを確《たし》かめた。ESAの探《たん》査機《さき》「マーズ・エクスプレス」(2003年《ねん》に火星《かせい》をまわる軌道《きどう》に到着《とうちゃく》)の調査《ちょうさ》から、南極《なんきょく》のまわりに大量《たいりょう》の水《みず》の氷《こおり》があることがわかった。

水《みず》の氷《こおり》がある極冠《きょくかん》

NASAの探査機《たんさき》「バイキング」がとらえた画像《がぞう》を組《く》み合《あ》わせてつくった火星《かせい》の姿《すがた》。上《うえ》の白《しろ》いところは北半球《きたはんきゅう》の極域《きょくいき》に広《ひろ》がる「極冠《きょくかん》」。さまざまな調査《ちょうさ》から、極域《きょくいき》の地下《ちか》には水《みず》の氷《こおり》がねむっていて、水《みず》の湖《みずうみ》があるかもしれないとかんがえられるようになった。

氷《こおり》におおわれたクレーター

火星《かせい》の北極《ほっきょく》の近《ちか》くにある、直径《ちょっけい》82キロメートルの「コロリョフクレーター」(「マーズ・エクスプレス」の画像《がぞう》を組《く》み合《あ》わせて作成《さくせい》)。クレーターの中《なか》には、厚《あつ》さ1800メートルの水《みず》の氷《こおり》があって、夏《なつ》でもとけないという。

もっと知《し》りたい

火星《かせい》に衝突《しょうとつ》した小天体《しょうてんたい》は高温高圧《こうおんこうあつ》の蒸気《じょうき》を出《だ》して、大気《たいき》を宇宙《うちゅう》にふき飛《と》ばした。

10 火星《かせい》には太陽系最大《たいようけいさいだい》の火山《かざん》がある

火星《かせい》には、巨大《きょだい》な火山《かざん》がいくつもあります。

中《なか》でも一番大《いちばんおお》きくて高《たか》いのが「オリンポス山《さん》」です。ふもとからはかった高《たか》さは、21キロメートルにもなります。

オリンポス山《さん》はすそ野《の》も広《ひろ》く、直径《ちょっけい》はおよそ600キロメートルです。これは北海道《ほっかいどう》がすっぽりと入《はい》る広《ひろ》さです。

火口《かこう》にできたくぼ地《ち》「カルデ

火星《かせい》の高度《こうど》マップ

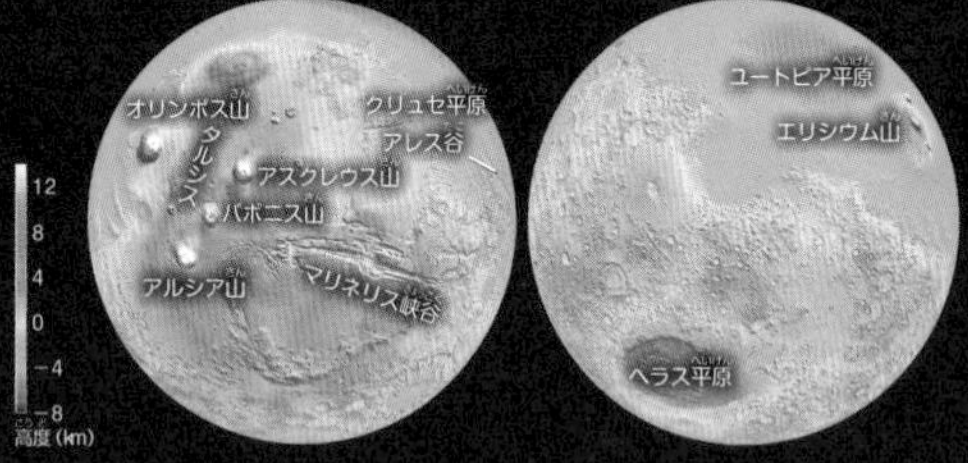

「マーズ・グローバル・サーベイヤー」が火星《かせい》の高度《こうど》を計測《けいそく》してつくった高度《こうど》マップ。水色《みずいろ》は高度《こうど》が低《ひく》く、赤《あか》から白《しろ》になるほど高《たか》い。

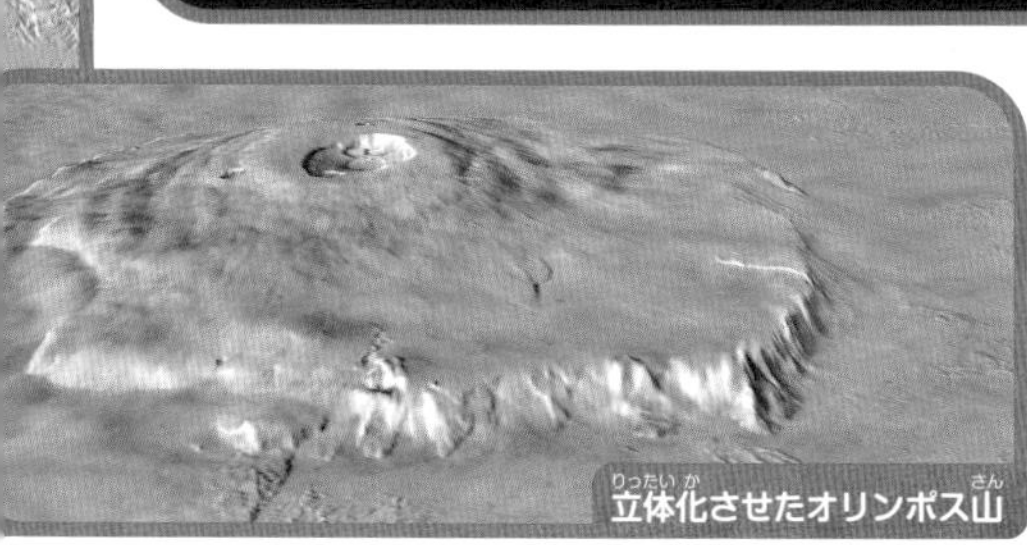

立体化《りったいか》させたオリンポス山《さん》

ラ」も、最大《さいだい》で直径《ちょっけい》数十《すうじゅう》キロメートルあります。太陽系《たいようけい》をみわたしても、高《たか》さ、広《ひろ》さ、ともに最大《さいだい》の火山《かざん》なのです。

一方《いっぽう》、火星《かせい》にある谷《たに》のサイズも〝モンスター級《きゅう》〟です。火星《かせい》の赤道近《せきどうちか》くにのびる「マリネリス峡谷《きょうこく》」は、幅《はば》１００キロメートル、深《ふか》さ7キロメートル、長《なが》さは日本列島《にっぽんれっとう》より長《なが》い４０００キロメートルです。

このように、火星《かせい》の地形《ちけい》の高度《こうど》がわかるようになったのは、探査機《たんさき》による計測《けいそく》のおかげです。

太陽系最大《たいようけいさいだい》のオリンポス山《さん》

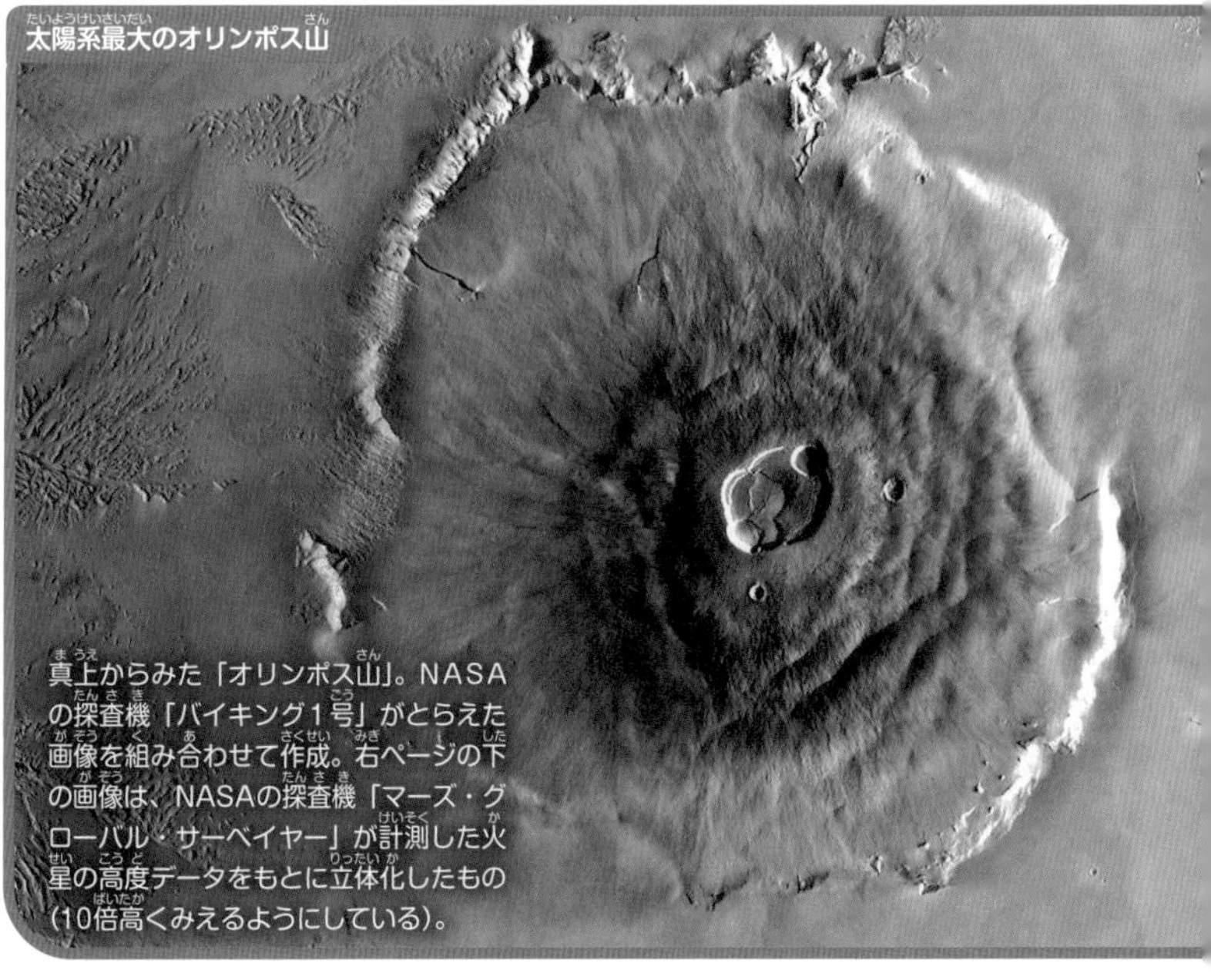

真上《まうえ》からみた「オリンポス山《さん》」。NASAの探査機《たんさき》「バイキング1号《ごう》」がとらえた画像《がぞう》を組《く》み合《あ》わせて作成《さくせい》。右《みぎ》ページの下《した》の画像《がぞう》は、NASAの探査機《たんさき》「マーズ・グローバル・サーベイヤー」が計測《けいそく》した火《か》星《せい》の高度《こうど》データをもとに立体化《りったいか》したもの（10倍高《ばいだか》くみえるようにしている）。

もっと知《し》りたい

火星《かせい》にはオリンポス山以外《さんいがい》にも、高《たか》さ10キロメートル級《きゅう》の山《やま》が４つある。

やすみじかん

火星《かせい》の衛星《えいせい》はどうやってできたの？

火星《かせい》には「フォボス」と「ダイモス」という2つの衛星《えいせい》があります。

どちらもサイズが10キロメートルくらいと小《ちい》さく、いびつな形《かたち》をしています。地球《ちきゅう》の月《つき》にくらべると、とても小《ちい》さい衛星《えいせい》です。

これらはもともと宇宙《うちゅう》をただよっていたところを、火星《かせい》の重力《じゅうりょく》につかまって衛星《えいせい》になったとみられています。

日本《にほん》の探査計画《たんさけいかく》「MMX」は、フォボスからサンプルを持《も》ち帰《かえ》ることを目指《めざ》しています。

NASAの探査機《たんさき》「マーズ・リコネサンス・オービター」がとらえた火星《かせい》の衛星《えいせい》。

目指《めざ》せ、衛星《えいせい》からのサンプルリターン！

4
じかんめ

巨大《きょだい》なガス惑星《わくせい》と氷惑星《こおりわくせい》

惑星《わくせい》の姿《すがた》は、ここからガラッとかわります。地球型惑星《ちきゅうがたわくせい》とはちがい、サイズが巨大《きょだい》なのです。それだけではありません。どの惑星《わくせい》も、地球《ちきゅう》のようにカチカチの表面《ひょうめん》はもっていません。いったい、どんな惑星《わくせい》たちなのでしょうか？

土星《どせい》の環《わ》って、さわれるの？

01 木星《もくせい》は太陽系最大《たいようけいさいだい》の巨大《きょだい》ガス惑星《わくせい》

木星《もくせい》は、惑星《わくせい》の中《なか》で一番大《いちばんおお》きく、重《おも》い天体《てんたい》です。半径《はんけい》は地球《ちきゅう》の11倍《ばい》、重《おも》さは318倍《ばい》あります。

「地球型惑星《ちきゅうがたわくせい》」とはちがい、木星《もくせい》の表《ひょう》面《めん》はガスでおおわれています。中身《なかみ》のほとんどは水素《すいそ》とヘリウムでできているので、地球《ちきゅう》よりも太陽《たいよう》に似《に》た惑星《わくせい》なのです。

「巨大《きょだい》ガス惑星《わくせい》」ともいわれる木星《もくせい》ですが、中心《ちゅうしん》には岩石《がんせき》と氷《こおり》でできた核《かく》があります。核《かく》の重《おも》さだけで、なんと地球《ちきゅう》の10倍《ばい》もあります。

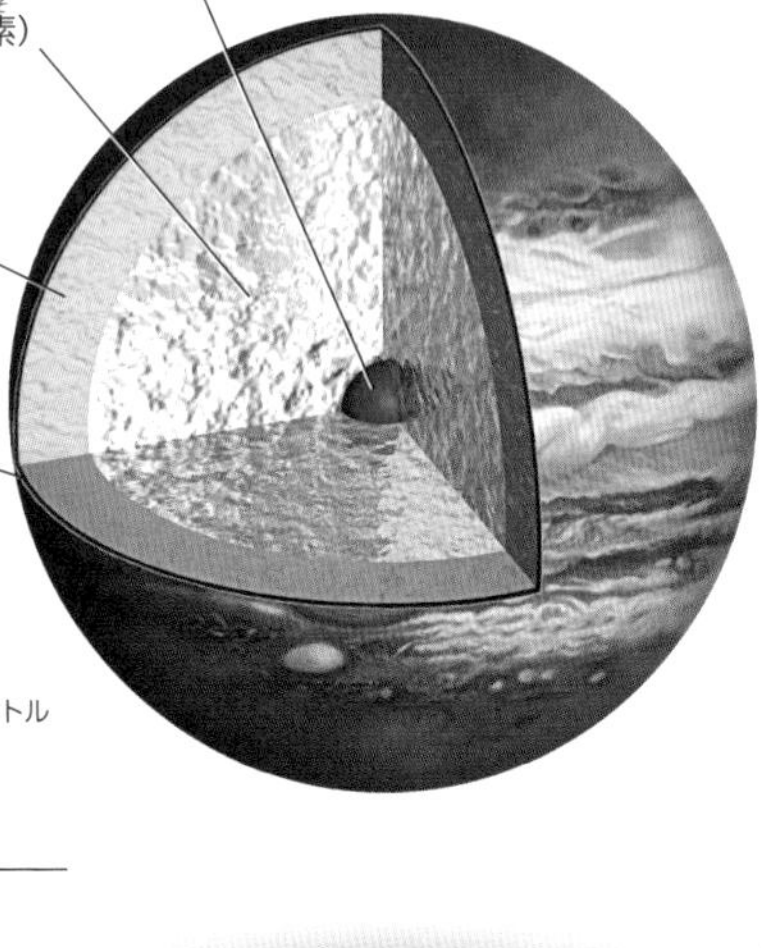

木星《もくせい》のデータ

赤道半径《せきどうはんけい》	7万《まん》1492キロメートル
赤道重力《せきどうじゅうりょく》	地球《ちきゅう》の2.37倍《ばい》
体積《たいせき》	地球《ちきゅう》の1321倍《ばい》
質量《しつりょう》	地球《ちきゅう》の317.83倍《ばい》
密度《みつど》	1.33グラム毎立方《まいりっぽう》センチメートル
自転周期《じてんしゅうき》	0.4135日《にち》
公転周期《こうてんしゅうき》	11.862ユリウス年《ねん》
衛星数《えいせいすう》	95（72）*個《こ》

国立天文台編《こくりつてんもんだいへん》『理科年表《りかねんぴょう》2023』
国立天文台《こくりつてんもんだい》ホームページより
＊報告《ほうこく》された95個《こ》のうち確定《かくてい》したのは72個《こ》

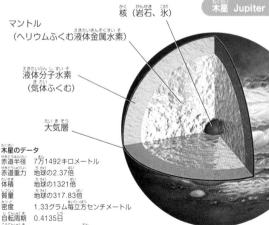

木星《もくせい》にも環《わ》がある

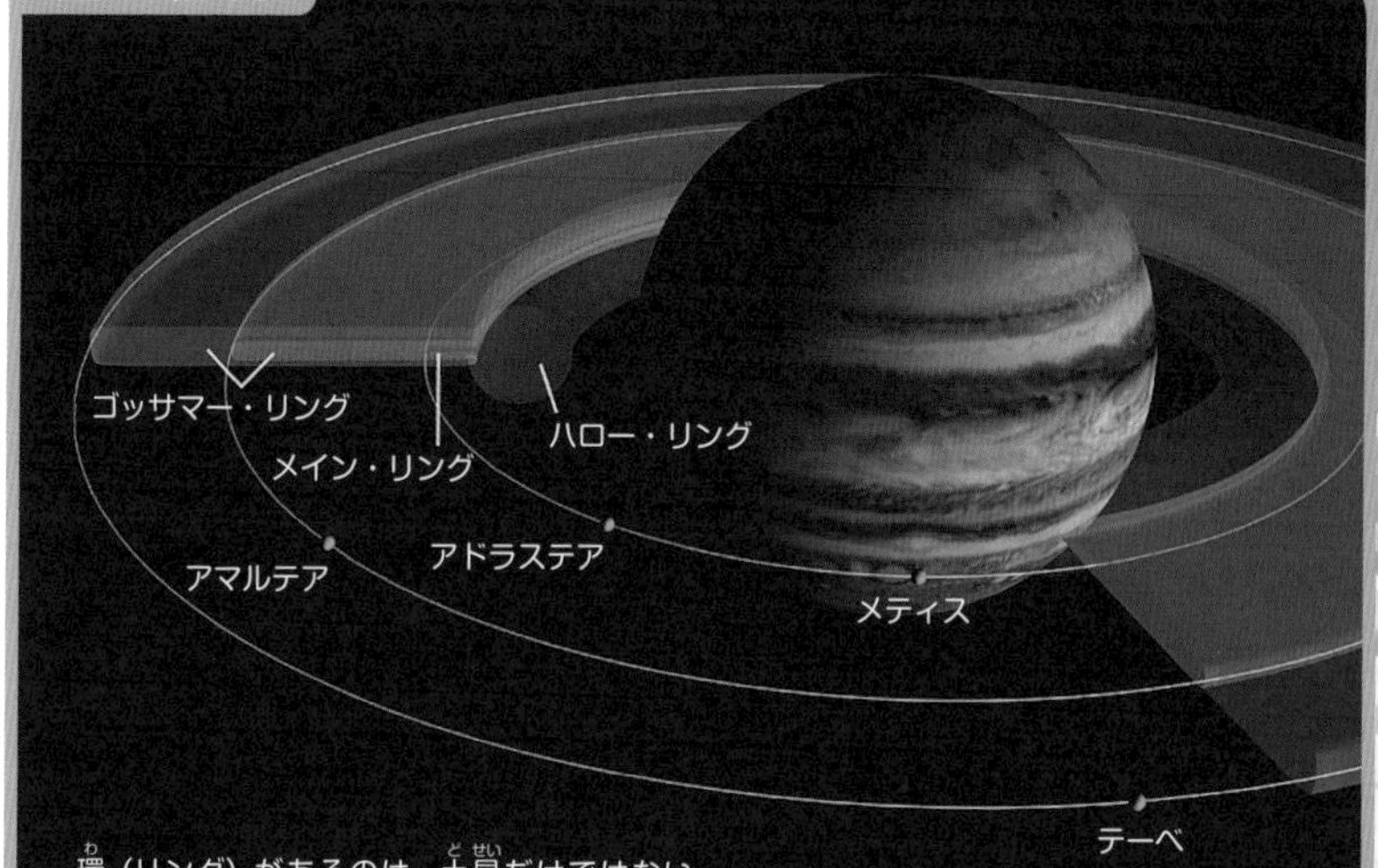

環《わ》（リング）があるのは、土星《どせい》だけではない。みにくいだけで木星《もくせい》にも3つの環《わ》がある。環《わ》は、小《ちい》さなちりからできている。このちりは、もともと、木星《もくせい》の衛星《えいせい》（102ページ）に小天体《しょうてんたい》が衝突《しょうとつ》したときに宇宙空間《うちゅうくうかん》にまいあがったものだという。

メモ

とても重《おも》い木星《もくせい》は、強大《きょうだい》な重力《じゅうりょく》を生《う》む。この重力《じゅうりょく》で、中身《なかみ》のガスは、ぎゅっと押《お》しこまれて圧力《あつりょく》が高《たか》くなり、液体《えきたい》のような金属《きんぞく》のような、不思議《ふしぎ》な状態《じょうたい》になっているとみられる。それでも、主《おも》にガスからなる木星《もくせい》の平均密度《へいきんみつど》は、地球型惑星《ちきゅうがたわくせい》よりずっと小《ちい》さい。

もっと知《し》りたい

木星《もくせい》がもう少《すこ》し大《おお》きいと、重力《じゅうりょく》と圧力《あつりょく》が高《たか》まり、核融合反応《かくゆうごうはんのう》をおこなう恒星《こうせい》になる。

02

木星表面《もくせいひょうめん》には、赤《あか》と白《しろ》の巨大《きょだい》なうずがある

木星《もくせい》の表面《ひょうめん》には、赤道《せきどう》に平行《へいこう》なしましまの模様《もよう》があります。模様《もよう》の一《ひと》つは、大気中《たいきちゅう》の「ジェット気流《きりゅう》」に乗《の》った雲《くも》の流《なが》れで、東向《ひがしむ》きもあれば西《にし》向《む》きもあります。

ジェット気流《きりゅう》が生《う》まれるのは、木星《もくせい》の自転周期《じてんしゅうき》が約《やく》10時間《じかん》と速《はや》いためです。ジェット気流《きりゅう》の影響《えいきょう》で、雲《くも》の中《なか》にはうずができます。うずの〝親玉《おやだま》〟が「大赤斑《だいせきはん》」とよばれる巨大《きょだい》な赤《あか》いうずです。これは台風《たいふう》とはちがって高気圧《こうきあつ》性《せい》のうずで、地球《ちきゅう》を2つ並《なら》べたくらいの大《おお》きさがあります。「白斑《はくはん》」とよばれる、白《しろ》いうずもいくつかあります。こうしたうずは、合体《がったい》して大《おお》きくなることもあります。

メモ

木星《もくせい》の雲《くも》のうち、太陽《たいよう》光《こう》を強《つよ》く反射《はんしゃ》する部分《ぶぶん》を「帯《おび》」、あまり反射《はんしゃ》しない部分《ぶぶん》を「縞《しま》」という。雲《くも》の中《なか》のうずは、東風《ひがしかぜ》と西風《にしかぜ》がすれちがうところで生《う》まれる。

大赤斑《だいせきはん》と白斑《はくはん》

NASAの探査機《たんさき》「ジュノー」が2019年《ねん》にとらえた木星《もくせい》の南半球《みなみはんきゅう》のようす。大赤斑《だいせきはん》と、「A４」「A５」と名《な》づけられた白斑《はくはん》がみえる。大赤斑《だいせきはん》を動《うご》かすジェット気流《きりゅう》は強力《きょうりょく》で、このうずを東側《ひがしがわ》（右側《みぎがわ》）に高速《こうそく》で動《うご》かす。そのため、約《やく》１年《ねん》ごとにA４とA５を追《お》いぬく。

新《あたら》しく生《う》まれた赤斑《せきはん》

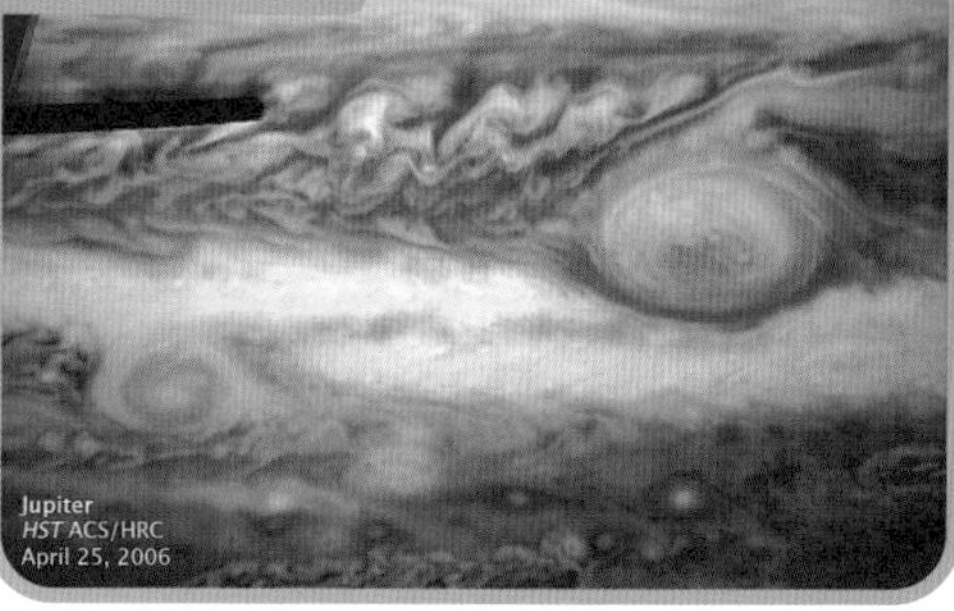

NASAのハッブル宇宙望遠鏡《うちゅうぼうえんきょう》が2006年《ねん》にとらえた、新《あたら》しい赤斑《せきはん》。大《おお》きさは大赤斑《だいせきはん》の半分《はんぶん》くらいある。もともとは３つの小《ち》さなうずだったが、2000年《ねん》に合体《がったい》してできたという。

もっと知《し》りたい

木星《もくせい》の雲《くも》は、アンモニアや硫化《りゅうか》アンモニウムでできている。

03

しゃしんギャラリー 木星《もくせい》にかがやくオーロラ

地球《ちきゅう》と同《おな》じように、木星《もくせい》の極域《きょくいき》にもオーロラがあらわれます。
宇宙望遠鏡《うちゅうぼうえんきょう》などがとらえた、木星《もくせい》にかがやくオーロラをみてみましょう。

青白《あおじろ》く光《ひか》るオーロラ

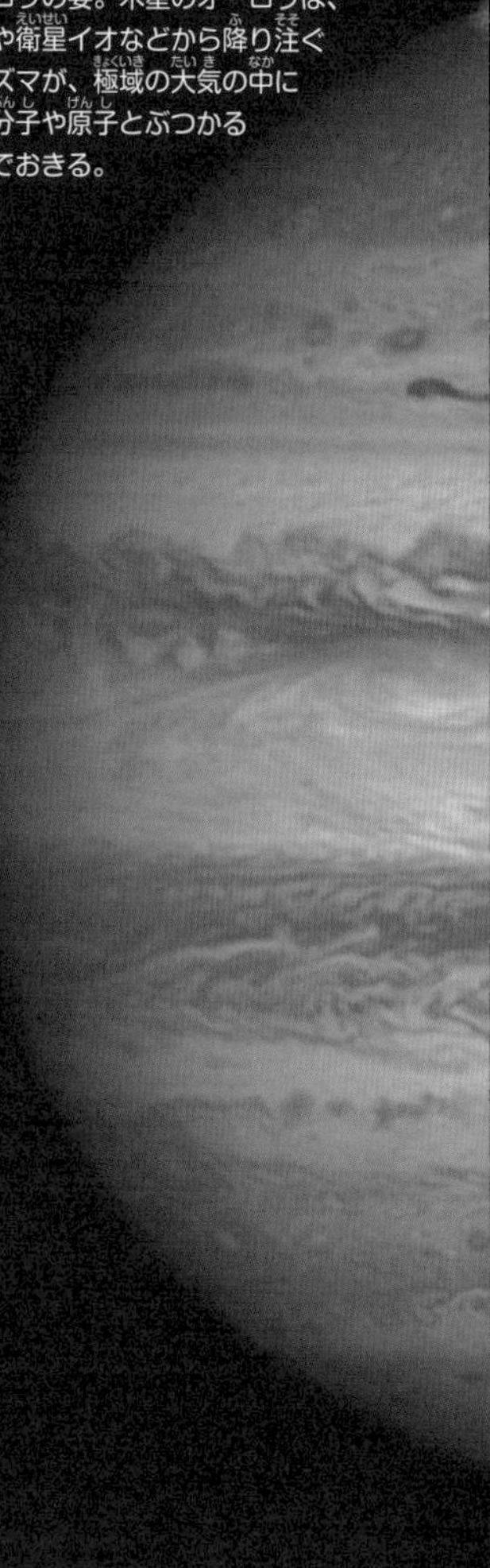

NASAの探査機《たんさき》「ジュノー」(可視光《かしこう》)と「ハッブル宇宙望遠鏡《うちゅうぼうえんきょう》」(紫外線《しがいせん》)の画像《がぞう》を組《く》み合《あ》わせてつくった、木星《もくせい》のオーロラの姿《すがた》。木星《もくせい》のオーロラは、太陽《たいよう》や衛星《えいせい》イオなどから降《ふ》り注《そそ》ぐプラズマが、極域《きょくいき》の大気《たいき》の中《なか》にある分子《ぶんし》や原子《げんし》とぶつかることでおきる。

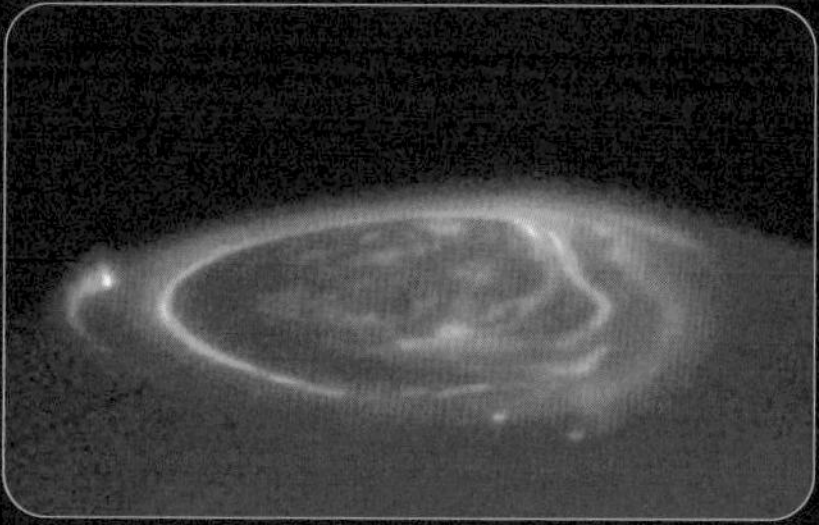

衛星《えいせい》がもたらしたオーロラ

ハッブル宇宙望遠鏡《うちゅうぼうえんきょう》がとらえた北極《ほっきょく》のオーロラ。木星《もくせい》の衛星《えいせい》から来《き》たプラズマによる光《ひかり》も写《うつ》っている。左《ひだり》の明《あか》るい点《てん》は衛星《えいせい》イオによるもの、真《ま》ん中《なか》あたりの明《あか》るい点《てん》はエウロパによるもの、右下《みぎした》の明《あか》るい点《てん》はガニメデによるものだという。

南北《なんぼく》のオーロラ

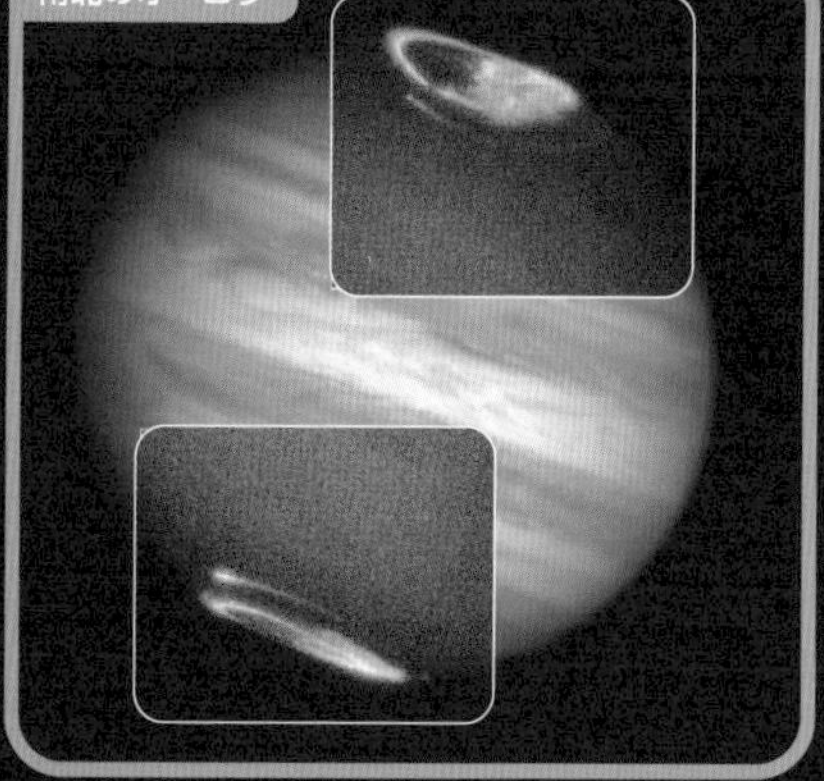

ハッブル宇宙望遠鏡《うちゅうぼうえんきょう》が紫外線《しがいせん》でとらえた、北極《ほっきょく》と南極《なんきょく》で同時《どうじ》におきるオーロラ。プラズマを極域《きょくいき》に運《はこ》ぶのは磁場《じば》だ。木星《もくせい》には地球《ちきゅう》の10倍《ばい》の磁場《じば》があるので、地球《ちきゅう》と同《おな》じようにオーロラができる。

もっと知《し》りたい

木星《もくせい》の衛星《えいせい》イオ、エウロパ、ガニメデは、木星《もくせい》と磁力線《じりょくせん》でつながっている。

04 木星《もくせい》は約《やく》100個《こ》の衛星《えいせい》をしたがえている

メモ

木星《もくせい》の衛星《えいせい》は、木星《もくせい》の強《つよ》い重力《じゅうりょく》や、ほかの衛星《えいせい》からの重力《じゅうりょく》の影響《えいきょう》を受《う》ける。それがイオに火山活動《かざんかつどう》をおこしたり、エウロパの内部《ないぶ》の氷《こおり》をとかしたりするようだ。エウロパは生命《せいめい》がいるかもしれない天体《てんたい》として注目《ちゅうもく》されている。

木星《もくせい》には、2023年《ねん》までに約《やく》100個《こ》の衛星《えいせい》が報告《ほうこく》されています。その中《なか》で、「イオ」「エウロパ」「ガニメデ」「カリスト」は、地球《ちきゅう》の月《つき》ぐらいの大《おお》きさがある衛星《えいせい》です。

イオには活火山《かっかざん》があります。また、エウロパの地下《ちか》には「海《うみ》」があるともいわれています。さまざまな表情《ひょうじょう》をもつ木星《もくせい》の衛星《えいせい》には、木星《もくせい》と同《おな》じぐらい天文学者《てんもんがくしゃ》の目《め》が向《む》けられています。

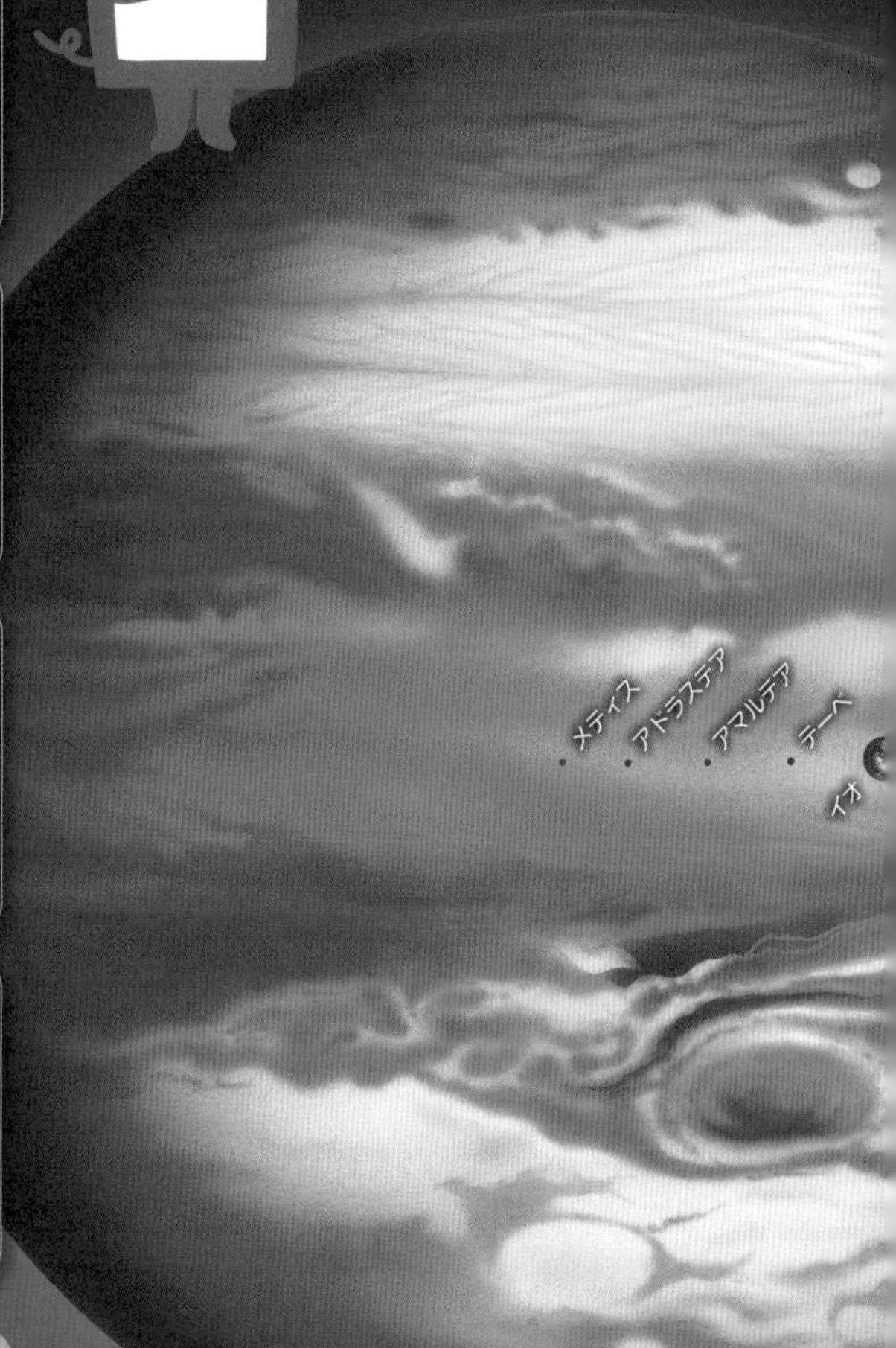

木星《もくせい》を代表《だいひょう》する衛星《えいせい》たち

イラストは、木星《もくせい》と、木星《もくせい》を代表《だいひょう》する衛星《えいせい》の大《おお》きさをくらべるために並《なら》べたもの。地球《ちきゅう》と月《つき》も並《なら》べている。イオ、エウロパ、ガニメデ、カリストは、イタリアの物理学者《ぶつりがくしゃ》で天文学者《てんもんがくしゃ》のガリレオ・ガリレイ（1564～1642）が1610年《ねん》に望遠鏡《ぼうえんきょう》を使《つか》って発見《はっけん》したので、「ガリレオ衛星《えいせい》」とよばれている。

もっと知《し》りたい

ガニメデは太陽系《たいようけい》の衛星《えいせい》の中《なか》では最大《さいだい》で、水星《すいせい》よりも大《おお》きい。

05

土星《どせい》は大《おお》きな環《わ》をもつ巨大《きょだい》ガス惑星《わくせい》

土星《どせい》は、木星《もくせい》の次《つぎ》に大《おお》きい惑星《わくせい》です。木星《もくせい》とともに「巨大《きょだい》ガス惑星《わくせい》」といわれるのは、中身《なかみ》がほぼ水素《すいそ》とヘリウムでできているからです。

土星《どせい》といえば、やっぱり巨大《きょだい》な環《わ》（リング）でしょう。幅《はば》は自分《じぶん》の半径《はんけい》の3倍《ばい》以上《いじょう》あり、地球《ちきゅう》からみることもできます。

実《じつ》は、土星《どせい》にも「大白斑《だいはくはん》」があります。木星《もくせい》の大赤斑《だいせきはん》は300年前《ねんまえ》から消《き》えずにありますが、土星《どせい》の大白斑《だいはくはん》は、あらわれては消《き》えるをくりかえしています。

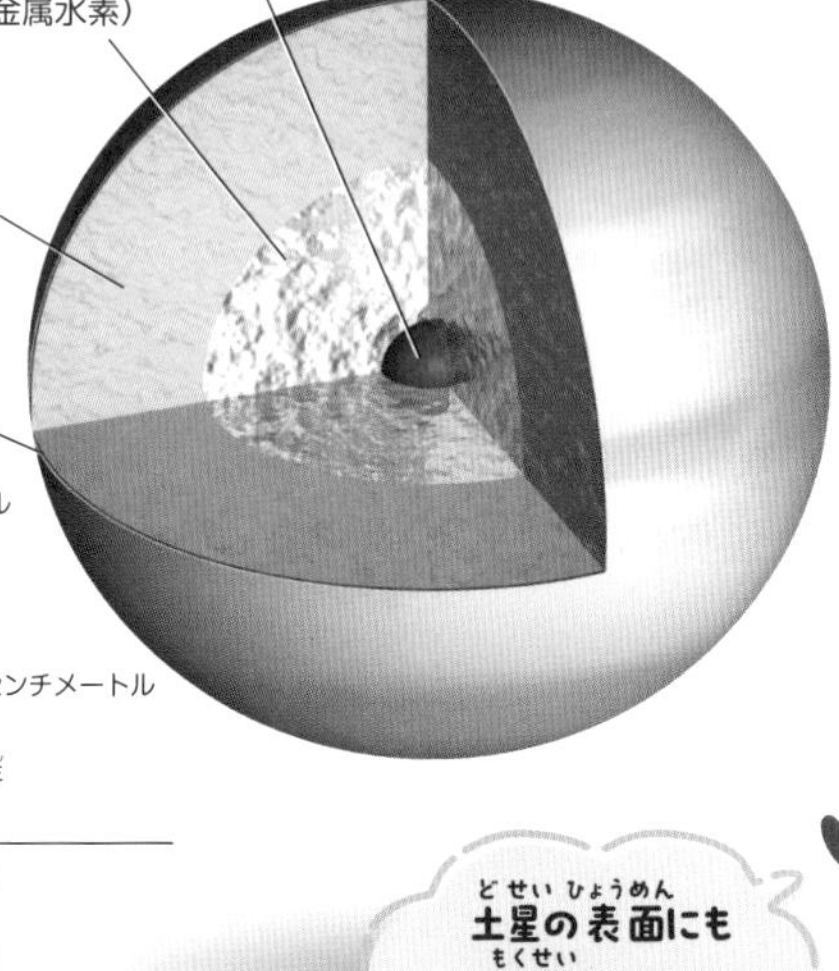

土星《どせい》のデータ

赤道半径《せきどうはんけい》	6万《まん》268キロメートル
赤道重力《せきどうじゅうりょく》	地球《ちきゅう》の0.93倍《ばい》
体積《たいせき》	地球《ちきゅう》の764倍《ばい》
質量《しつりょう》	地球《ちきゅう》の95.16倍《ばい》
密度《みつど》	0.69グラム毎立方《まいりっぽう》センチメートル
自転周期《じてんしゅうき》	0.444日《にち》
公転周期《こうてんしゅうき》	29.4572ユリウス年《ねん》
衛星数《えいせいすう》	149（66）*個《こ》

国立天文台編《こくりつてんもんだいへん》『理科年表《りかねんぴょう》2023』
国立天文台《こくりつてんもんだい》ホームページより
＊報告数《ほうこくすう》149個《こ》のうち確定数《かくていすう》は66個《こ》
149個中《こちゅう》の判別《はんべつ》が困難《こんなん》な３個《こ》をのぞくと146個《こ》

土星《どせい》にあらわれた巨大嵐《きょだいあらし》

赤外線《せきがいせん》でとらえた、土星《どせい》表面《ひょうめん》の巨大嵐《きょだいあらし》(可視光《かしこう》の写真《しゃしん》のように色《いろ》をつけたもの)。白《しろ》いうず模様《もよう》ができているのがみえる。土星《どせい》の表面《ひょうめん》にも雲《くも》があり、木星《もくせい》のように「大白斑《だいはくはん》」があらわれるが、こちらは数週間《すうしゅうかん》から数《すう》か月《げつ》で消《き》える。

メモ

土星《どせい》の自転周期《じてんしゅうき》は約《やく》11時間《じかん》と短《みじか》い。その影響《えいきょう》で、赤道部分《せきどうぶぶん》がふくらんでいて、つぶれた球《きゅう》のようになっている。この“つぶれ具合《ぐあい》”(へん平率《ぺいりつ》)は土星《どせい》が一《いち》番大《ばんおお》きい。平均密度《へいきんみつど》は、惑星《わくせい》の中《なか》で最《もっと》も小《ちい》さい。

もっと知《し》りたい

土星《どせい》のマントルは活動《かつどう》がはげしく、土星《どせい》の磁場《じば》のもとになっているとみられている。

06

しゃしんギャラリー 探査機《たんさき》がみた土星《どせい》の環《わ》

巨大惑星《きょだいわくせい》はみな環《わ》をもちますが、土《ど》星《せい》の環《わ》の大《おお》きさは群《ぐん》をぬいています。

「カッシーニ」が近《ちか》くからみおろした、土星《どせい》と環《わ》を観察《かんさつ》しましょう。

メモ

環《わ》は、主《おも》に小《ちい》さな氷《こおり》のつぶが集《あつ》まってできていて、それぞれが土星《どせい》のまわりをまわっている。環《わ》の厚《あつ》さは数《すう》十《じゅう》～数百《すうひゃく》メートルしかなく、真横《まよこ》からだとみえなくなる。

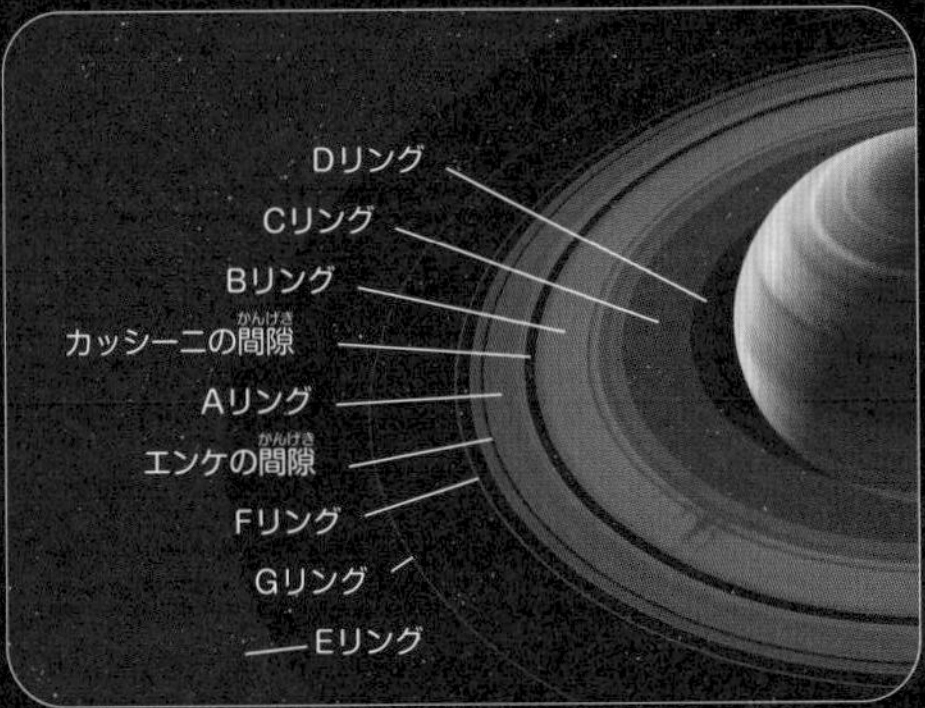

A～Gの環《わ》がある

環《わ》は、いくつかの部分《ぶぶん》にわかれていて、それぞれにA～Gの名前《なまえ》がある。はっきりみえるのはA、B、Cの3つ。D、Eは厚《あつ》さがうすく、F、Gはとても細《ほそ》いのでみにくい。色《いろ》が黒《くろ》っぽい部分《ぶぶん》は、氷《こおり》のつぶがほとんどないすき間《ま》（間隙《かんげき》）だ。

環《わ》の幅《はば》は20万《まん》キロ以上《いじょう》

NASAの探査機《たんさき》「カッシーニ」が真上《まうえ》からとらえた土星《どせい》と環《わ》（2013年《ねん》10月《がつ》10日《か》に撮影《さつえい》）。環《わ》（リング）の幅《はば》は20万《まん》キロメートル以上《いじょう》あるが、よくみえる部分《ぶぶん》（A、B、Cリング）だけだと、幅《はば》は6万《まん》キロメートルほど。画像《がぞう》では、土星自身《どせいじしん》の影《かげ》が環《わ》にかかっている。

もっと知《し》りたい

土星《どせい》は15年《ねん》に一度《いちど》、地球《ちきゅう》からみて真横《まよこ》を向《む》くので、環《わ》が消《き》えたようにみえる。

07

土星《どせい》は太陽系《たいようけい》で最《もっと》も多《おお》くの衛星《えいせい》をもつ

土星《どせい》には、２０２３年《ねん》までに約《やく》１５０個《こ》の衛星《えいせい》が報告《ほうこく》されています。実《じつ》は、２０２３年《ねん》5月《がつ》に、60個《こ》以上《いじょう》の衛星《えいせい》が新《あら》たに報告《ほうこく》されました。確定《かくてい》した数《かず》（66個《こ》）では、木星《もくせい》の数《かず》（72個《こ》）に少《すこ》しおよびませんが、実際《じっさい》のところ、土星《どせい》の衛星数《えいせいすう》はダントツで太陽系《たいようけい》ナンバーワンなのです。

土星《どせい》の衛星《えいせい》の中《なか》で最《もっと》も大《おお》きいのが「タイタン」です。水星《すいせい》よ

半径《はんけい》500キロ以上《いじょう》の衛星《えいせい》たち

土星《どせい》の衛星《えいせい》で半径《はんけい》が500キロメートルをこえるのは、「タイタン」「レア」「ディオネ」「イアペトス」「テティス」しかない。「エンケラドス」など、半径《はんけい》100キロメートルをこえるものも数個《すうこ》あるが、それ以外《いがい》は半径数十《はんけいすうじゅう》キロメートル以下《いか》のものがほとんどだ。

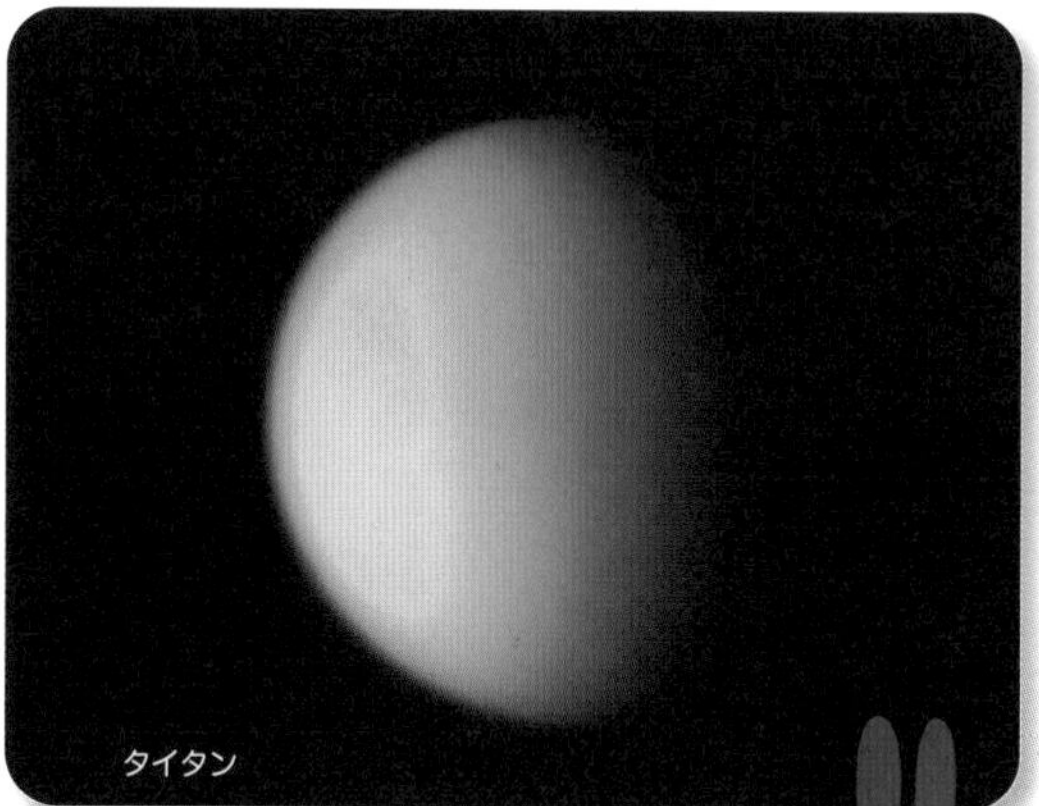

タイタン

り大《おお》きいタイタンは、太陽系《たいようけい》でただ一《ひと》つ濃《こ》い大気《たいき》がある衛星《えいせい》です。表面《ひょうめん》の気圧《きあつ》は、地球《ちきゅう》の1・5倍《ばい》にもなります。また、太陽《たいよう》系《けい》でただ一《ひと》つ、表面《ひょうめん》に液体《えきたい》の湖《みずうみ》や川《かわ》がある天体《てんたい》でもあります。といっても、あるのは水《みず》ではなくエタンやメタンです。

そのほかの衛星《えいせい》は、エンケラドス（110ページ）以外《いがい》では、ほぼ岩石《がんせき》や氷《こおり》でできています。土星《どせい》の衛星《えいせい》は氷《こおり》を多《おお》くふくむため、密度《みつど》が低《ひく》いとみられています。

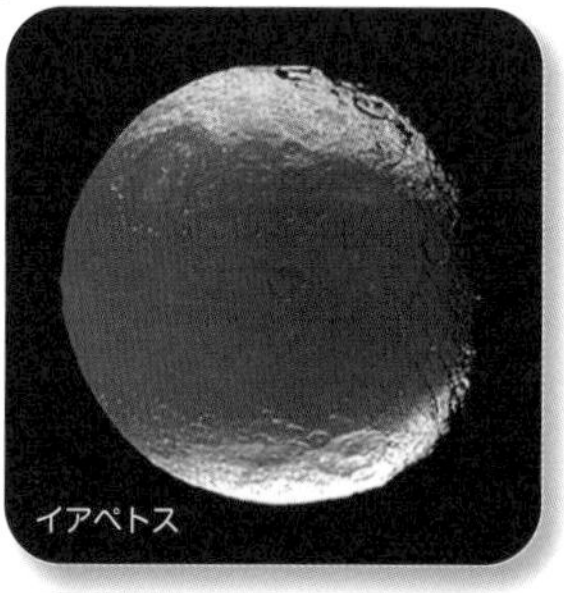
イアペトス

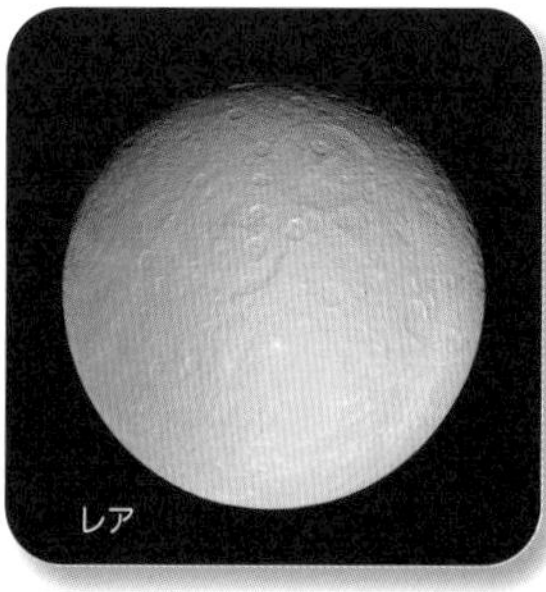
レア

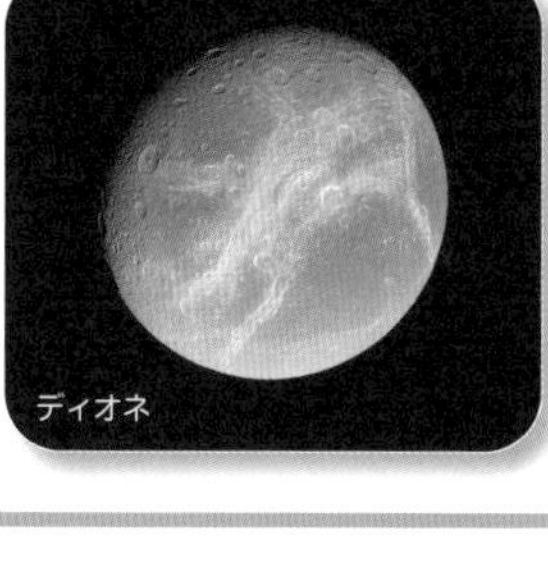
ディオネ

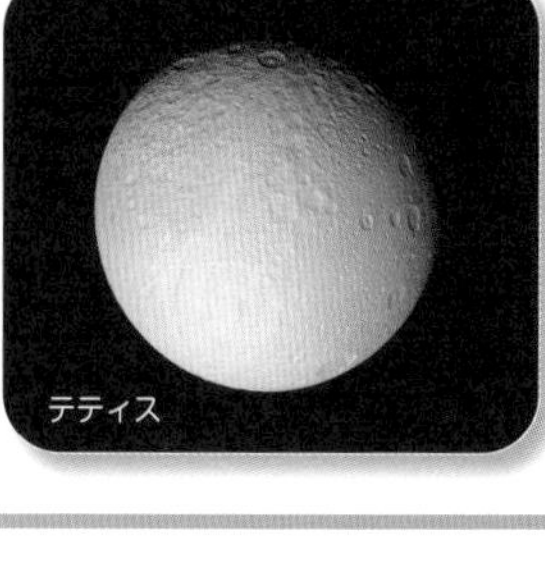
テティス

もっと知《し》りたい

タイタンの地下《ちか》には全球《ぜんきゅう》にわたって、液体《えきたい》の水《みず》の海《うみ》があるとみられている。

08

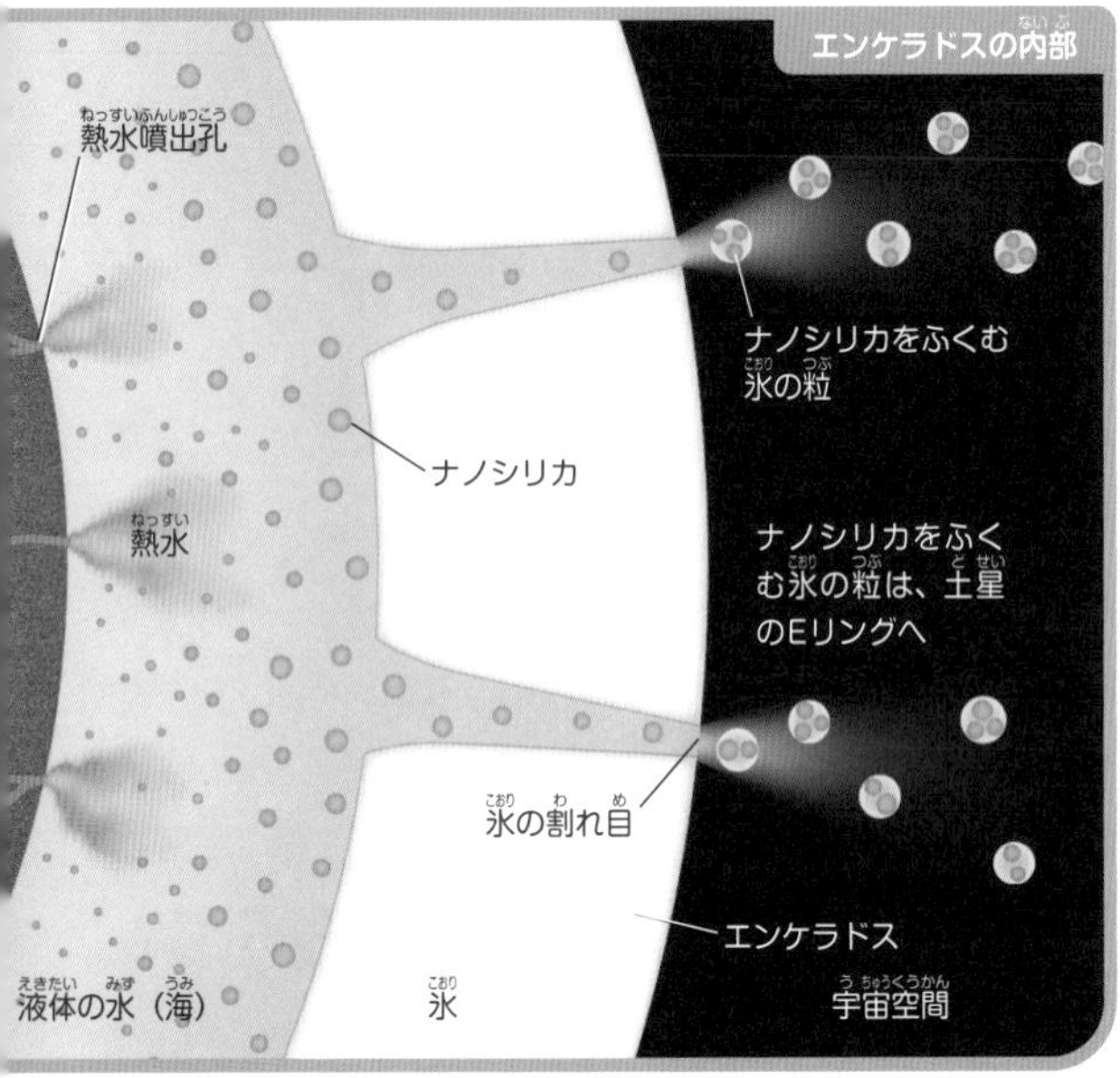

土星《どせい》の衛星《えいせい》エンケラドスは生命《せいめい》がいるかもしれない場所《ばしょ》

地球《ちきゅう》以外《いがい》の場所《ばしょ》に、はたして生命《せいめい》はいるのでしょうか？　生命《せいめい》にとって、液体《えきたい》の水《みず》はかかせないとされています。それならば、液体《えきたい》の水《みず》があるところを探《さが》すのが生命発見《せいめいはっけん》の近道《ちかみち》になりそうです。

土星《どせい》の衛星《えいせい》エンケラドスは、半径《はんけい》２５０キロメートルほどの天体《てんたい》で、その内部《ないぶ》には液体《えきたい》の水《みず》の海《うみ》があるとみられています。

エンケラドスの南半球《みなみはんきゅう》には、いくつかの氷《こおり》の割《わ》れ目《め》がある。この割《わ》れ目《め》から、水《みず》のほか、メタン、一酸化炭《いっさんかたん》素《そ》、二酸化炭素《にさんかたんそ》、エチレンやプロピレンなどの有機物《ゆうきぶつ》がふき出《だ》していることを、NASAの探査機《たんさき》「カッシーニ」が観測《かんそく》した。

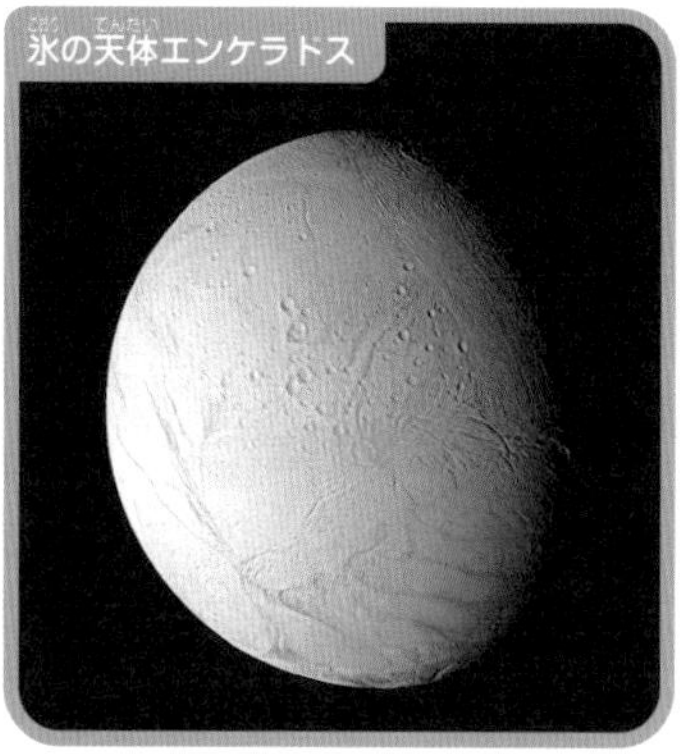

氷《こおり》の天体《てんたい》エンケラドス

エンケラドスの地殻《ちかく》には液体《えきたい》の水《みず》の海《うみ》がとりまいているとみられる。水《みず》は地殻《ちかく》のすき間《ま》に入《はい》りこみ、内部《ないぶ》の熱《ねつ》によって熱水《ねっすい》になる。海《うみ》の外側《そとがわ》は衛星《えいせい》をおおう氷《こおり》で、割《わ》れ目《め》からはナノシリカをふくむ水《みず》（氷《こおり》）がふき出《だ》す。この氷《こおり》のつぶは、土星《どせい》のEリングに供給《きょうきゅう》される。

エンケラドスの表面《ひょうめん》は氷《こおり》におおわれています。このサイズの氷《こおり》の天体《てんたい》なら、その内部《ないぶ》は凍《こお》りついているのがふつうです。ところが、土星《どせい》の強《つよ》い重力《じゅうりょく》によってエンケラドスの内部《ないぶ》には熱《ねつ》エネルギーが生《う》まれていて、氷《こおり》がとけているかもしれないというのです。水《みず》があれば生命《せいめい》がいても不思議《ふしぎ》ではありません。

実際《じっさい》にエンケラドスの表面《ひょうめん》からは、ふき出《だ》す水《みず》や有機物《ゆうきぶつ》なども確認《かくにん》されていて、生命発見《せいめいはっけん》への期待《きたい》が高《たか》まっています。

もっと知《し》りたい

木星《もくせい》の衛星《えいせい》エウロパの表面《ひょうめん》では、水《みず》がふき出《だ》したあとがみつかっている。

やすみじかん

土星《どせい》でもオーロラがみられる？

地球《ちきゅう》のオーロラは、北極《ほっきょく》や南極《なんきょく》に近《ちか》い極域《きょくいき》でおきます。同《おな》じように、土星《どせい》の極域《きょくいき》でもオーロラがおきることがわかっています。

ところが、地球《ちきゅう》のオーロラは目《め》でみえるのに、土星《どせい》のオーロラはみえません。その理由《りゆう》は、大気中《たいきちゅう》の分子《ぶんし》にあります。地球《ちきゅう》の大気《たいき》には窒《ちっ》素《そ》と酸素《さんそ》が多《おお》くありますが、土星《どせい》の大気《たいき》のほとんどは水素《すいそ》なのです。

オーロラは、太陽風《たいようふう》（36ページ）の中《なか》の粒《りゅう》子《し》が極域《きょくいき》の大気《たいき》の分子《ぶんし》に当《あ》たり、その分子《ぶんし》が電磁波《でんじは》を出《だ》すことで光《ひか》ります。窒素《ちっそ》や酸素《さんそ》は目《め》で見《み》える可視光《かしこう》を出《だ》す一方《いっぽう》、水素《すいそ》は紫外線《しがいせん》や赤外線《せきがいせん》を出《だ》します。そのため、土星《どせい》のオーロラをみるには、それらが“みえる”装置《そうち》が必要《ひつよう》です。

目《め》にはみえないけど
かがやいているんだ

南北《なんぼく》の極域《きょくいき》で同時《どうじ》に光《ひか》る土星《どせい》のオーロラ。
紫外線《しがいせん》などでしかみえないのは木星《もくせい》も同《おな》じだ。

赤外線《せきがいせん》でみた土星《どせい》のオーロラ。
水素《すいそ》イオンが出《だ》す光《ひかり》を緑《みどり》にして、みえるようにしている。

09

天王星《てんのうせい》は横倒《よこだお》しのまま自転《じてん》する巨大氷惑星《きょだいこおりわくせい》

天王星《てんのうせい》は太陽系《たいようけい》で3番目《ばんめ》に大《おお》きい巨《きょ》大惑星《だいわくせい》です。内部《ないぶ》にアンモニア、水《みず》、メタンがまざった、ぶ厚《あつ》い氷《こおり》の層《そう》があるので「巨大氷惑星《きょだいこおりわくせい》」とよばれています。

天王星《てんのうせい》の大気《たいき》には、ヘリウムとメタンがふくまれます。メタンは、太陽光《たいようこう》の中《なか》の赤橙色《あかだいだいいろ》の光《ひかり》を吸収《きゅうしゅう》するので、残《のこ》った青緑色《あおみどりいろ》だけが反射《はんしゃ》され、それが天王星《てんのうせい》の色《いろ》になっています。

天王星《てんのうせい》は、自転軸《じてんじく》が横倒《よこだお》しになっているのも特徴《とくちょう》です。

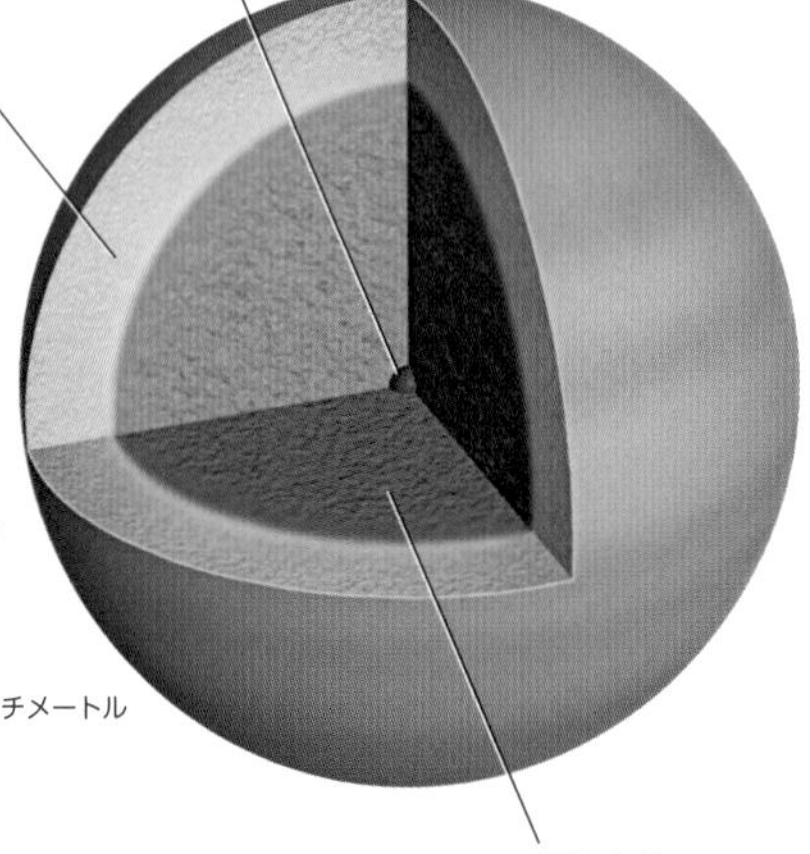

天王星《てんのうせい》のデータ

赤道半径《せきどうはんけい》	2万《まん》5559キロメートル
赤道重力《せきどうじゅうりょく》	地球《ちきゅう》の0.89倍《ばい》
体積《たいせき》	地球《ちきゅう》の63倍《ばい》
質量《しつりょう》	地球《ちきゅう》の14.54倍《ばい》
密度《みつど》	1.27グラム毎立方《まいりっぽう》センチメートル
自転周期《じてんしゅうき》	0.7183日《にち》
公転周期《こうてんしゅうき》	84.0205ユリウス年《ねん》
衛星数《えいせいすう》	27個《こ》

国立天文台編《こくりつてんもんだいへん》『理科年表《りかねんぴょう》2023』より

公転周期《こうてんしゅうき》が天王星《てんのうせい》の「1日《にち》」

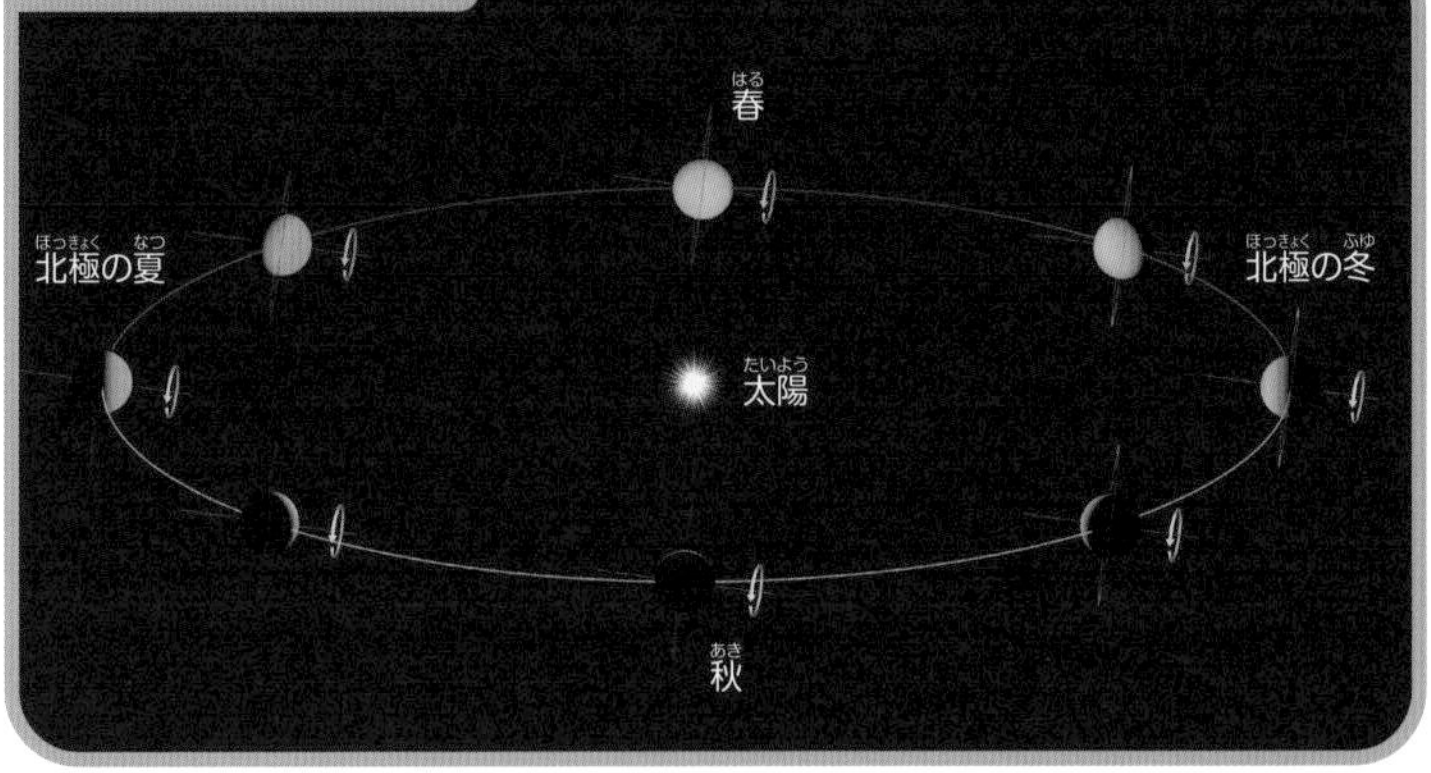

天王星《てんのうせい》の自転軸《じてんじく》は97.8度《ど》も傾《かたむ》いているので、地球《ちきゅう》のように自転軸《じてんじく》が1回転《かいてん》して昼《ひる》と夜《よる》がくりかえす「1日《にち》」とはならない。天王星《てんのうせい》の場合《ばあい》、太陽《たいよう》の当《あ》たる“昼《ひる》”の部分《ぶぶん》が、太陽《たいよう》の当《あ》たらない“夜《よる》”になり、再《ふたた》び“昼《ひる》”になるまでに太陽《たいよう》を1周《しゅう》する。その周期《しゅうき》は、約《やく》84年《ねん》だ。

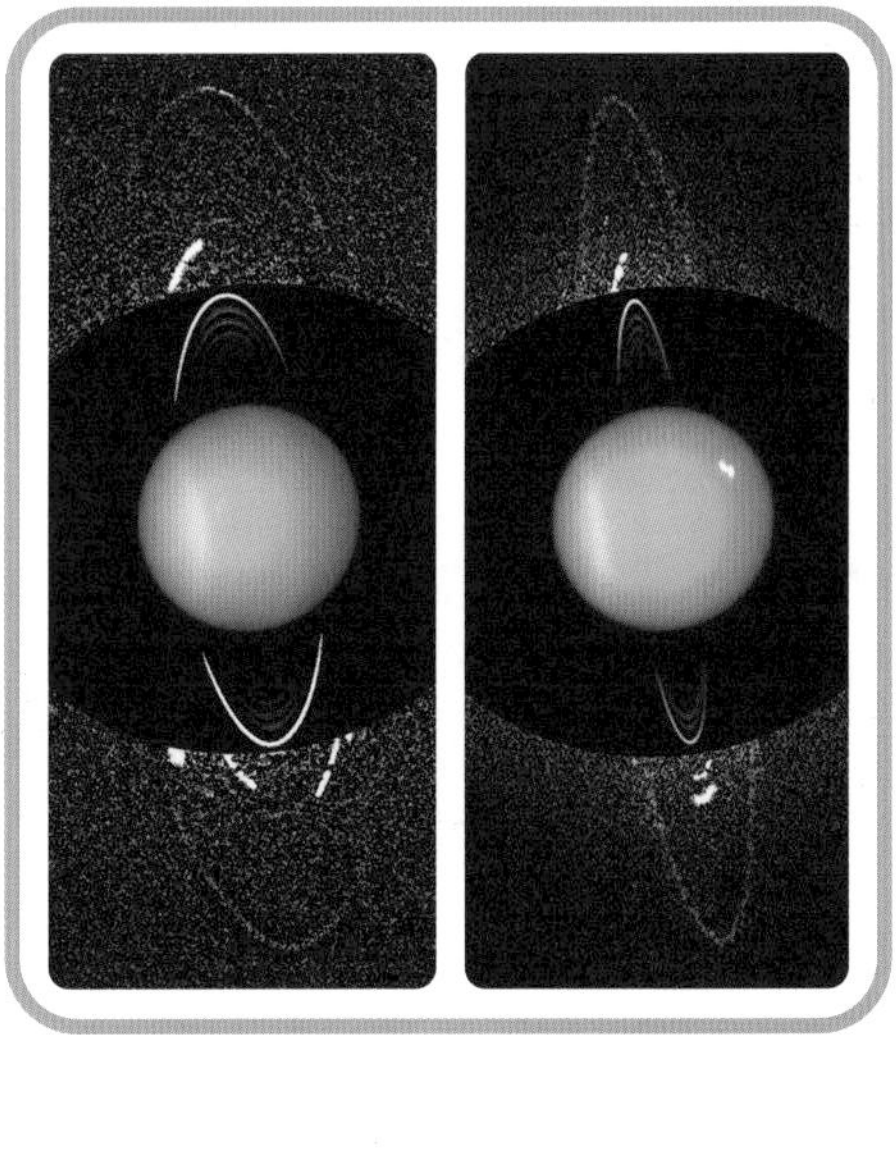

天王星《てんのうせい》にも環《わ》がある

ハッブル宇宙望遠鏡《うちゅうぼうえんきょう》がとらえた13本《ぼん》の環《わ》（リング）。左《ひだり》は2003年《ねん》、右《みぎ》は2005年《ねん》のようす。環《わ》も、自《じ》転軸《てんじく》と一緒《いっしょ》に横倒《よこだお》しになっている。

もっと知《し》りたい

天王星《てんのうせい》の大気《たいき》にも木星《もくせい》のように東西《とうざい》に向《む》かうジェット気流《きりゅう》があり、縞模様《しまもよう》がみえる。

10

天王星《てんのうせい》にかつて衝突《しょうとつ》した天体《てんたい》が自転軸《じてんじく》を横倒《よこだお》しにした？

天王星《てんのうせい》の自転軸《じてんじく》はなぜ、横倒《よこだお》しになったのでしょうか？

最初《さいしょ》は天王星《てんのうせい》の自転軸《じてんじく》も、ほかの惑星《わくせい》のように、公転面《こうてんめん》にほぼ垂《すい》直《ちょく》だったとみられています。

ところがあるとき、惑星《わくせい》ほどのサイズの天体《てんたい》が天王星《てんのうせい》に衝突《しょうとつ》したとしたら、どうでしょう？　当《あ》たった場所《ばしょ》が、天王星《てんのうせい》の中心《ちゅうしん》から少《すこ》しはずれていれば、自転軸《じてんじく》が横倒《よこだお》しになったこともうなずけます。

青緑色《あおみどりいろ》の巨大惑星《きょだいわくせい》

NASAの探査機《たんさき》「ボイジャー2号《ごう》」が910万《まん》キロメートルはなれたところからとらえた天王《てんのう》星《せい》。青緑色《あおみどりいろ》をした大気《たいき》は、マイナス195℃になるところもある。地球《ちきゅう》から遠《とお》く、探査機《たんさき》がまだほとんど訪《おとず》れていないため、なぞの多《おお》い惑星《わくせい》だ。

惑星《わくせい》サイズの天体《てんたい》は、この衝突《しょうとつ》で完全《かんぜん》にこわれてしまったはずです。けれども、このときにできた水蒸《すいじょう》気《き》のガスが、やがて天王星《てんのうせい》の環《わ》（リング）のもとになったとすれば、環《わ》が横倒《よこだお》しになっていることも説明《せつめい》できそうです。

最近《さいきん》の研究《けんきゅう》から、太陽系《たいようけい》ができはじめたころに、惑星《わくせい》サイズの天体《てんたい》の衝突《しょうとつ》はふつうにおきていたことがわかっているので、この説《せつ》は一番有力《いちばんゆうりょく》とされています。

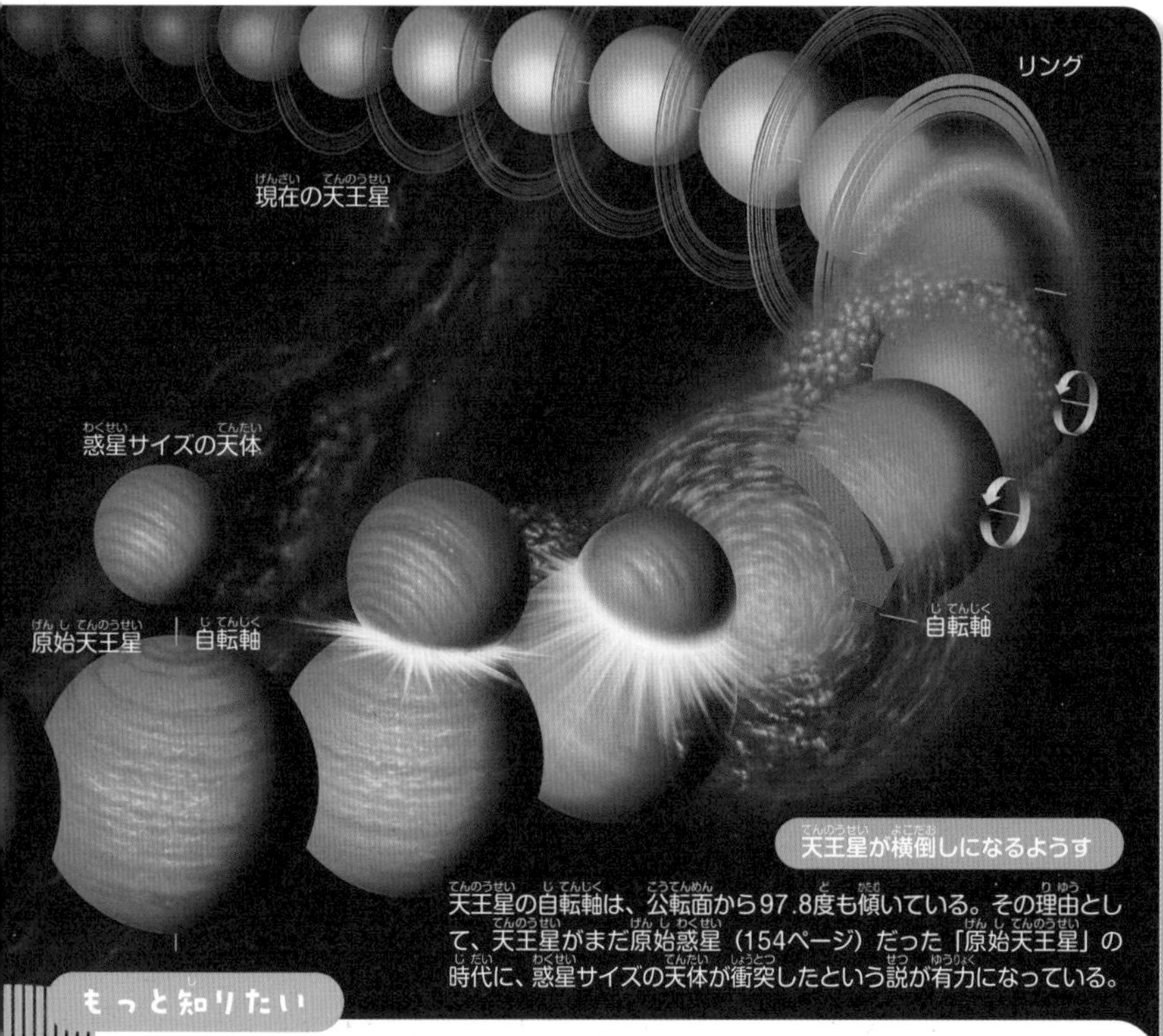

天王星《てんのうせい》が横倒《よこだお》しになるようす

天王星《てんのうせい》の自転軸《じてんじく》は、公転面《こうてんめん》から97.8度《ど》も傾《かたむ》いている。その理由《りゆう》として、天王星《てんのうせい》がまだ原始惑星《げんしわくせい》（154ページ）だった「原始天王星《げんしてんのうせい》」の時代《じだい》に、惑星《わくせい》サイズの天体《てんたい》が衝突《しょうとつ》したという説《せつ》が有力《ゆうりょく》になっている。

もっと知《し》りたい

天王星《てんのうせい》の衛星《えいせい》は、ほぼ環《わ》のある赤道面《せきどうめん》に沿《そ》ってまわっている。

11 しゃしんギャラリー 探《た》査《さ》機《き》が出《で》会《あ》った天王星《てんのうせい》の衛星《えいせい》

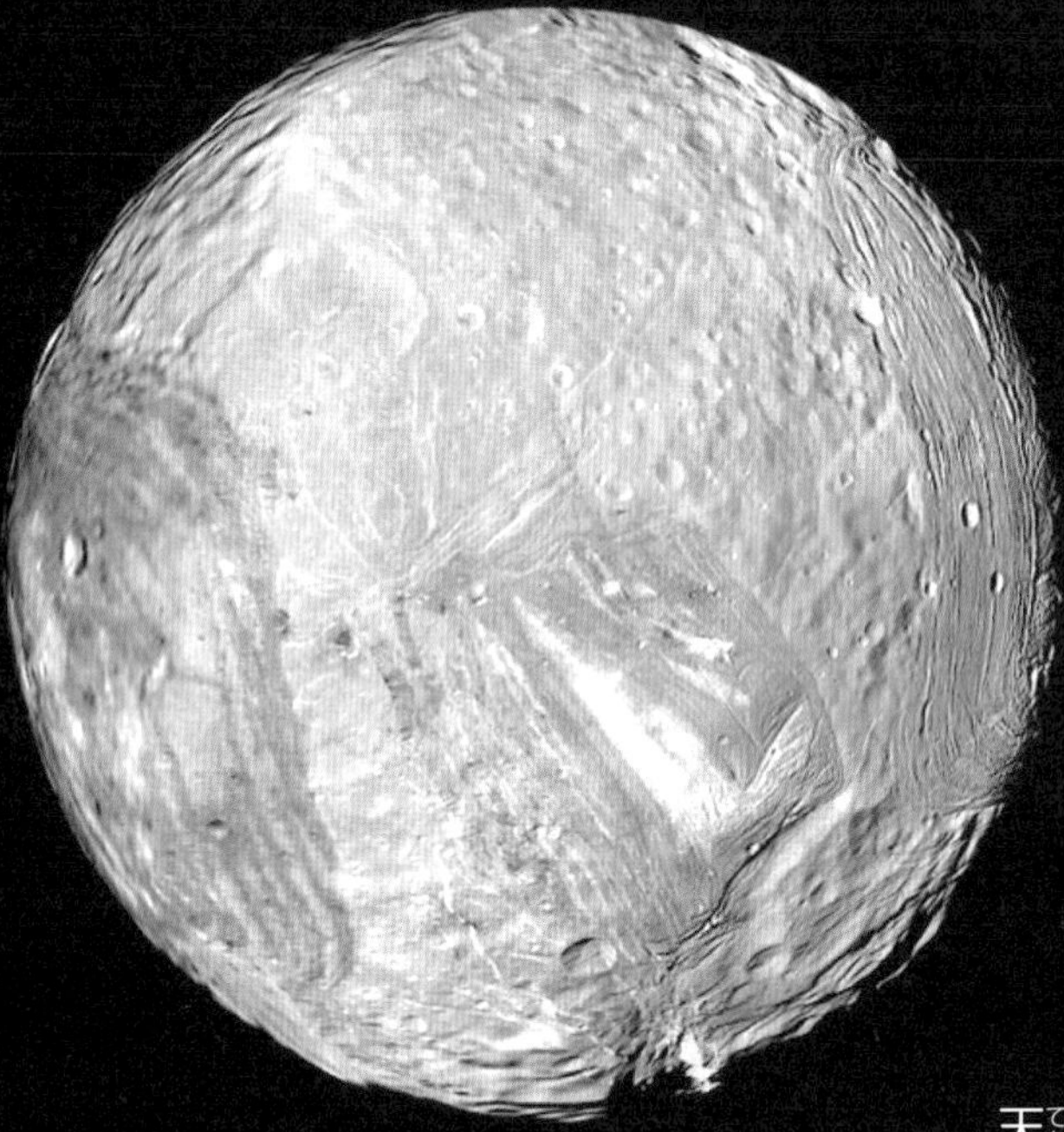

天王星《てんのうせい》には27個《こ》の衛星《えいせい》があり、横《よこ》倒《だお》しになった環《わ》に沿《そ》ってまわっています。

「ボイジャー2号《ごう》」が大接《だいせつ》近《きん》した、主要《しゅよう》な5つの衛星《えいせい》の姿《すがた》を観察《かんさつ》しましょう。

“ひっかき傷《きず》”のあるミランダ

NASAの探査機《たんさき》「ボイジャー2号《ごう》」がとらえた衛星《えいせい》ミランダ。半径《はんけい》は約《やく》236キロメートル。表面《ひょうめん》には、なにかでひっかいたような巨大《きょだい》な地形《ちけい》がある。深《ふか》さ20キロメートルほどのみぞもあり、これらがどうやってできたのか、大《おお》きななぞになっている。

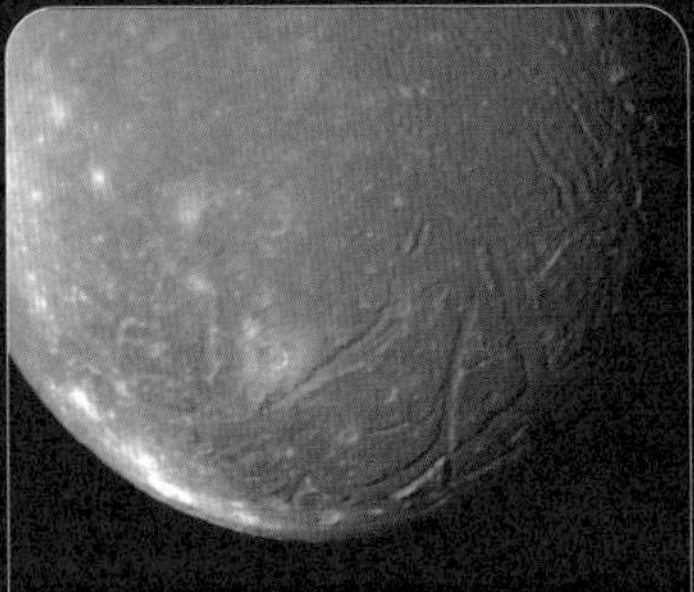

アリエル

ボイジャー2号《ごう》がとらえた衛星《えいせい》アリエル。半《はん》径《けい》は約《やく》579キロメートル。画像《がぞう》は南半球《みなみはんきゅう》。全《ぜん》体《たい》をおおうクレーターや、巨大《きょだい》な谷《たに》がみえる。

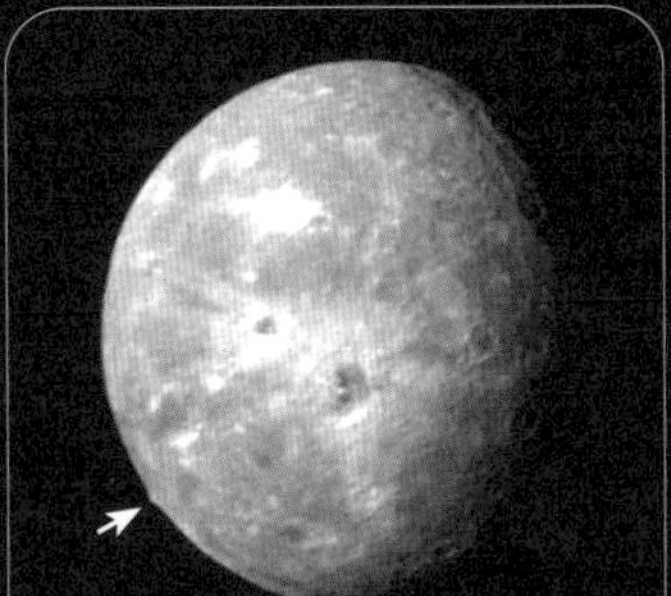

オベロン

クレーターにおおわれた衛星《えいせい》オベロン。左《ひだり》下《した》のふち（矢印《やじるし》の先《さき》）の盛《も》り上《あ》がったところは、高《たか》さが6000メートルの山《やま》。

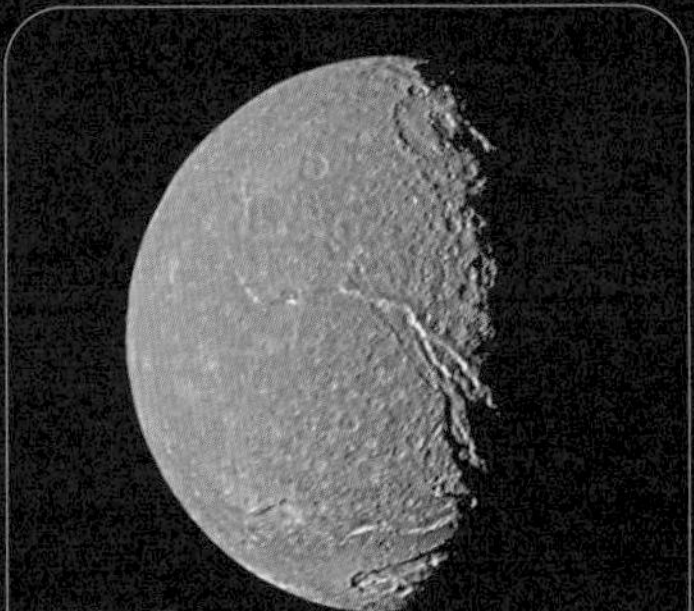

チタニア

天王星《てんのうせい》の衛星《えいせい》の中《なか》では最大《さいだい》のチタニア。半径《はんけい》は約《やく》789キロメートル。全体《ぜんたい》をおおうクレーターのほかに、深《ふか》くて長《なが》い峡谷《きょうこく》もみえる。

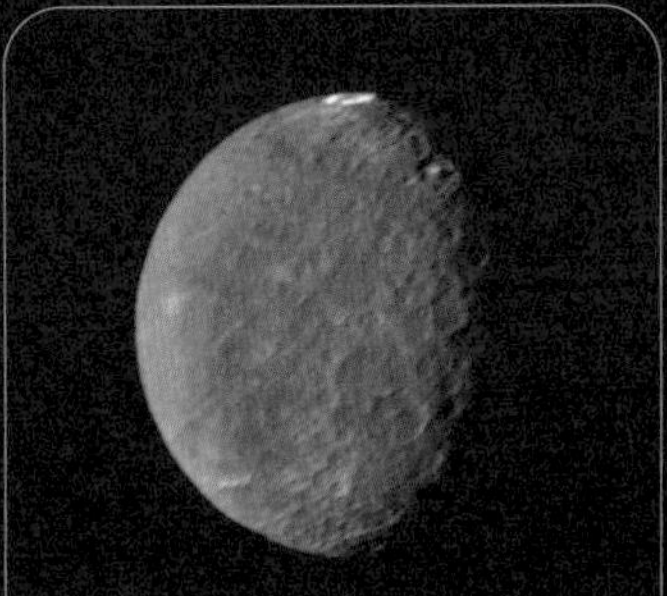

ウンブリエル

ボイジャー2号《ごう》がとらえた衛星《えいせい》ウンブリエル。半径《はんけい》は約《やく》585キロメートル。画像《がぞう》は南《みなみ》半球《はんきゅう》。5つの衛星《えいせい》の中《なか》では最《もっと》も暗《くら》い。

もっと知《し》りたい

チタニアとオベロンは、巨大氷惑星《きょだいこおりわくせい》の衛星《えいせい》としては最《もっと》も早《はや》い1787年《ねん》に見《み》つかった。

海王星《かいおうせい》は、太陽系《たいようけい》で最《もっと》も遠《とお》い巨大氷惑星《きょだいこおりわくせい》

海王星《かいおうせい》は、太陽《たいよう》から最《もっと》も遠《とお》い軌道《きどう》をまわる惑星《わくせい》で、公転周期《こうてんしゅうき》は約《やく》165年《ねん》です。

内部《ないぶ》に厚《あつ》い氷《こおり》があるので「巨大氷惑星《きょだいこおりわくせい》」とよばれることや、大気中《たいきちゅう》のメタンが赤橙色《あかだいだいいろ》の光《ひかり》を吸収《きゅうしゅう》するので青《あお》くみえることなど、性質《せいしつ》は天王星《てんのうせい》とよく似《に》ています。

ただし、海王星《かいおうせい》の表面《ひょうめん》ははげしく変化《へんか》しています。大気《たいき》の上層部《じょうそうぶ》では、巨大《きょだい》なうずがとつぜん消《き》えてはあらわれる、といったようすが確認《かくにん》されています。

海王星《かいおうせい》 Neptune

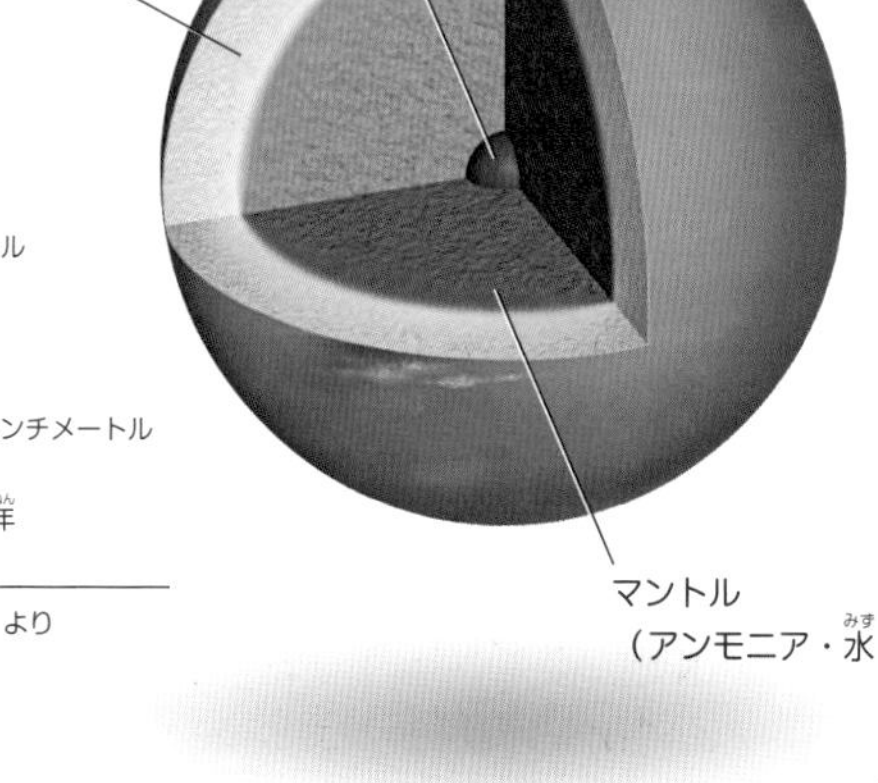

海王星《かいおうせい》のデータ

赤道半径《せきどうはんけい》	2万《まん》4764キロメートル
赤道重力《せきどうじゅうりょく》	地球《ちきゅう》の1.11倍《ばい》
体積《たいせき》	地球《ちきゅう》の58倍《ばい》
質量《しつりょう》	地球《ちきゅう》の17.15倍《ばい》
密度《みつど》	1.64グラム毎立方《まいりっぽう》センチメートル
自転周期《じてんしゅうき》	0.6653日《にち》
公転周期《こうてんしゅうき》	164.7701ユリウス年《ねん》
衛星数《えいせいすう》	14個《こ》

国立天文台編《こくりつてんもんだいへん》『理科年表《りかねんぴょう》2023』より

巨大《きょだい》なうず「大暗斑《だいあんはん》」

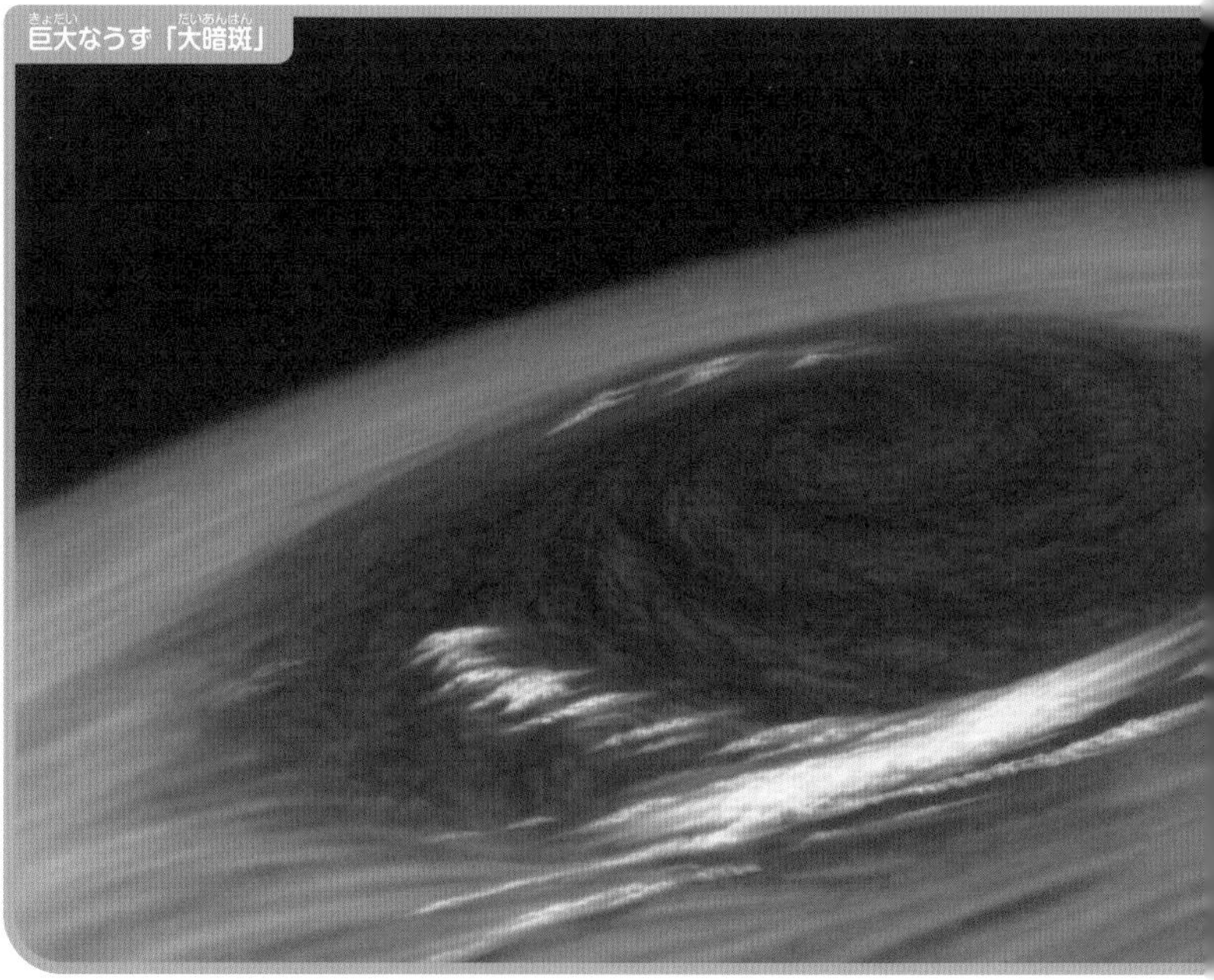

1989年《ねん》にみつかった海王星表面《かいおうせいひょうめん》の暗《くら》い模様《もよう》「大暗斑《だいあんはん》」のイラスト。大暗斑《だいあんはん》は、西向《にしむ》きに秒速《びょうそく》300メートルで動《うご》く高気圧性《こうきあつせい》のうずで、まわりより少《すこ》し盛《も》り上《あ》がっているとみられる。その後《ご》、1994年《ねん》に消《き》えていることがわかったが、すぐに別《べつ》の模様《もよう》があらわれた。海王星《かいおうせい》の大気《たいき》は短時間《たんじかん》でめまぐるしく変化《へんか》しているようだ。

メモ

海王星《かいおうせい》の大気《たいき》は、下層《かそう》にある対流圏《たいりゅうけん》と、それより上《うえ》の成層圏《せいそうけん》にわかれている。

もっと知《し》りたい

海王星《かいおうせい》の表面《ひょうめん》に見《み》える白《しろ》い部分《ぶぶん》は、メタンの雲《くも》とみられる。

13

〝逆行衛星《ぎゃっこうえいせい》〟トリトンは海王星《かいおうせい》に落下《らっか》する運命《うんめい》

海王星《かいおうせい》には、14個《こ》の衛星《えいせい》がありま す。その中《なか》で一番大《いちばんおお》きいトリトンは、海王星《かいおうせい》の自転《じてん》の向《む》きとは逆《ぎゃく》に公転《こうてん》する〝逆行衛星《ぎゃっこうえいせい》〟です。

逆行《ぎゃっこう》する衛星《えいせい》は、惑星《わくせい》に落下《らっか》する運命《うんめい》にあります。

たとえば、地球《ちきゅう》の衛星《えいせい》である月《つき》は、地球《ちきゅう》に潮汐《ちょうせき》（66ページ）をもたらすのと同《おな》じ力《ちから》を地球《ちきゅう》から受《う》けます。この力《ちから》によって、月《つき》はエネルギーを得《え》るので、少《すこ》しずつ地球《ちきゅう》から遠《とお》ざかっていきます。

逆《ぎゃく》に、〝逆行衛星《ぎゃっこうえいせい》〟であるトリトンには、海王星《かいおうせい》からの潮汐《ちょうせき》の力《ちから》が、海王星《かいおうせい》へと近《ちか》づける向《む》きにはたらきます。トリトンは将来《しょうらい》的《てき》に、海王星《かいおうせい》に落下《らっか》する運命《うんめい》にあるのです。

メモ

トリトンは、地球《ちきゅう》の月《つき》のように公転《こうてん》周期《しゅうき》と自転周期《じてんしゅうき》がほぼ同《おな》じなので、海王星《かいおうせい》にいつも同《おな》じ面《めん》を向《む》けている(58ページ)。

“噴煙《ふんえん》”をあげるトリトン

ボイジャー2号《ごう》がとらえた、衛星《えいせい》トリトンの南《なん》極側《きょくがわ》の表面《ひょうめん》。下《した》のほうにみえる、いくつもの黒《くろ》い筋《すじ》は“噴煙《ふんえん》”とみられる。トリトンの地下《ちか》にある窒素《ちっそ》があたためられて外《そと》にふき出《だ》すときに、表面《ひょうめん》の炭素化合物《たんそかごうぶつ》や窒素《ちっそ》の氷《こおり》をまい上《あ》げてできる“煙《けむり》”のようだ。トリトンには、主《おも》に窒素《ちっそ》からなるうすい大気《たいき》がある。

近赤外線《きんせきがいせん》では、まるで土星《どせい》と太陽《たいよう》？

NASAの「ジェイムズ・ウェッブ宇宙望遠鏡《うちゅうぼうえんきょう》」が近赤外線《きんせきがいせん》でとらえた、海王星《かいおうせい》と7つの衛星《えいせい》。海王星《かいおうせい》に5本《ほん》ある環《わ》のいくつかが、土星《どせい》の環《わ》のように写《うつ》っている。海王星《かいおうせい》の大気中《たいきちゅう》にあるメタンは近赤外線《きんせきがいせん》を吸収《きゅうしゅう》する。一方《いっぽう》、トリトンは近赤外線《きんせきがいせん》の70パーセントを反射《はんしゃ》するので、太陽《たいよう》のようにかがやいている。

もっと知《し》りたい

逆行《ぎゃっこう》の理由《りゆう》として「別《べつ》の場所《ばしょ》で生《う》まれ、のちに海王星《かいおうせい》につかまった」説《せつ》が有力《ゆうりょく》。

やすみじかん

惑星《わくせい》はどれくらい傾《かたむ》いている？

　天王星《てんのうせい》の自転軸《じてんじく》は、ほぼ横倒《よこだお》しです。金星《きんせい》の自転軸《じてんじく》は、見方《みかた》によっては逆《さか》さまと言《い》えます。自転軸《じてんじく》の傾《かたむ》きは四季《しき》を生《う》むなど、惑星《わくせい》の環境《かんきょう》に大《おお》きく影響《えいきょう》します。全惑星《ぜんわくせい》の傾《かたむ》きをくらべてみましょう。

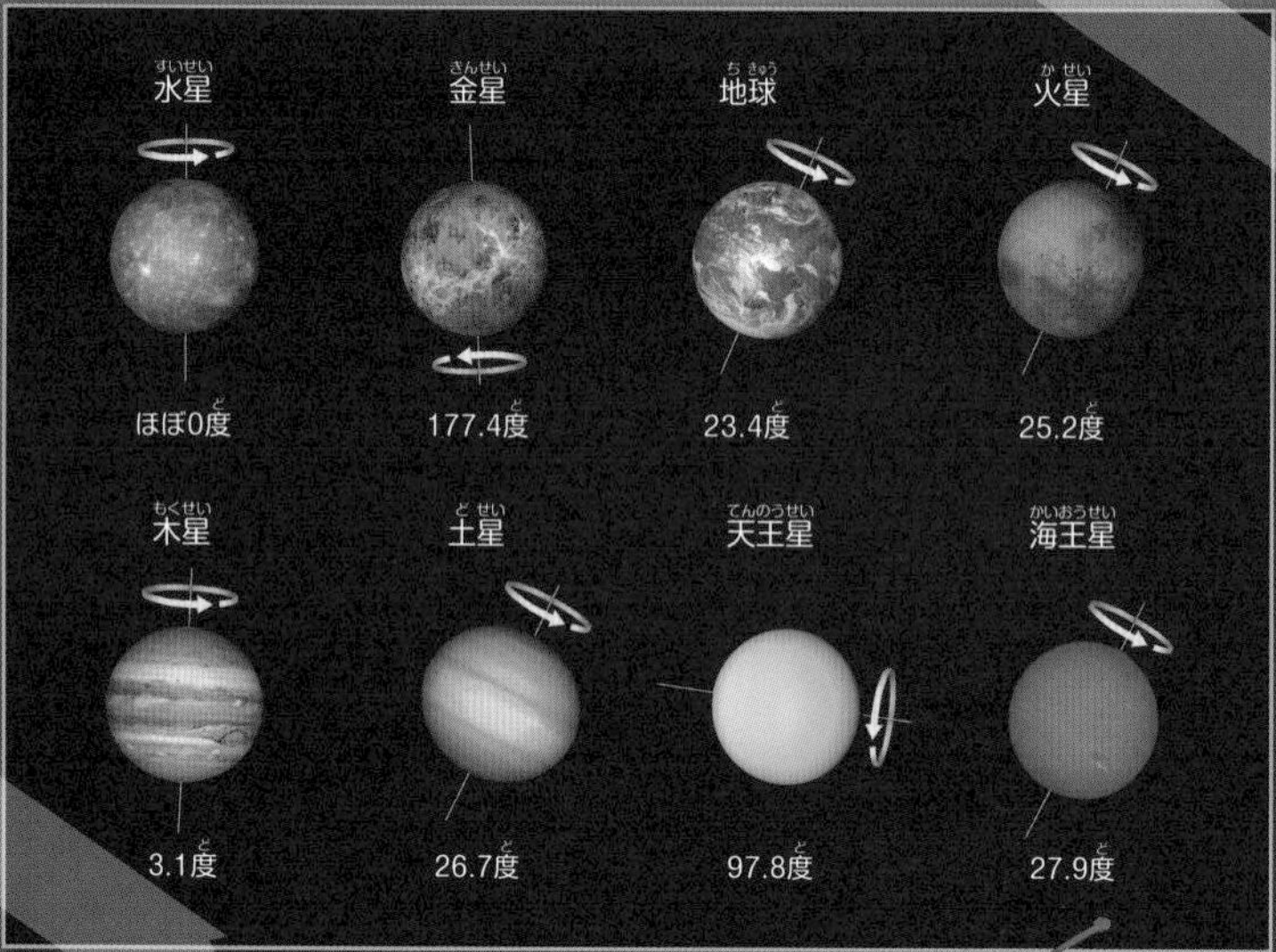

それぞれの惑星《わくせい》の自転軸《じてんじく》がなぜこのようになったのか、
まだわかっていないことが多《おお》い。

自転周期《じてんしゅうき》も
おさらいしようね

5

じかんめ

そのほかの太陽系《たいようけい》天体《てんたい》たち

太陽系《たいようけい》には、惑星《わくせい》や衛星《えいせい》にあてはまらない天体《てんたい》が、たくさんあります。そのほとんどは、名前《なまえ》もない小《ちい》さな天体《てんたい》ですが、「元惑星《もとわくせい》」のあの天体《てんたい》や、一部《いちぶ》が地球《ちきゅう》に持《も》ち帰《かえ》られたあの天体《てんたい》など、みなさんが知《し》ってる顔《かお》もあるはずです。その姿《すがた》をみていきましょう。

01 準惑星《じゅんわくせい》や小天体《しょうてんたい》なども太陽系《たいようけい》をまわっている

太陽系《たいようけい》の天体《てんたい》は、太陽《たいよう》（恒星《こうせい》）をのぞくと、惑星《わくせい》、衛《えい》星《せい》、準惑星《じゅんわくせい》、小天体《しょうてんたい》（太陽系小天体《たいようけいしょうてんたい》）にわけられます（26ページ）。

惑星《わくせい》は、下《した》のメモにある3つの条件《じょうけん》をみたさないといけません。①と②はみたすのに③はみたさない天体《てんたい》は準惑星《じゅんわくせい》です。衛星《えいせい》は惑星《わくせい》などを公転《こうてん》する天体《てんたい》です。それ以《い》外《がい》を太陽系小天体《たいようけいしょうてんたい》といいますが、海王星《かいおうせい》の外側《そとがわ》にある天体《てんたい》をとくに太陽系外縁天体《たいようけいがいえんてんたい》とよびます。

メモ

惑星《わくせい》の条件《じょうけん》は大《おお》まかに、①太陽《たいよう》を公転《こうてん》している、②ほぼ球《きゅう》の形《かたち》をしている、③公転《こうてん》する軌道付近《きどうふきん》に他《ほか》の天体《てんたい》がない、の3つ。ケレスの軌道《きどう》は小惑星《しょうわくせい》帯《たい》にあり、冥王星《めいおうせい》はエリスなどの冥王星型天体《めいおうせいがたてんたい》の一《ひと》つとしてまわっているので③はみたさない。

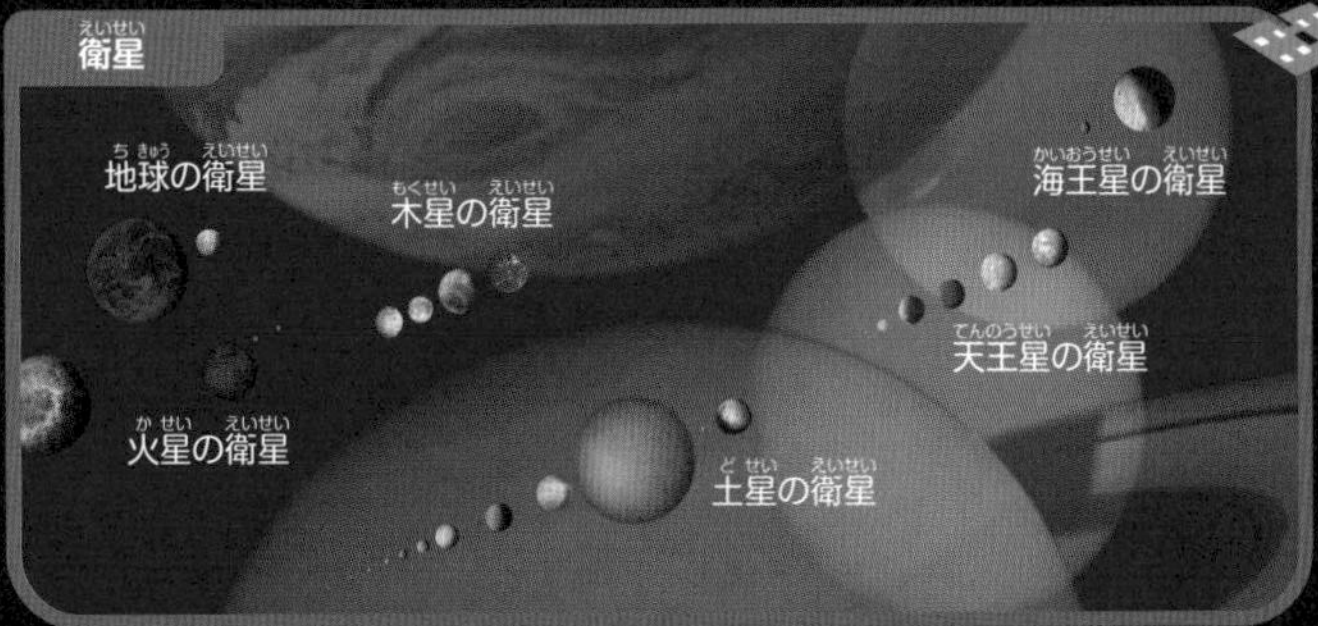

※図《ず》に示《しめ》されている衛星《えいせい》は、全衛星《ぜんえいせい》の一部《いちぶ》である。

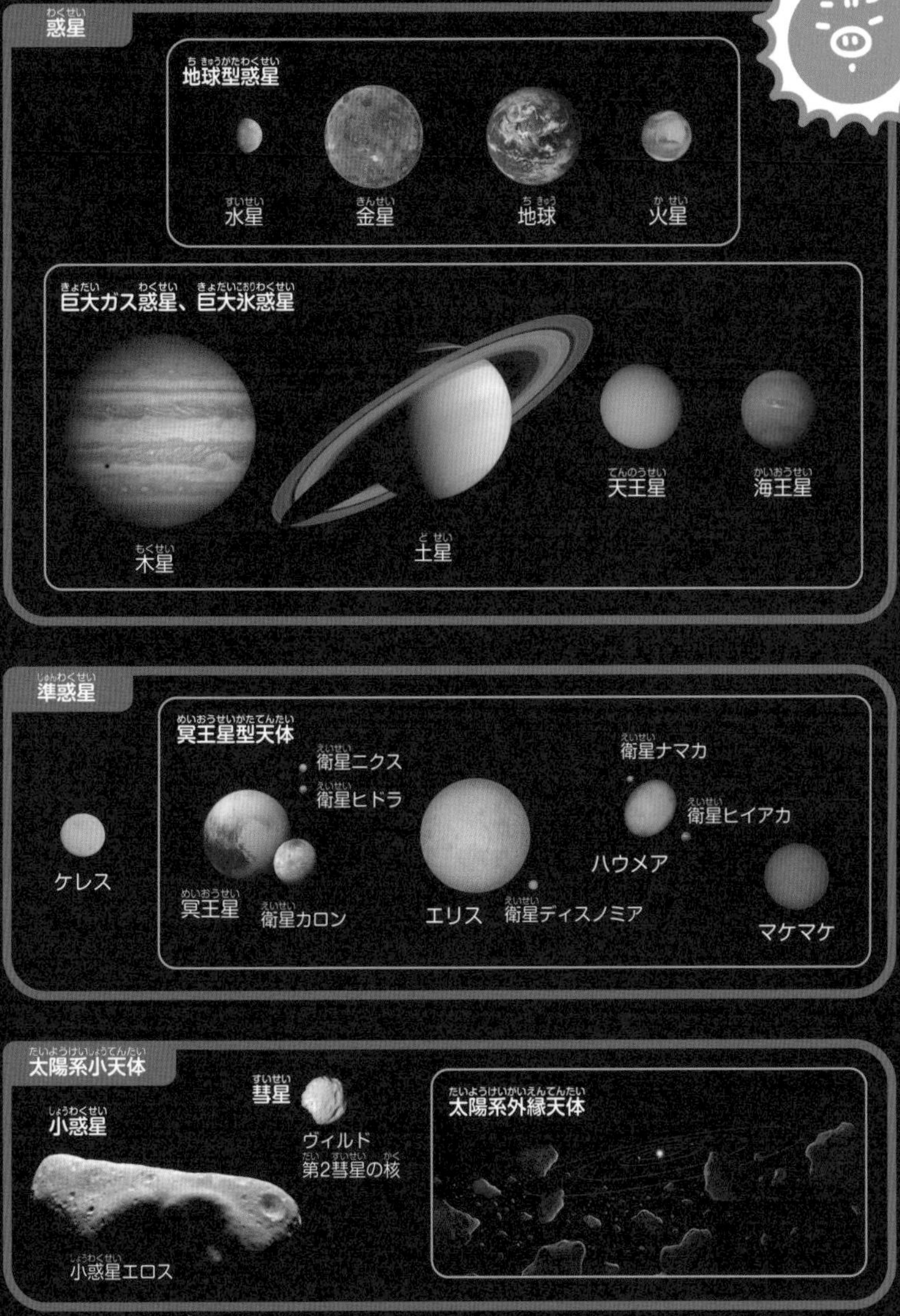

もっと知《し》りたい

惑星《わくせい》の条件《じょうけん》（定義《ていぎ》）は、2006年《ねん》の国際天文学連合《こくさいてんもんがくれんごう》で決《き》まった。

02

〝第《だい》9惑星《わくせい》〟だった冥王星《めいおうせい》は準惑星《じゅんわくせい》とみなされた

冥王星《めいおうせい》は、1930年《ねん》にみつかってからずっと〝9番目《ばんめ》の惑《わく》星《せい》〟とされていました。新《あたら》しい惑星《わくせい》の条件《じょうけん》（126ページ）によって準惑星《じゅんわくせい》の一《ひと》つになりましたが、以前《いぜん》から、「冥王星《めいおうせい》は本《ほん》当《とう》に惑星《わくせい》なの？」という疑問《ぎもん》がもたれていたのです。

たとえば、冥王星《めいおうせい》の大《おお》きさは、地球《ちきゅう》の月《つき》の3分《ぶん》の2ほどしかありません。また、その公転《こうてん》

冥王星《めいおうせい》

軌道《きどう》はかなり傾《かたむ》いていて、きれいな円《えん》ではありません。
冥王星《めいおうせい》くらいの大《おお》きさの天体《てんたい》がほかにみつかっていたこともあり、冥王星《めいおうせい》は「準惑星《じゅんわくせい》」にわけられることに決《き》まりました。

メモ

冥王星《めいおうせい》の内部《ないぶ》は、主《おも》に岩石《がんせき》からできた核《かく》を、厚《あつ》い水《みず》の氷《こおり》の層《そう》がおおっている。表面《ひょうめん》はマイナス230〜210℃で、主《おも》に窒素《ちっそ》からなるとてもうすい大気《たいき》がある。表面《ひょうめん》には、窒素《ちっそ》の氷河《ひょうが》があるとみられている（131ページ）。

冥王星《めいおうせい》と衛星《えいせい》たち

NASAの探査機《たんさき》「ニュー・ホライズン」がとらえた冥王星《めいおうせい》と衛星《えいせい》カロン、ニクス、ヒドラ。冥王星《めいおうせい》は地球《ちきゅう》から約《やく》59億《おく》キロメートルのところにあり、半径《はんけい》は1188キロメートル。一方《いっぽう》、カロンの半径《はんけい》は約《やく》606キロメートルと、冥王星《めいおうせい》の半分《はんぶん》ほどもある。

もっと知《し》りたい

衛星《えいせい》カロンは冥王星《めいおうせい》に近《ちか》い大《おお》きさなので、準惑星《じゅんわくせい》とする案《あん》も出《だ》されていた。

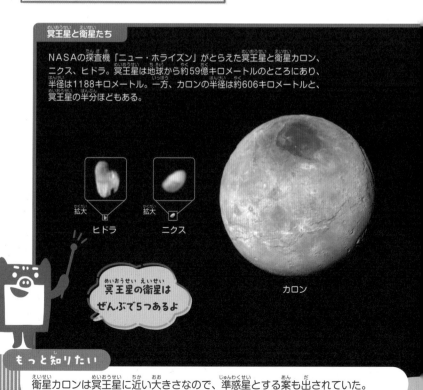

03

しゃしんギャラリー 探査機《たんさき》がとらえた冥王星《めいおうせい》

冥王星《めいおうせい》はあまりにも遠《とお》いため、その姿《すがた》はほとんど知《し》られていませんでした。

「ニュー・ホライズン」がはじめてとらえた、冥王星《めいおうせい》の姿《すがた》をみてみましょう。

1. 氷河《ひょうが》に似《に》た地形《ちけい》

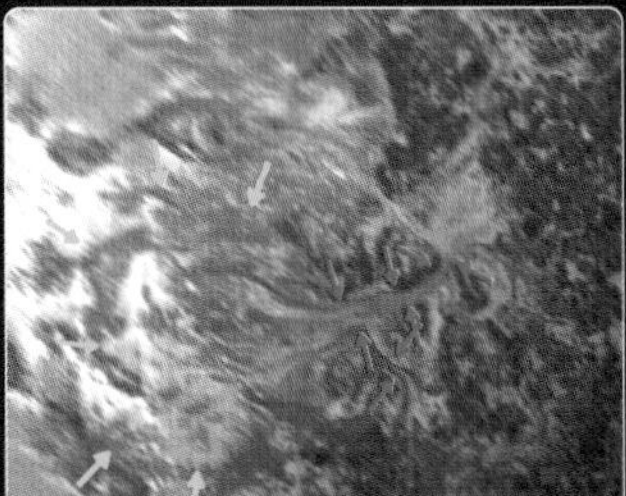

冥王星《めいおうせい》マップ"

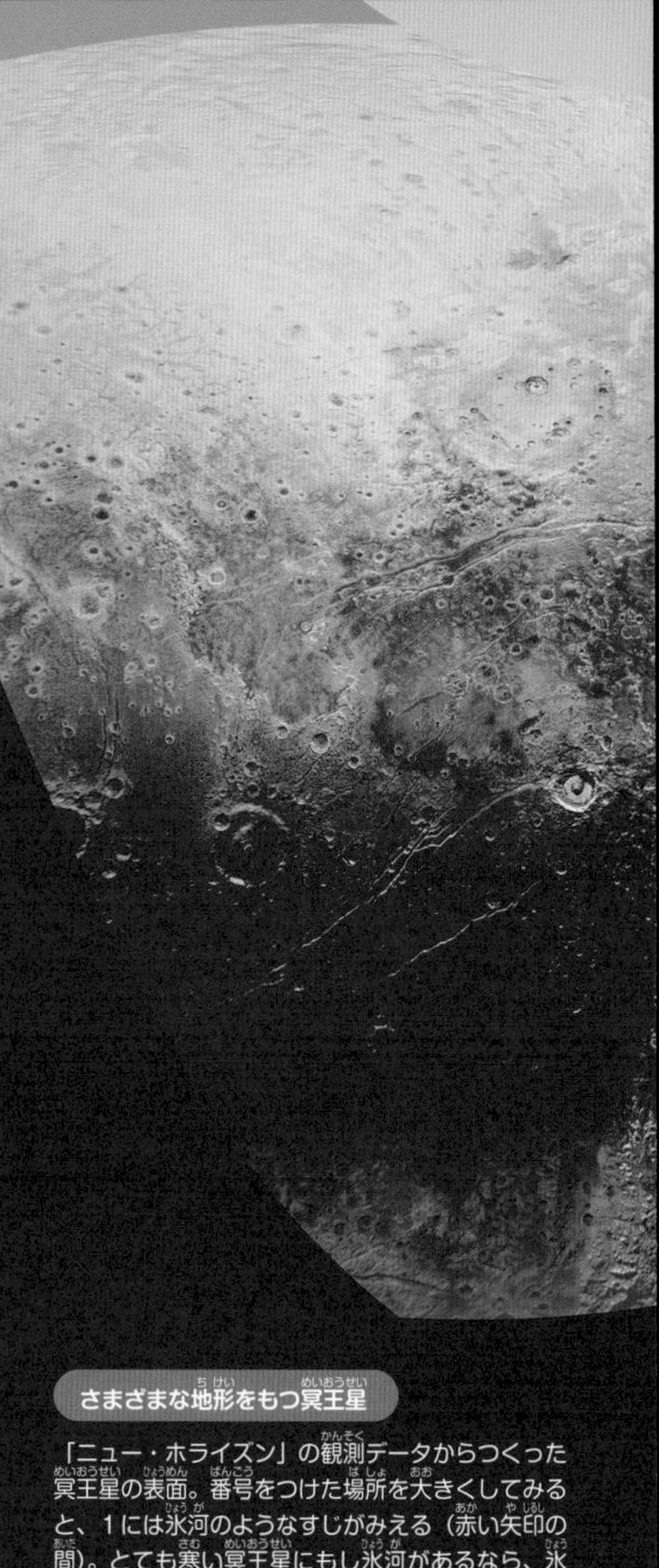

2. ヘビの皮《かわ》のような地形《ちけい》

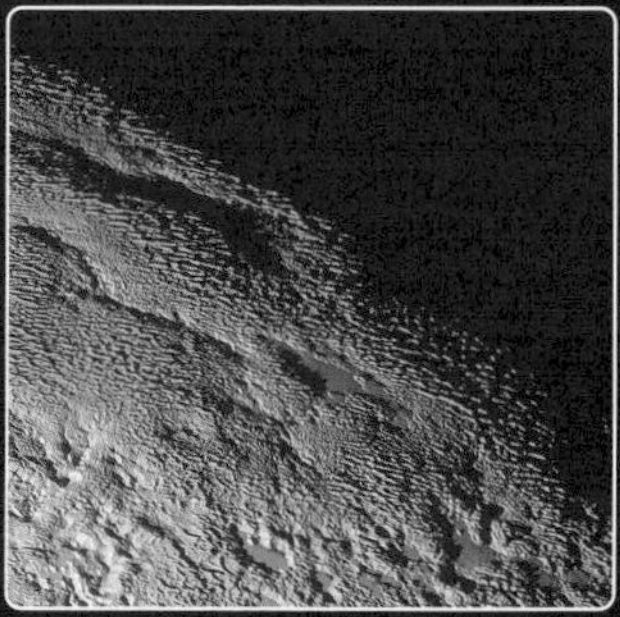

3. くぼみのような地形《ちけい》

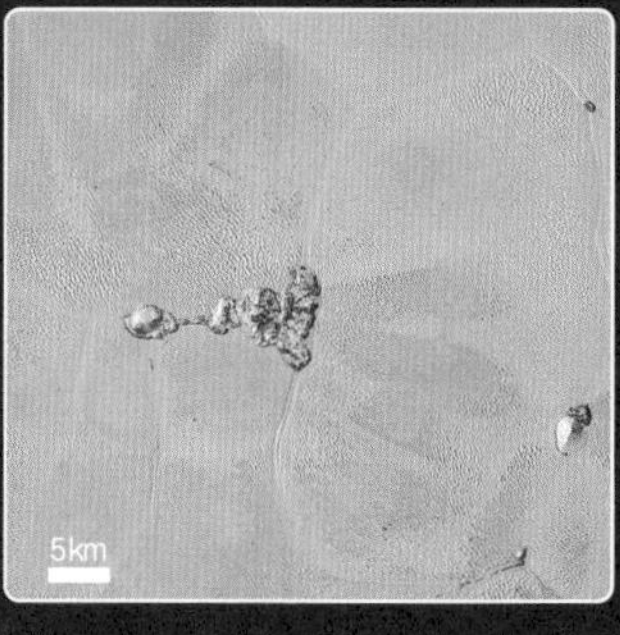

さまざまな地形《ちけい》をもつ冥王星《めいおうせい》

「ニュー・ホライズン」の観測《かんそく》データからつくった冥王星《めいおうせい》の表面《ひょうめん》。番号《ばんごう》をつけた場所《ばしょ》を大《おお》きくしてみると、1には氷河《ひょうが》のようなすじがみえる（赤《あか》い矢印《やじるし》の間《あいだ》）。とても寒《さむ》い冥王星《めいおうせい》にもし氷河《ひょうが》があるなら、氷河《ひょうが》の先《さき》（緑《みどり》の矢印《やじるし》）で窒素《ちっそ》が蒸発《じょうはつ》していて、それがまた氷河《ひょうが》になるという流《なが》れがあるかもしれない。ほかにも、ヘビの皮《かわ》のような地形《ちけい》（2）や、たくさんのくぼみがある地形《ちけい》（3）などがみつかった。

もっと知《し》りたい

主《おも》に窒素《ちっそ》の大気《たいき》をもつ冥王星《めいおうせい》の大気圧《たいきあつ》は、地球《ちきゅう》の10万分《まんぶん》の1ほど。

04 太陽系《たいようけい》に5つある準惑星《じゅんわくせい》はケレスと冥王星型天体《めいおうせいがたてんたい》にわかれる

太陽系《たいようけい》で準惑星《じゅんわくせい》とされている天体《てんたい》は、ケレス、冥王星《めいおうせい》、エリス、マケマケ、ハウメアの5つです。

この中《なか》で、ケレスだけが火星《かせい》と木星《もくせい》の間《あいだ》にある軌道《きどう》をまわっています。ケレスの軌道《きどう》は「小惑星帯《しょうわくせいたい》」と重《かさ》なっているため、惑星《わくせい》の条件《じょうけん》（126ページ）の③をみたしません。

一方《いっぽう》、それ以外《いがい》の4つの天体《てんたい》は、海《かい》王星《おうせい》の外側《そとがわ》をまわっているので「冥王《めいおう》星型天体《せいがたてんたい》」とよんで区別《くべつ》されます。冥《めい》王星型天体《おうせいがたてんたい》の軌道《きどう》はどれも近《ちか》いので、やっぱり惑星《わくせい》の条件《じょうけん》の③をみたしません。なお、海王星《かいおうせい》の外側《そとがわ》をまわる冥王《めいおう》星型天体《せいがたてんたい》は、「太陽系外縁天体《たいようけいがいえんてんたい》」（138ページ）でもあります。

メモ

エリスは、冥王星《めいおうせい》よりも大《おお》きい天体《てんたい》として2003年《ねん》にみつかった。このとき冥王星《めいおうせい》は、まだ惑星《わくせい》とされていたので、エリスの発見《はっけん》は「惑星《わくせい》とはなにか？」をかんがえなおすきっかけとなった。

冥王星《めいおうせい》以外《いがい》の準惑星《じゅんわくせい》

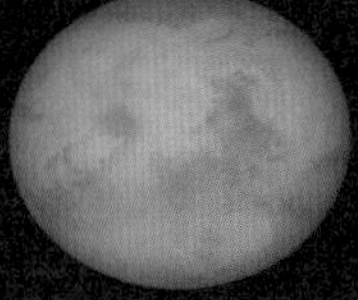

ハウメア
大《おお》きさ：990×1540×1920
キロメートル。

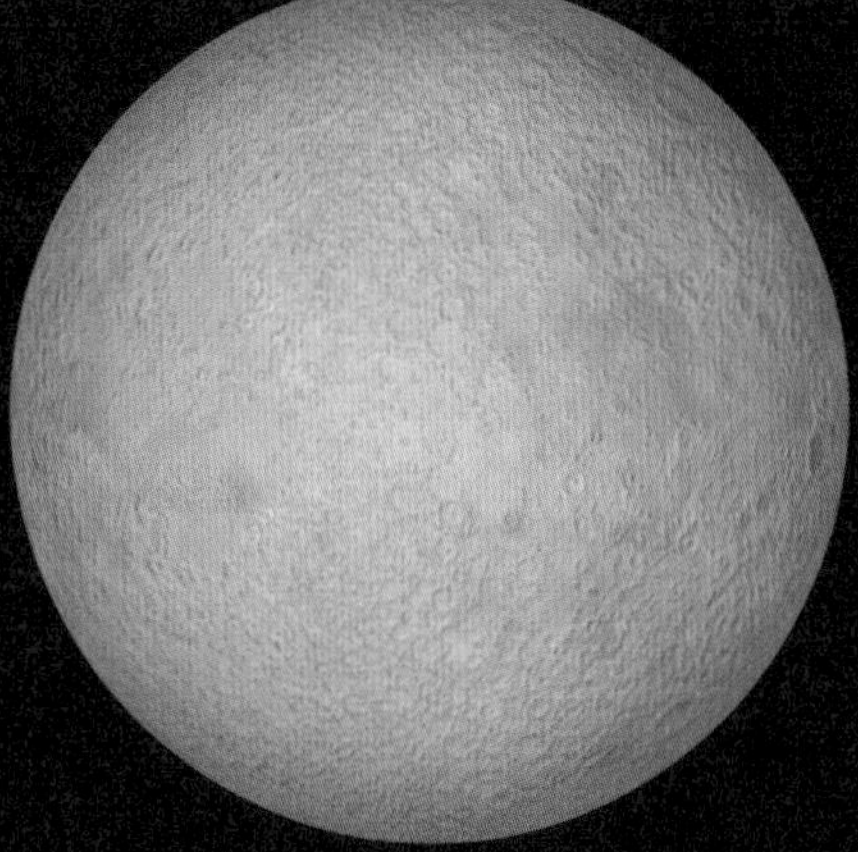

エリス
直径《ちょっけい》：2400キロメートル。

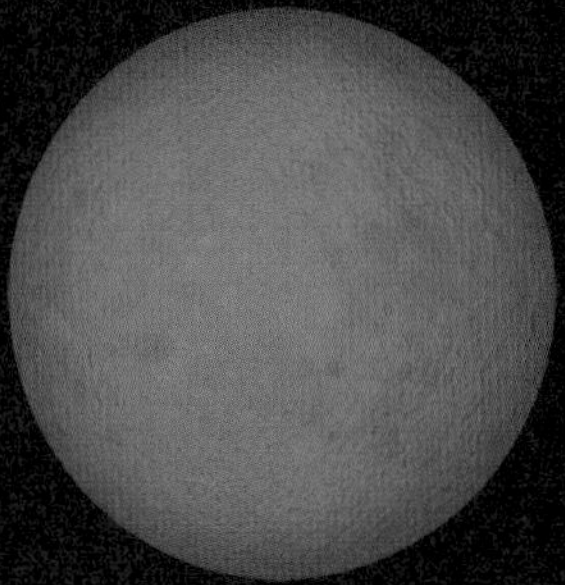

マケマケ
直径《ちょっけい》：1400キロメートル。

ケレス
直径《ちょっけい》：939キロメートル。

ケレスの画像《がぞう》は、NASAの探査機《たんさき》「ドーン」がとらえたもの。それ以外《いがい》は、これまでの観測《かんそく》から予想《よそう》してえがいたイラストだ。ケレスは太陽《たいよう》から約《やく》4億《おく》キロメートルのところを約《やく》4年半《ねんはん》で公転《こうてん》している。エリス、マケマケ、ハウメアの公転軌道《こうてんきどう》はきれいな円《えん》ではなく、太陽《たいよう》に一番近《いちばんちか》づくところで50億《おく》〜60億《おく》キロメートル。

もっと知《し》りたい

ハウメアの自転周期《じてんしゅうき》は4時間《じかん》と速《はや》いので、赤道方向《せきどうほうこう》にふくらんだ形《かたち》をしている。

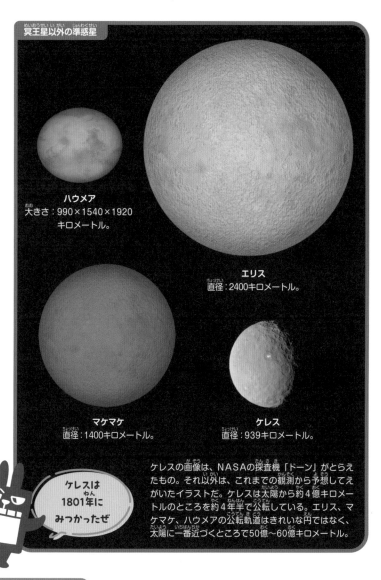

05

小惑星帯《しょうわくせいたい》には、小惑星《しょうわくせい》がびっしりと集《あつ》まっている

惑星《わくせい》・衛星《えいせい》・準惑星《じゅんわくせい》にあてはまらない「太陽系小天体《たいようけいしょうてんたい》」の一《ひと》つに「小惑星《しょうわくせい》」があります。

小惑星《しょうわくせい》の多《おお》くは、火星《かせい》と木星《もくせい》の軌道《きどう》の間《あいだ》にある「小惑星帯《しょうわくせいたい》」に集《あつ》まっています。この中《なか》の50万個《まんこ》以上《いじょう》は、番号《ばんごう》がつけられて軌道《きどう》が確認《かくにん》されていますが、番号《ばんごう》がないものもまだ数十万個《すうじゅうまんこ》はあるといいます。

小惑星《しょうわくせい》は、太陽系《たいようけい》が生《う》まれたころの姿《すがた》をとどめているので、太陽系《たいようけい》の歴史《れきし》を知《し》る手《て》がかりとして注目《ちゅうもく》されています。

形《かたち》がいびつな小惑星《しょうわくせい》

探査機《たんさき》がとらえた小惑星《しょうわくせい》「エロス」と「イダ」。どちらも長《なが》さが数十《すうじゅう》キロメートルで、形《かたち》はいびつだ。イダには衛星《えいせい》「ダクティル」もある。

エロス

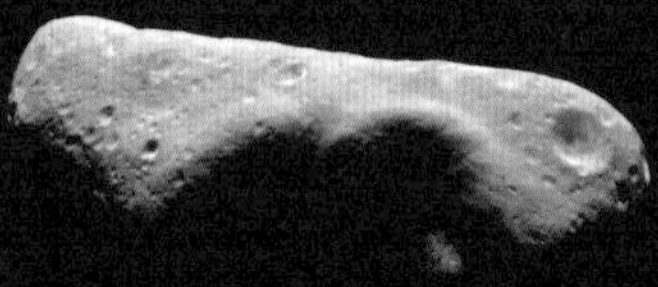

イダ

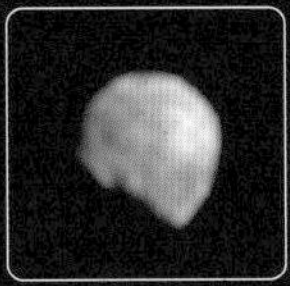

イダの衛星《えいせい》
ダクティル

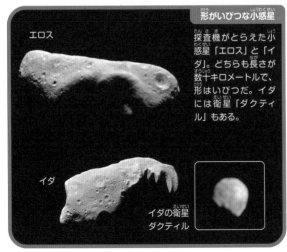

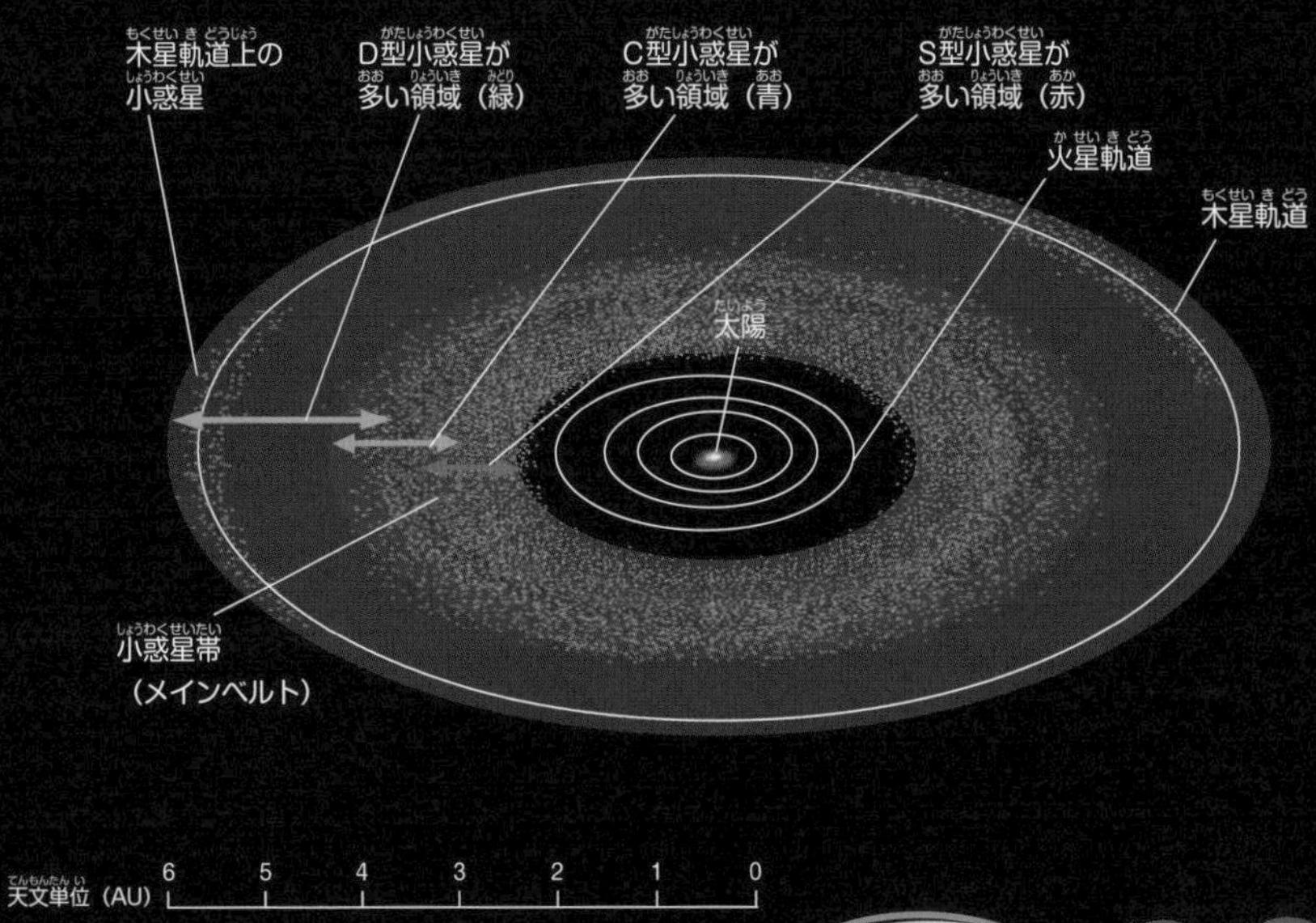

「族《ぞく》」にわけられる小惑星《しょうわくせい》

小惑星《しょうわくせい》の中《なか》の似《に》た軌道《きどう》をもつグループを「族《ぞく》」という。同《おな》じ族《ぞく》のものはタイプも似《に》ていて、岩石《がんせき》が多《おお》いS型《がた》、炭素《たんそ》が多《おお》いC型《がた》、有機物《ゆうきぶつ》が多《おお》いD型《がた》などがある。小惑《しょうわく》星帯《せいたい》はメインベルトともよばれる。

メモ

小惑星《しょうわくせい》のでき方《かた》としては、①太陽系《たいようけい》が生《う》まれたころに微惑星《びわくせい》（154ページ）が衝突《しょうとつ》しながら大《おお》きくなる中《なか》で、惑星《わくせい》に成長《せいちょう》できず残《のこ》ってできた、②一度大《いちどおお》きな天体《てんたい》に成長《せいちょう》したものが、衝突《しょうとつ》によってこわれてできた、という２つがかんがえられるという。

もっと知《し》りたい

同《おな》じ「族《ぞく》」の小惑星《しょうわくせい》は、１つの原始惑星《げんしわくせい》がこわれてできたものとみられている。

06

人類《じんるい》は小惑星《しょうわくせい》のかけらを手《て》にすることに成功《せいこう》した

日本《にほん》のＪＡＸＡの探査機《たんさき》「はやぶさ」は２０１０年《ねん》６月《がつ》、小惑星帯《しょうわくせいたい》よりも地球《ちきゅう》に近《ちか》いところをまわる小惑星《しょうわくせい》「イトカワ」のかけら（サンプル）を持《も》ち帰《かえ》ることに成功《せいこう》しました。人類《じんるい》が月以外《つきいがい》の天体《てんたい》の表面《ひょうめん》のサンプルを手《て》にしたのは、これがはじめてです。

その後《ご》、探査機《たんさき》「はやぶさ２」も２０２０年《ねん》12月《がつ》、イトカワに近《ちか》い軌道《きどう》をまわる小惑星《しょうわくせい》「リュウグウ」のサンプルを持《も》ち帰《かえ》りました。

イトカワとリュウグウのサンプルから、水《みず》や生命《せいめい》がどこからきたのかというなぞをとく上《うえ》で大事《だいじ》な成《せい》果《か》が得《え》られました。

生命《せいめい》がすむ地球《ちきゅう》のでき方《かた》が、いずれわかるかもしれません。

メモ

はやぶさは2003年《ねん》9月《がつ》に打《う》ち上《あ》げられ、とったサンプルを2010年《ねん》6月《がつ》に地球《ちきゅう》に持《も》ち帰《かえ》って役割《やくわり》を終《お》えた。はやぶさ2は2014年《ねん》12月《がつ》に打《う》ち上《あ》げられ、とったサンプルが入《はい》ったカプセルを2020年《ねん》12月《がつ》に地球《ちきゅう》に放出《ほうしゅつ》したあと、別《べつ》の小惑星《しょうわくせい》へと向《む》かった。

イトカワとそのかけら

左《ひだり》は「イトカワ」の姿《すがた》、右《みぎ》は「はやぶさ」が地球《ちきゅう》に持《も》ち帰《かえ》ったイトカワのサンプル（電子顕微鏡《でんしけんびきょう》でみた石《いし》のかけら）。S型《がた》（135ページ）の小惑星《しょうわくせい》イトカワのサンプルを調《しら》べた結果《けっか》、予想《よそう》よりも多《おお》くの水《みず》をふくんでいた。地球《ちきゅう》の水《みず》がどこから来《き》たのかというなぞをとく上《うえ》で大事《だいじ》な成果《せいか》という。

リュウグウのかけら 左《ひだり》は1回目《かいめ》、右《みぎ》は2回目《かいめ》にとったサンプル。

「はやぶさ2」が「リュウグウ」から持《も》ち帰《かえ》ったサンプル。はやぶさ2は、太陽風《たいようふう》などで“風化《ふうか》”していない小惑星内部《しょうわくせいないぶ》の石《いし》や砂《すな》をとることに成功《せいこう》。C型《がた》の小惑星《しょうわくせい》リュウグウのサンプルには、アミノ酸《さん》や炭酸水《たんさんすい》がふくまれていた。生命《せいめい》がどこからきたのかというなぞにせまれるかもしれない。

もっと知《し》りたい

2023年《ねん》9月《がつ》、NASAの「オサイリス・レックス」も小惑星《しょうわくせい》サンプルを持《も》ち帰《かえ》った。

07

海王星《かいおうせい》の外側《そとがわ》に無数《むすう》にある太陽系外縁天体《たいようけいがいえんてんたい》

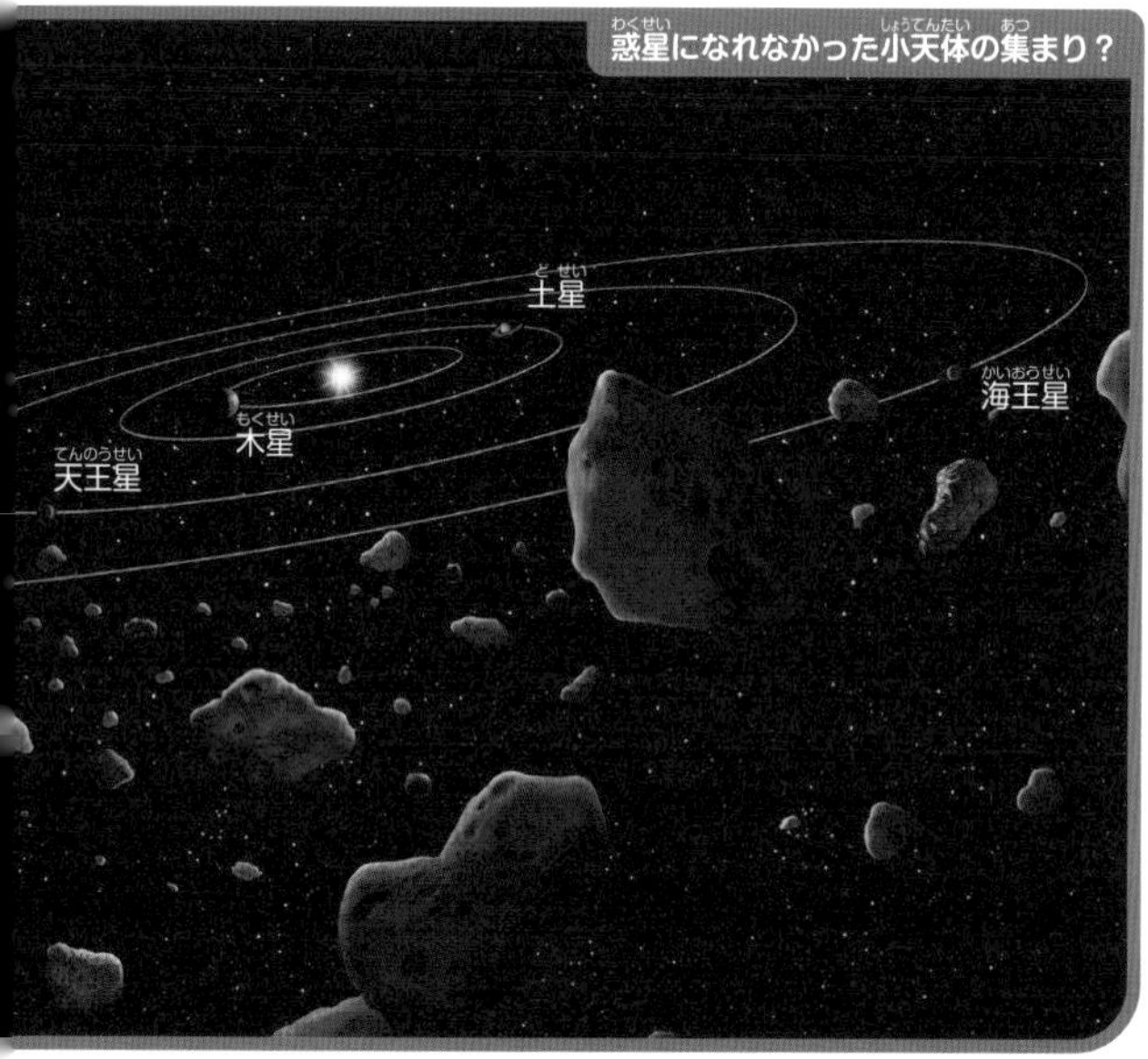

惑星《わくせい》になれなかった小天体《しょうてんたい》の集《あつ》まり？

太陽系小天体《たいようけいしょうてんたい》の中《なか》で、海王星《かいおうせい》よりも外側《そとがわ》をまわる天体《てんたい》を「太陽系《たいようけい》外縁天体《がいえんてんたい》」といいます。

太陽系外縁天体《たいようけいがいえんてんたい》は「エッジワース・カイパーベルト天体《てんたい》」ともよばれます。これらの天体《てんたい》がみつかっている領域《りょういき》が、太陽《たいよう》から30〜50天文単位《てんもんたんい》のところに、ベルトのように集中《しゅうちゅう》しているからです。

太陽《たいよう》から30天文単位《てんもんたんい》のところには海王星《かいおうせい》の軌道《きどう》があります。その

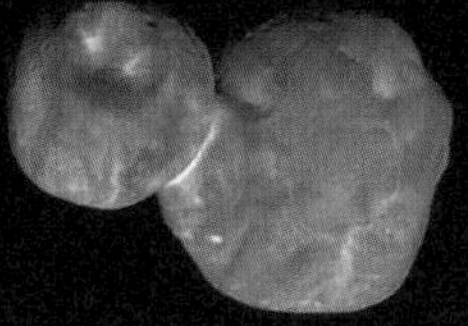

「ニュー・ホライズン」がとらえた太陽系外縁天体《たいようけいがいえんてんたい》「アロコス」。

イラストは、太陽系外縁天体《たいようけいがいえんてんたい》のイメージ。惑星《わくせい》がどうやってできたかを説明《せつめい》する天文学《てんもんがく》のモデルでは、太陽《だいよう》から遠《とお》いところほど惑星《わくせい》ができるのに時間《じかん》がかかる。太陽系外縁天体《たいようけいがいえんてんたい》は、惑星《わくせい》になる前《まえ》に材料《ざいりょう》がなくなって成長《せいちょう》が止《と》まった小天体《しょうてんたい》の集《あつ》まりという説《せつ》が有力《ゆうりょく》だ。

外側《そとがわ》には、準惑星《じゅんわくせい》の冥王星《めいおうせい》やエリスなどの冥王星型天体《めいおうせいがたてんたい》（132ページ）もまわっていて、これらも太陽系外縁天体《たいようけいがいえんてんたい》の仲間《なかま》です。

太陽系外縁天体《たいようけいがいえんてんたい》は、これまでに4100個《こ》ほどみつかっています。

メモ

「エッジワース・ カイパーベルト天《てん》体《たい》」という名前《なまえ》は、アイルランドの天《てん》文学者《もんがくしゃ》エッジワースと、オランダ出身《しゅっしん》のアメリカの天文学者《てんもんがくしゃ》カイパーが、それぞれ別々《べつべつ》に、海王星《かいおうせい》の外側《そとがわ》に主《おも》に氷《こおり》でできた天体《てんたい》の群《む》れがあると予想《よそう》したことからつけられた。

もっと知《し》りたい

50天文単位《てんもんたんい》をこえると小天体《しょうてんたい》が極端《きょくたん》に少《すく》なくなる理由《りゆう》は、まだわかっていない。

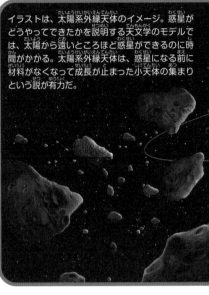

08 よごれた雪玉《ゆきだま》が太陽《たいよう》に近《ちか》づくと光《ひか》る尾《お》がのびる彗星《すいせい》になる

夜空《よぞら》には時《とき》に、長《なが》い「尾《お》」をひいてかがやく「彗星《すいせい》」があらわれることがあります。

彗星《すいせい》は太陽系小天体《たいようけいしょうてんたい》の一《ひと》つで、「ほうき星《ぼし》」ともよばれます。彗星《すいせい》が尾《お》をひく理由《りゆう》は、その本体《ほんたい》にあります。

彗星《すいせい》の本体《ほんたい》は「核《かく》」とよばれます。核《かく》の平均的《へいきんてき》な大《おお》きさは数《すう》キロメートル、水《みず》の氷《こおり》に砂《すな》つぶのようなちりがまじった、よごれた雪玉《ゆきだま》です。

この核《かく》が太陽《たいよう》に近《ちか》づくと、表面《ひょうめん》の氷《こおり》が蒸発《じょうはつ》して、ちりとともにふき出《だ》します。それが太陽《たいよう》の影響《えいきょう》で流《なが》されて、尾《お》をひく彗星《すいせい》になるのです。彗星《すいせい》は、短《みじか》いものでは数年《すうねん》、長《なが》いものでは数万年《すうまんねん》という周期《しゅうき》で太陽《たいよう》をまわっています。

メモ

短《みじか》い周期《しゅうき》の彗星《すいせい》は、もともとは海王星《かいおうせい》の外側《そとがわ》をまわる太陽系外縁天体《たいようけいがいえんてんたい》だったが、何《なに》かのはずみで太《たい》陽《よう》に近《ちか》づいたとかんがえられている。彗星《すいせい》が太陽《たいよう》をまわる軌道《きどう》は、横長《よこなが》の円《えん》「だ円《えん》」や物《もの》を投《な》げたときにできる「放物線《ほうぶつせん》」などの曲線《きょくせん》をえがく。

彗星《すいせい》の核《かく》

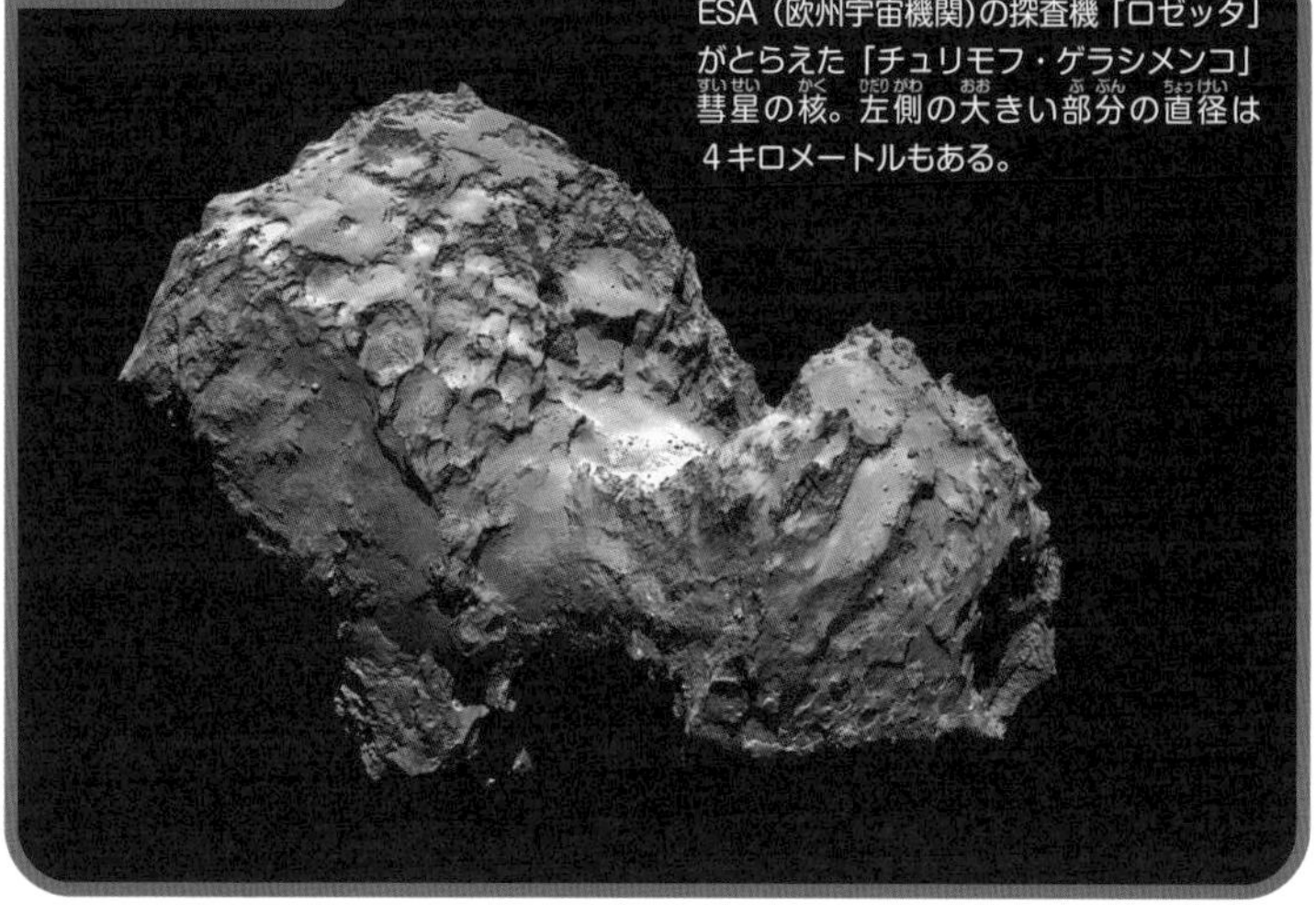

ESA（欧州宇宙機関《おうしゅううちゅうきかん》）の探査機《たんさき》「ロゼッタ」がとらえた「チュリモフ・ゲラシメンコ」彗星《すいせい》の核《かく》。左側《ひだりがわ》の大《おお》きい部分《ぶぶん》の直径《ちょっけい》は4キロメートルもある。

彗星《すいせい》が尾《お》をひくしくみ

核《かく》が太陽《たいよう》に近《ちか》づくと、太陽《たいよう》を向《む》いたほうの表面《ひょうめん》の氷《こおり》が蒸発《じょうはつ》する。そのガスがちりとともにふき出《だ》して、核《かく》のまわりに「コマ」というかがやく部分《ぶぶん》ができる。ガスは太陽風《たいようふう》に流《なが》されるので、太陽《たいよう》とは逆《ぎゃく》の方向《ほうこう》に尾《お》をひく。

もっと知《し》りたい

彗星《すいせい》の中《なか》には、「双曲線《そうきょくせん》」という曲線《きょくせん》をえがきながら太陽《たいよう》をまわるものもある。

09 〝砂《すな》つぶ〟が大気《たいき》に突入《とつにゅう》して夜空《よぞら》にかがやく流星《りゅうせい》になる

よくニュースなどで「今月《こんげつ》は、しし座《ざ》流星群《りゅうせいぐん》がみられます」といった情報《じょうほう》を目《め》にすることがあります。

「流星《りゅうせい》」とは、太陽系《たいようけい》の中《なか》にうかぶ砂《すな》つぶのような小《ちい》さな天体《てんたい》が地球《ちきゅう》の大《たい》気《き》に突入《とつにゅう》して、燃《も》えつきるまでかがやくようすのことで、「流《なが》れ星《ぼし》」ともよばれます。流星《りゅうせい》のもとになる物体《ぶったい》は、大《おお》きさが0・1ミリメートル以下《いか》〜数《すう》センチメートル、重《おも》さ（質量《しつりょう》）は平均《へいきん》して1グラム以下《いか》です。

これらが大気《たいき》（大気圏《たいきけん》）に突入《とつにゅう》すると、高度《こうど》150〜50キロメートルの範《はん》囲《い》で、大気《たいき》との摩擦《まさつ》で燃《も》えつきます。大気《たいき》に突入《とつにゅう》する量《りょう》は、1日《にち》で数十《すうじゅう》トンにもなるといいます。

メモ

毎年《まいとし》、定期的《ていきてき》にあらわれる流星《りゅうせい》の集《あつ》まりを「流《りゅう》星群《せいぐん》」という。地上《ちじょう》からだと、ある一点《いってん》（放《ほう》射点《しゃてん》）からいろいろな方向《ほうこう》に流《なが》れるようすがみられる。「しし座《ざ》流星《りゅうせい》群《ぐん》」などの名前《なまえ》は、放《ほう》射点《しゃてん》がある星座《せいざ》からつけられる。

彗星《すいせい》のちりが流星群《りゅうせいぐん》を生《う》む

彗星《すいせい》からふき出《だ》したちりは宇宙空間《うちゅうくうかん》に残《のこ》るので、彗星《すいせい》の軌道《きどう》には「ちりの帯《おび》」ができる。この帯《おび》と地球《ちきゅう》の公転軌道《こうてんきどう》が重《かさ》なっていると、地球《ちきゅう》はちりの中《なか》を突《つ》っこむことになる。すると、ちりがいっせいに地球《ちきゅう》の大気《たいき》に突入《とつにゅう》して流星群《りゅうせいぐん》になる。

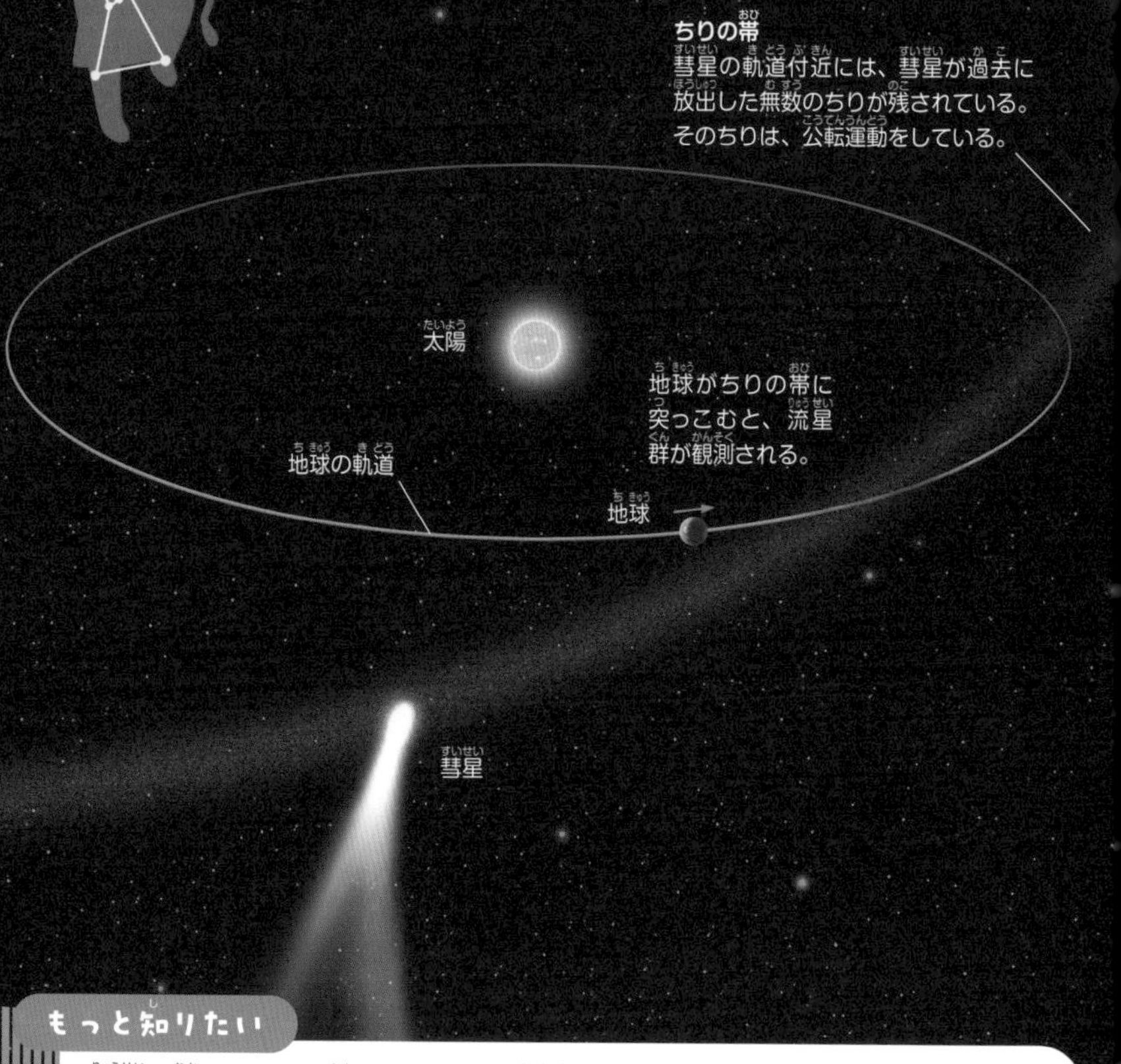

もっと知《し》りたい

流星《りゅうせい》の中《なか》で、とくに明《あか》るいものを「火球《かきゅう》」とよぶ。

10 流星《りゅうせい》として燃《も》えつきない天体《てんたい》は隕石《いんせき》として地上《ちじょう》に残《のこ》る

流星《りゅうせい》は地球《ちきゅう》の大気圏《たいきけん》で燃《も》えつきてしまいますが、中《なか》には地面《じめん》までとどく小天体《しょうてんたい》もあります。これを「隕石《いんせき》」とよびます。

隕石《いんせき》は、大《おお》きく3つにわけられます。主《おも》に石《いし》でできた「石質隕《せきしついん》石《せき》」、主《おも》に鉄《てつ》でできた「隕鉄《いんてつ》」、石《いし》と鉄《てつ》がまじった「石鉄隕石《せきてついんせき》」です。

1年《ねん》で地球《ちきゅう》に落《お》ちて隕石《いんせき》となる小天体《しょうてんたい》の数《かず》は、100グラム以上《いじょう》のもので2万個《まんこ》といわれていま

す。その中《なか》で実際《じっさい》にみつかるのは、ほんの数個《すうこ》にすぎません。

地球《ちきゅう》でみつかった隕石《いんせき》

1969年《ねん》にオーストラリアに落《お》ちた「マーチソン隕石《いんせき》」。コンドライトとよばれる石質隕石《せきしついんせき》の一《ひと》つで、アミノ酸《さん》などの有機物《ゆうきぶつ》がふくまれていた。隕石《いんせき》からは、太陽系《たいようけい》が生《う》まれたころの情報《じょうほう》が得《え》られることもあり、生命《せいめい》や太《たい》陽系《ようけい》の歴史《れきし》を知《し》る手《て》がかりとして研究《けんきゅう》されている。

アメリカのアリゾナ州《しゅう》にある「バリンジャー・クレーター」。直径約《ちょっけいやく》1.2キロメートル、深《ふか》さ約《やく》200メートル。大《おお》きめの小天体《しょうてんたい》が落《お》ちると、このようなクレーターができる。地球《ちきゅう》のクレーターは、風化《ふうか》などでほぼ消《き》えたとみられているが、今《いま》も残《のこ》る約《やく》200個《こ》が確認《かくにん》されている。

地球《ちきゅう》に残《のこ》されたクレーター

もっと知《し》りたい

地球《ちきゅう》でみつかる隕石《いんせき》のほとんどは、主《おも》に石《いし》でできた石質隕石《せきしついんせき》。

やすみじかん

太陽系《たいようけい》のはてはどこ？

　太陽風《たいようふう》がとどく「太陽圏《たいようけん》」は、太陽《たいよう》から約《やく》100天文単位《てんもんたんい》の範囲《はんい》とされています。では、これが太陽系《たいようけい》のはてなのでしょうか？

　実《じつ》は、太陽《たいよう》から1万《まん》～10万天文単位《まんてんもんたんい》の場所《ばしょ》に、「オールトの雲《くも》」という、長《なが》い周期《しゅうき》で太陽《たいよう》をまわる彗星《すいせい》の“巣《す》”があるとされています。これが今《いま》、私《わたし》たちの知《し》る太陽系《たいようけい》のはてです。

ボイジャーは太陽圏《たいようけん》をこえたぜ

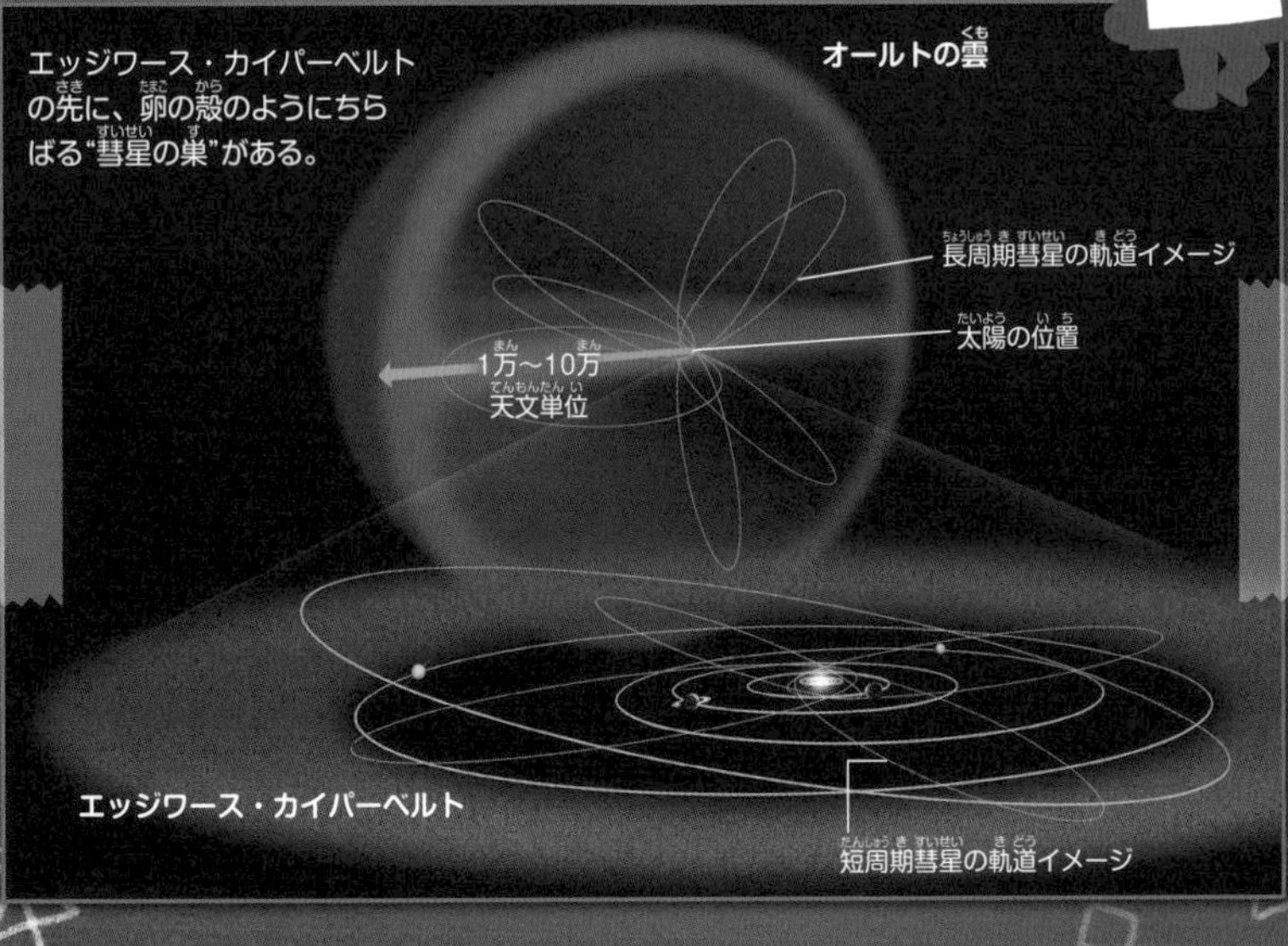

6 じかんめ

太《たい》陽《よう》系《けい》の誕《たん》生《じょう》から死《し》

わたしたちのいる太陽系《たいようけい》は、そもそもどうやってできたのでしょう？　その歴史《れきし》をたどっていくと、あるガスのかたまりがみえてきます。そこからどうやって、太陽《たいよう》や惑星《わくせい》が生《う》まれるのでしょうか？　そして、太陽《たいよう》と太陽系《たいようけい》は、これからどうなるのでしょう？

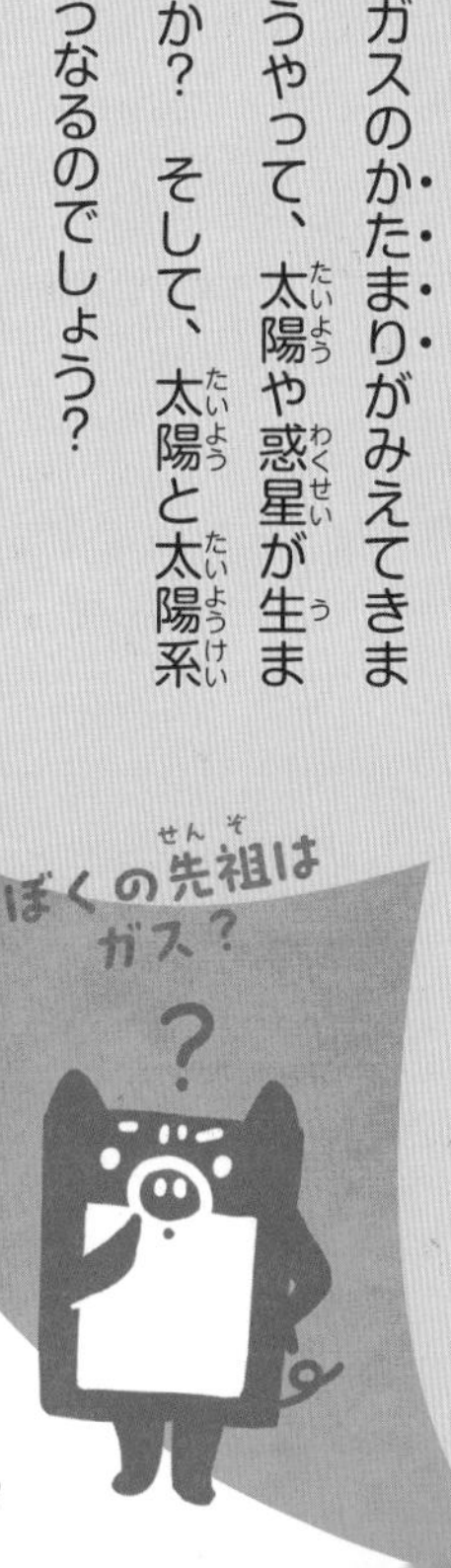

01 宇宙《うちゅう》は138億年前《おくねんまえ》に生《う》まれ、やがて無数《むすう》の恒星《こうせい》ができた

宇宙《うちゅう》は約《やく》138億年前《おくねんまえ》に、原子《げんし》よりも小《ちい》さいサイズで生《う》まれました。

生《う》まれるとすぐに、宇宙《うちゅう》はものすごいスピードでふくらんでいきます。そこから、粒子《りゅうし》のつまった高温《こうおん》・高密度《こうみつど》の〝火《ひ》の玉《たま》〟のような宇宙《うちゅう》に生《う》まれかわりました。

そのあとも宇宙《うちゅう》はふくらみつづけ、今度《こんど》はだんだんと冷《ひ》えていきます。すると、粒子《りゅうし》は原子《げんし》になり、

銀河系《ぎんがけい》（天《あま》の川銀河《がわぎんが》）の想像図《そうぞうず》

原子《げんし》は集《あつ》まってガスになります。そのガスが集《あつ》まって、太陽《たいよう》のような恒星《こうせい》が無数《むすう》に生《う》まれました。恒《こう》星《せい》が集《あつ》まると、下《した》のイラストのような銀河《ぎんが》ができます。

わたしたちの太陽系《たいようけい》は、「銀河《ぎんが》系《けい》」とよばれる一《ひと》つの銀河《ぎんが》の中《なか》にあるのです。

メモ

銀河系《ぎんがけい》は、無数《むすう》の恒星《こうせい》が集《あつ》まって円盤《えんばん》の形《かたち》になったもの。長《なが》さは約《やく》10万光年《まんこうねん》（光《ひかり》の速《はや》さで10万年《まんねん》かかる長《なが》さ）。

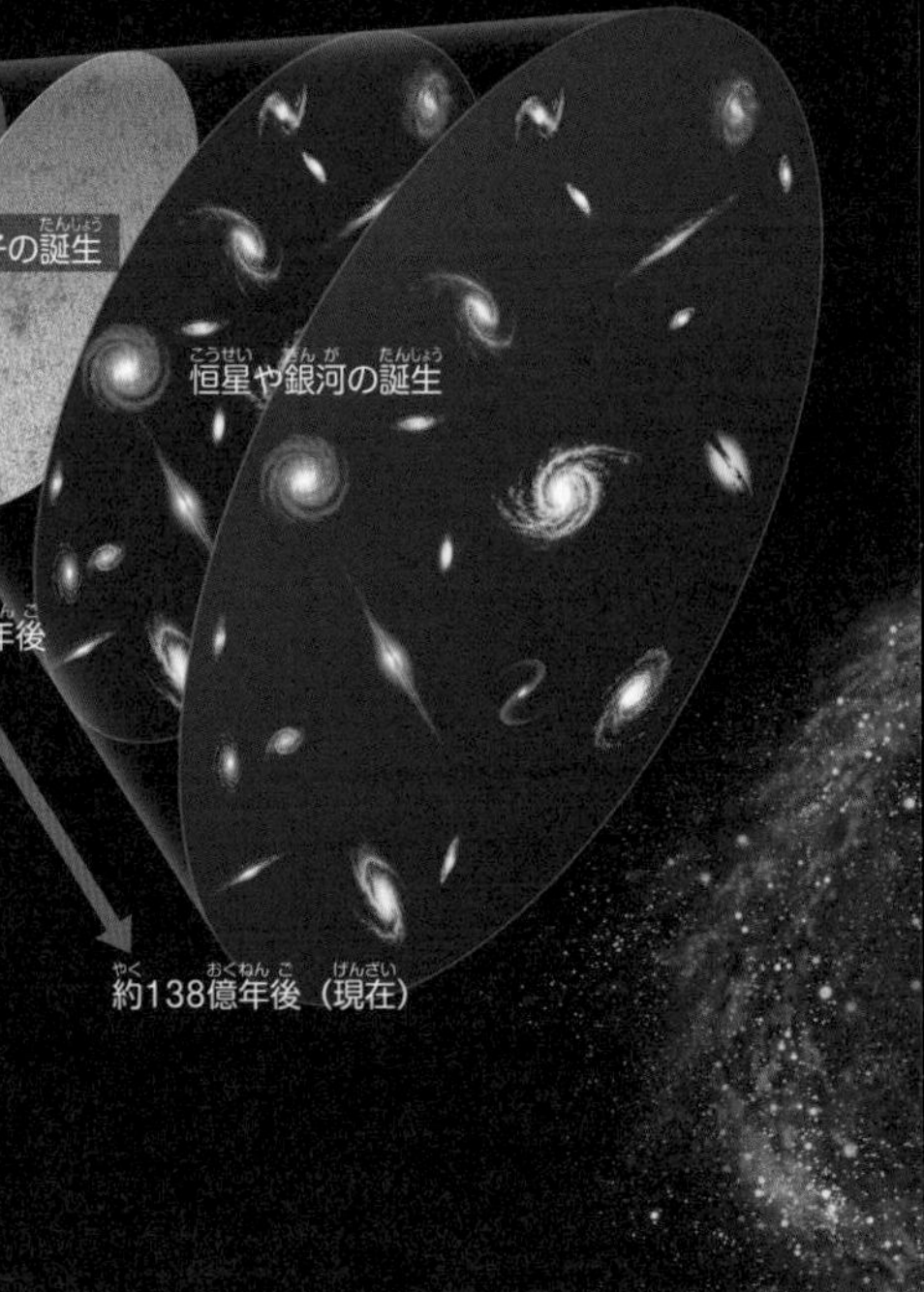

宇宙《うちゅう》のあゆみ

右《みぎ》のイラストのように、宇宙《うちゅう》は生《う》まれると、ふくらみながら姿《すがた》をかえていく。「ビッグバン」という“火《ひ》の玉《たま》”から、冷《ひ》えて原子《げんし》が生《う》まれ（生《う》まれてから約《やく》38万年後《まんねんご》）、数億年後《すうおくねんご》には恒星《こうせい》や銀河《ぎんが》が生《う》まれた。そのようにして生《う》まれた銀河《ぎんが》の一《ひと》つが、わたしたちの太陽系《たいようけい》がある「銀河系《ぎんがけい》」（天《あま》の川銀河《がわぎんが》）だ。

もっと知《し》りたい

銀河《ぎんが》の中心《ちゅうしん》からうずをまきながら外《そと》にのびる「腕《うで》」は、恒星《こうせい》が生《う》まれる場所《ばしょ》。

02 〝太陽《たいよう》の種《たね》〟は水素《すいそ》を大量《たいりょう》にふくむガスの中《なか》で生《う》まれた

太陽《たいよう》は、ガスの中《なか》で生《う》まれたとかんがえられています。

その理由《りゆう》になったのが、太陽《たいよう》の中《なか》に大量《たいりょう》にふくまれる水素《すいそ》のガスです。「暗黒星雲《あんこくせいうん》」とよばれる主《おも》に水素《すいそ》のガスをふくむ天体《てんたい》から、生《う》まれたてとみられる星《ほし》がみつかったのです。

暗黒星雲《あんこくせいうん》とは、暗《くら》い雲《くも》のような部分《ぶぶん》をもつ太陽系外《たいようけいがい》の天体《てんたい》です。暗《くら》い部分《ぶぶん》には、温度《おんど》の低《ひく》い、主《おも》に水素《すいそ》からなるガスのほかに、ちりなどもみつかっています。

暗黒星雲《あんこくせいうん》の中《なか》でみつかった星《ほし》は温度《おんど》が低《ひく》く、やがて恒星《こうせい》になる種《たね》とかんがえられるようになりました。〝太陽《たいよう》の種《たね》〟も、こうしたガスの中《なか》で生《う》まれたとみられています。

メモ

暗黒星雲《あんこくせいうん》の中《なか》では、同時《どうじ》にたくさんの星《ほし》（恒星《こうせい》の種《たね》）が生《う》まれるとかんがえられている。恒星《こうせい》にも一《いっ》生《しょう》があって、成長《せいちょう》しながら姿《すがた》をかえていき、やがて死《し》をむかえる（160ページ）。

星《ほし》は暗黒星雲《あんこくせいうん》で生《う》まれる

暗黒星雲《あんこくせいうん》の中《なか》で星《ほし》が生《う》まれるイメージ。生《う》まれたての星《ほし》（恒星《こうせい》の種《たね》）のまわりの雲《くも》は、先《さき》に生《う》まれた星《ほし》が出《だ》す紫外線《しがいせん》などでふき飛《と》ばされていく。しかし、恒星《こうせい》の種《たね》だけはふき飛《と》ばされず、雲《くも》の先端部分《せんたんぶぶん》に残《のこ》される。

太陽《たいよう》の中身《なかみ》はほぼ水素《すいそ》とヘリウムのガスだったね

ひときわ暗《くら》い暗黒星雲《あんこくせいうん》

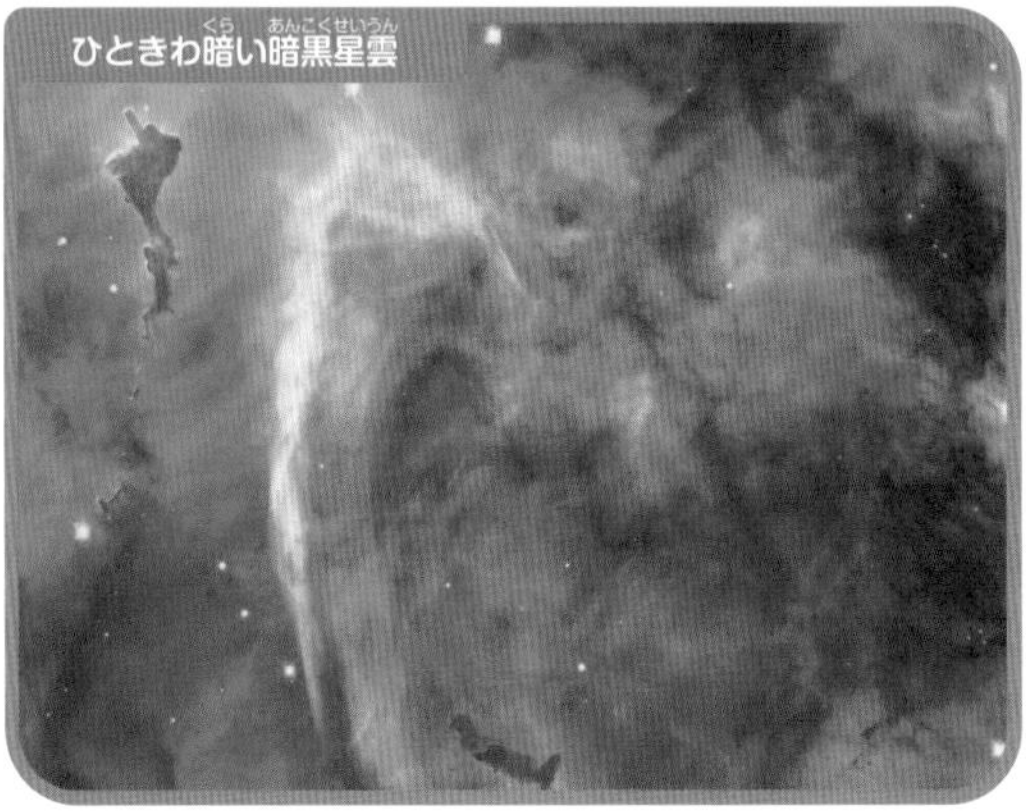

「ハッブル宇宙望遠鏡《うちゅうぼうえんきょう》」がとらえた「イータ・カリーナ星雲《せいうん》（NGC3372）」の一部《いちぶ》。この天体《てんたい》は、明《あか》るくかがやく「散光星雲《さんこうせいうん》」だ。暗《くら》いシルエットとして写《うつ》っているのが暗黒星雲《あんこくせいうん》。

もっと知《し》りたい

暗黒星雲《あんこくせいうん》の中《なか》で星《ほし》がみつかったのは、1965年《ねん》のこと。

03 ガス円盤《えんばん》の中心《ちゅうしん》で原始太陽《げんしたいよう》が生《う》まれた

太陽《たいよう》の種《たね》は、まわりにあったガス「星間雲《せいかんうん》」を集《あつ》めていきます。種《たね》は、だんだんと高温《こうおん》・高密度《こうみつど》になっていき、やがて光《ひか》りかがやく玉《たま》になりました。〝太陽《たいよう》の子《こ》ども時代《じだい》〟ともいえる「原始太陽《げんしたいよう》」の誕生《たんじょう》です。

星間雲《せいかんうん》は、まわりながら太陽《たいよう》の種《たね》に落《お》ちていったので、原始太陽《げんしたいよう》のまわりにはガスの円盤《えんばん》ができていました。これを「原始太陽系円盤《げんしたいようけいえんばん》」といいます。太陽《たいよう》につづき、太陽系《たいようけい》も子《こ》ども時代《じだい》をむかえたわけです。

ガス円盤《えんばん》から原始太陽《げんしたいよう》へのガスの落《お》ちこみはつづきました。ガスの一部《いちぶ》は、円盤《えんばん》の上下《じょうげ》から「ジェット」としてふき出《だ》しました。

ジェット
エンジンより
すごいぞ!

メモ

原始太陽《げんしたいよう》は、今《いま》の太陽《たいよう》より大《おお》きさが10倍以上《ばいいじょう》、明《あか》るさは10倍《ばい》くらいあって、色《いろ》は赤《あか》っぽかった。内部《ないぶ》の温度《おんど》や密度《みつど》は今《いま》の太陽《たいよう》より低《ひく》かったので、水素《すいそ》がヘリウムになる「核融合反応《かくゆうごうはんのう》」(34ページ)はおきていなかったはずだ。

かがやきはじめる原始太陽《げんしたいよう》

ガス円盤《えんばん》の中心《ちゅうしん》でかがやきはじめた、原《げん》始太陽《したいよう》のイメージ。円盤《えんばん》は、半径《はんけい》が100天文単位《てんもんたんい》ほど、重《おも》さが原始太陽《げんしたいよう》の１パーセントほどだったとみられている。円盤《えんばん》から原始太陽《げんしたいよう》に落《お》ちこむガスの量《りょう》には限《かぎ》りがあったので、一部《いちぶ》は落《お》ちこむ前《まえ》に「ジェット」としてふき出《だ》した。

もっと知《し》りたい

ガス円盤《えんばん》の中身《なかみ》は、ほぼ水素《すいそ》とヘリウムのガスで、１パーセントがちり。

04

ガス円盤《えんばん》にあった大量《たいりょう》のちりから原始惑星《げんしわくせい》が生《う》まれた

ガス円盤《えんばん》は、原始太陽《げんしたいよう》をまわりながら、だんだんと冷《ひ》えていきます。すると、ガスの中《なか》のちりどうしが集《あつ》まって、「ちりの円盤《えんばん》」の厚《あつ》みがうすくなっていったとみられています。

ちりは、さらに集《あつ》まりながら、無数《むすう》の、より大《おお》きなかたまりへと成長《せいちょう》していきます。こうしてできた、直径数《ちょっけいすう》キロメートルの小天体《しょうてんたい》を「微惑星《びわくせい》」とよびます。微惑星《びわくせい》

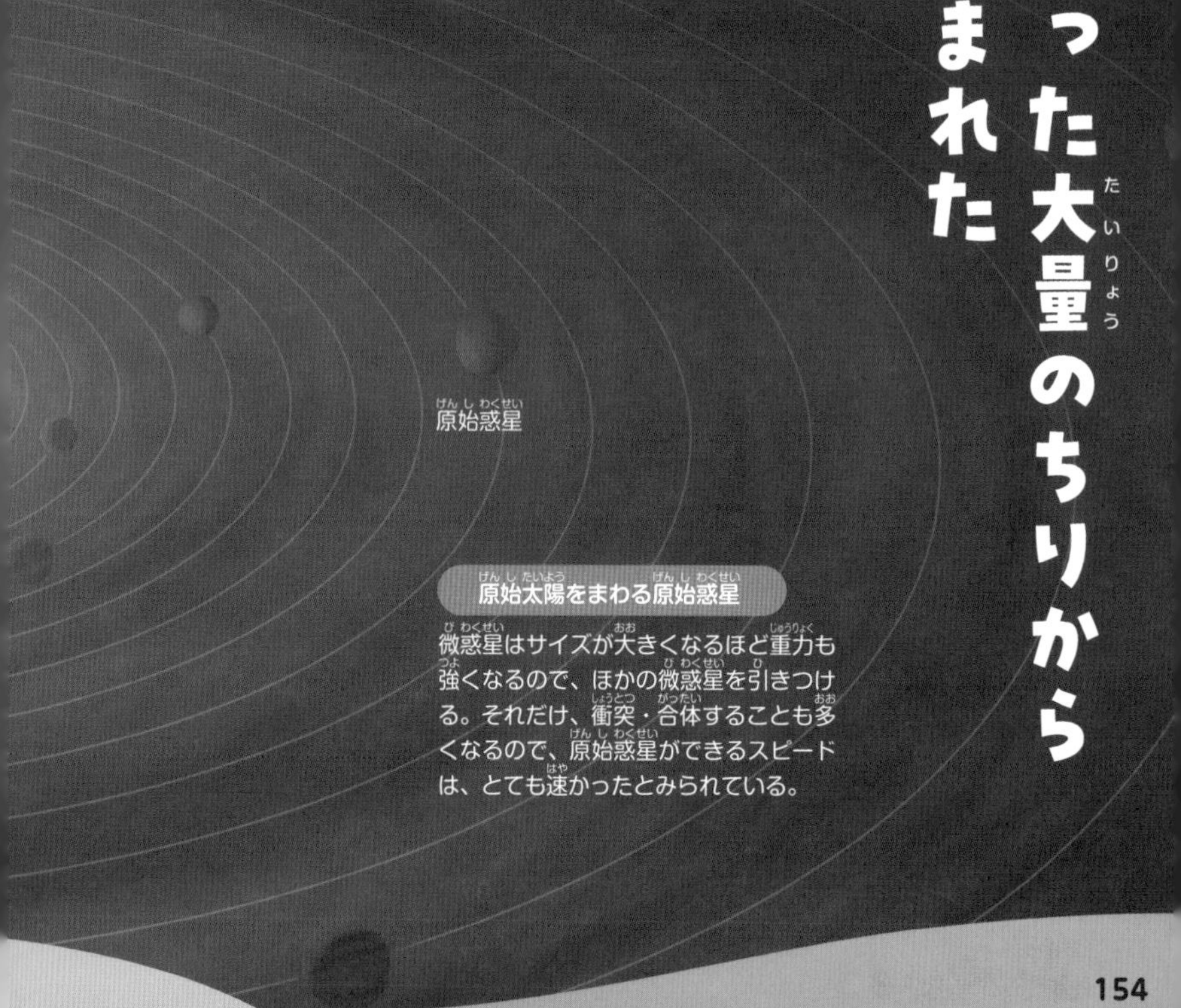

原始太陽《げんしたいよう》をまわる原始惑星《げんしわくせい》

微惑星《びわくせい》はサイズが大《おお》きくなるほど重力《じゅうりょく》も強《つよ》くなるので、ほかの微惑星《びわくせい》を引《ひ》きつける。それだけ、衝突《しょうとつ》・合体《がったい》することも多《おお》くなるので、原始惑星《げんしわくせい》ができるスピードは、とても速《はや》かったとみられている。

くらいの大《おお》きさの天体《てんたい》は、衝突《しょうとつ》と合体《がったい》をくりかえしながら、さらに大《おお》きな天体《てんたい》へと成長《せいちょう》していきます。

微惑星《びわくせい》どうしの衝突《しょうとつ》・合体《がったい》がくりかえされたことで、ついに〝惑《わく》星《せい》の子《こ》ども時代《じだい》〟ともいえる「原《げん》始惑星《しわくせい》」が生《う》まれました。

微惑星《びわくせい》は、円盤《えんばん》の内側《うちがわ》ほどたくさんあって、速《はや》くまわっていたようです。そのぶん微惑星《びわくせい》どうしの衝突《しょうとつ》はよくおきたので、原始惑星《げんしわくせい》は内側《うちがわ》からできていったとかんがえられています。

メモ

ちりの円盤《えんばん》がうすくなると密度《みつど》がましていく。その結《けっ》果《か》、ちりどうしの引力《いんりょく》が効《き》いてきて、大《おお》きなかたまりになっていったとみられている。

もっと知《し》りたい

内側《うちがわ》の微惑星《びわくせい》は主《おも》に岩石《がんせき》や鉄《てつ》、外側《そとがわ》の微惑星《びわくせい》は主《おも》に氷《こおり》でできていたとみられている。

05 岩石惑星《がんせきわくせい》と巨大惑星《きょだいわくせい》は、でき方《かた》にちがいがある

ガス円盤《えんばん》の中心《ちゅうしん》に近《ちか》いあたりのガスは、原始太陽《げんしたいよう》に引《ひ》きこまれるなどして消《き》えていきます。すると、原始惑星《げんしわくせい》どうしは、おたがいの重力《じゅうりょく》でより強《つよ》く引《ひ》き合《あ》うようになって、衝突《しょうとつ》・合体《がったい》するようになります。

こうして、太陽系《たいようけい》の内側《うちがわ》に、水星《すいせい》から火星《かせい》までの岩石惑星《がんせきわくせい》ができていきました。

一方《いっぽう》、もっと外側《そとがわ》では、惑星《わくせい》の材料《ざいりょう》となる氷《こおり》のちりなどがたくさんあったので、内側《うちがわ》よりも大《おお》きな原始惑星《げんしわくせい》ができていました。これらは、まだまわりにあったガスをとりこんで巨大《きょだい》になっていきます。こうして、木星《もくせい》から外側《そとがわ》の巨大惑星《きょだいわくせい》ができていったのです。

メモ

外側《そとがわ》の原始惑星《げんしわくせい》ほど公転《こうてん》軌《き》道《どう》が長《なが》いので、とりこめるガスの量《りょう》は多《おお》い。けれども、時間《じかん》がたつほど円盤《えんばん》のガスは少《すく》なくなっていった。外側《そとがわ》の原始惑星《げんしわくせい》ほど成長《せいちょう》が遅《おそ》く、あとからできたので、とりこめるガスは少《すく》なかったようだ。

岩石惑星《がんせきわくせい》の誕生《たんじょう》

ガス円盤《えんばん》の内側《うちがわ》には、数十個《すうじゅうこ》ほどの原始惑星《げんしわくせい》ができていたようだ。円盤《えんばん》のガスが消《き》えると、おたがいの重力《じゅうりょく》で軌道《きどう》が乱《みだ》れ、巨大衝突《きょだいしょうとつ》（ジャイアント・インパクト）がおきはじめる。最後《さいご》に残《のこ》ったのが、原始《げんし》の水星《すいせい》、金星《きんせい》、地球《ちきゅう》、火星《かせい》だった。

ガス惑星《わくせい》の誕生《たんじょう》

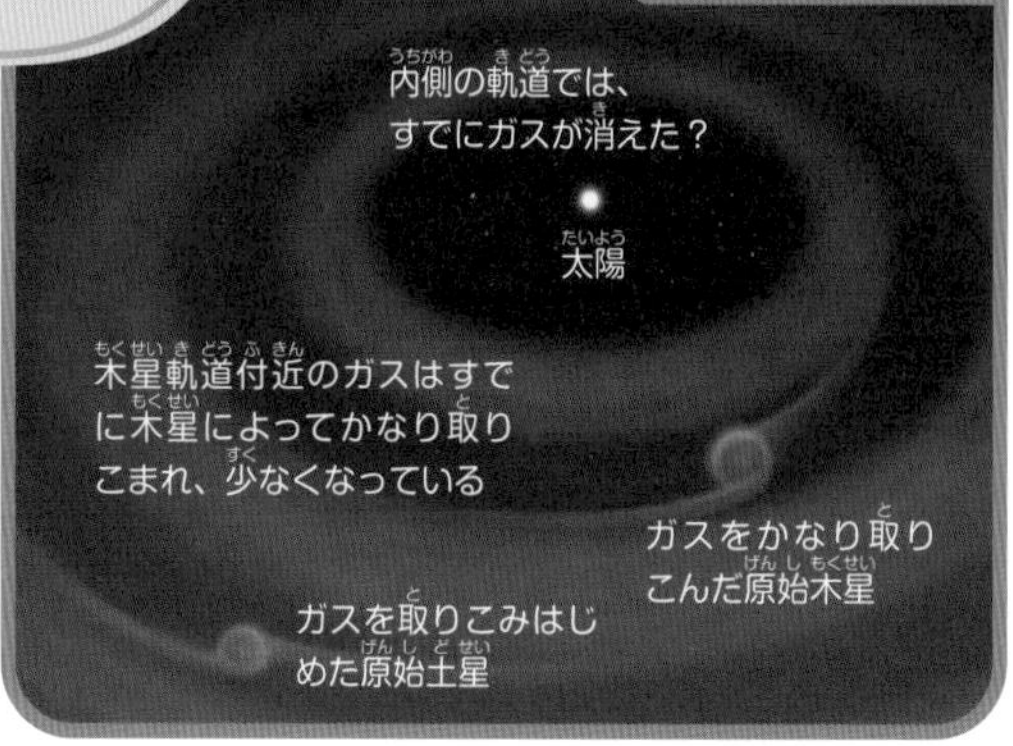

木星《もくせい》と土星《どせい》の原形《げんけい》となる原始惑星《げんしわくせい》は、公転軌道《こうてんきどう》にあるガスをとりこみながら成長《せいちょう》していく。先《さき》にできた原始木星《げんしもくせい》がかなりガスをとりこんだころ、あとからできた原始土星《げんしどせい》はようやくガスをとりこみはじめた。こうして、大《おお》きさに差《さ》ができたようだ。

もっと知《し》りたい

円盤《えんばん》のガスは、原始太陽《げんしたいよう》からの紫外線《しがいせん》やX線《せん》で熱《ねっ》せられることでも消《き》えていった。

06

原始太陽《げんしたいよう》はちぢみながら成長《せいちょう》して現在《げんざい》の太陽《たいよう》になった

姿《すがた》をあらわした原始太陽《げんしたいよう》

ガス円盤《えんばん》の中《なか》にあったちりは微惑星《びわくせい》に成長《せいちょう》し、ガスは原始太陽《げんしたいよう》に引《ひ》きこまれたりして消《き》えた。円盤《えんばん》の中心部《ちゅうしんぶ》が晴《は》れあがったので、原始太陽《げんしたいよう》は可視光《かしこう》でもみえたはずだ。

円盤《えんばん》のガスがなくなったとき、それまでちりとガスにかくれていた原始太陽《げんしたいよう》が、ようやく姿《すがた》をあらわしました。

このころの原始太陽《げんしたいよう》は、内部《ないぶ》の密度《みつど》が低《ひく》かったので、今《いま》の太《たい》陽《よう》のように核融合反応《かくゆうごうはんのう》はおこっていませんでした。大《おお》きさは今《いま》の太陽《たいよう》より大《おお》きかったのですが、自分《じぶん》の重力《じゅうりょく》で少《すこ》しずつ小《ちい》さくなっていきます。

現在《げんざい》の太陽《たいよう》になるまで

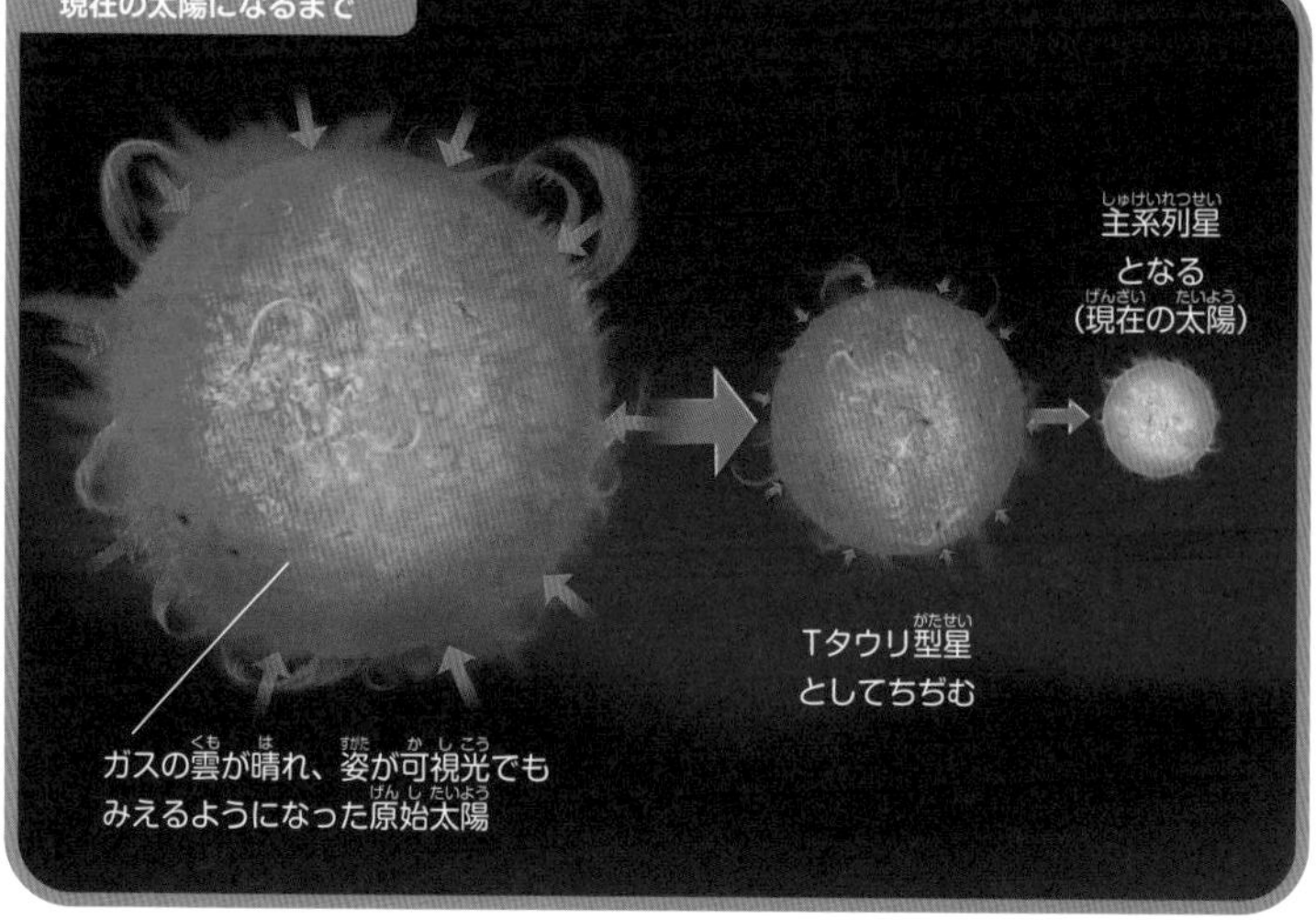

原始太陽《げんしたいよう》は今《いま》よりもずっと大《おお》きかった。ほかの多《おお》くの恒星《こうせい》と同《おな》じように、太陽《たいよう》もTタウリ型星《がたせい》の段階《だんかい》でちぢみ、主系列星《しゅけいれつせい》になって、大《おお》きさも明《あか》るさも安定《あんてい》してかがやく恒星《こうせい》になったとかんがえられている。

メモ

宇宙《うちゅう》には、太陽《たいよう》のような恒星《こうせい》がたくさんあって、さかんに調《しら》べられている。核融合反応《かくゆうごうはんのう》をおこなう前《まえ》の恒星《こうせい》は「Tタウリ型星《がたせい》」とよばれていて、だんだんとちぢんでいく。そのあとは、ほとんどの恒星《こうせい》が「主系列星《しゅけいれつせい》」とよばれる、核融合反応《かくゆうごうはんのう》でかがやく段階《だんかい》になる。

それにともなって内部《ないぶ》の密度《みつど》が高《たか》くなっていき、温度《おんど》も上《あ》がっていきます。約《やく》1000万《まん》℃になったとき、水素《すいそ》の核融合反応《かくゆうごうはんのう》がはじまりました。すると、重力《じゅうりょく》でちぢむ力《ちから》と核融合《かくゆうごう》でふくらむ力《ちから》がつりあって、太陽《たいよう》の大《おお》きさは安定《あんてい》しました。

もっと知《し》りたい

銀河系《ぎんがけい》の恒星《こうせい》の90パーセントほどが、主系列星《しゅけいれつせい》にあてはまる。

07

太陽《たいよう》の一生《いっしょう》は、赤色巨星《せきしょくきょせい》から白色矮星《はくしょくわいせい》へとかわって終《お》わる

ここからは、太陽《たいよう》がこれからたどる未来《みらい》についてみていきましょう。

今《いま》の太陽《たいよう》は安定《あんてい》してかがやいています。ところが約《やく》60億年後《おくねんご》、核融合反応《かくゆうごうはんのう》に使《つか》っていた水素《すいそ》のほとんどがヘリウムにかわってしまいます。これで中心《ちゅうしん》部《ぶ》での核融合反応《かくゆうごうはんのう》は止《と》まりますが、今《こん》度《ど》はヘリウムの外側《そとがわ》に残《のこ》る水素《すいそ》が核融合反応《かくゆうごうはんのう》をはじめるのです。

これによって、重力《じゅうりょく》によるちぢむ力《ちから》と核融合反応《かくゆうごうはんのう》によるふくらむ力《ちから》のバランスがくずれます。太陽《たいよう》は、今《いま》よりもふくらんでいき、「赤色巨星《せきしょくきょせい》」という大《おお》きな天体《てんたい》にかわってしまいます。

そのあとの太陽《たいよう》は、ちぢんだりふくらんだりをくりかえしながら、まわりのガスを外《そと》にはなっていきます。

これとそっくりなようすを「惑星状《わくせいじょう》星雲《せいうん》」という天体《てんたい》でみることができます。その中心部《ちゅうしんぶ》には「白色矮星《はくしょくわいせい》」という天体《てんたい》ができていて、この先《さき》ずっと冷《ひ》えつづけるとみられています。

太陽《たいよう》にも一生《いっしょう》がある

太陽《たいよう》が安定《あんてい》してかがやきつづけられるのは、約《やく》100億年《おくねん》とされている。約《やく》46億年前《おくねんまえ》に生《う》まれた太陽《たいよう》は、あと60億年《おくねん》ほどは今《いま》のままでいられる。そのあとは、今《いま》よりもふくらんだ「赤色巨星《せきしょくきょせい》」になり、やがて外側《そとがわ》のガスがはぎとられて、約《やく》80億年後《おくねんご》には白色矮星《はくしょくわいせい》になる。

メモ

太陽《たいよう》の核融合反応《かくゆうごうはんのう》が止《と》まると、地球《ちきゅう》の環境《かんきょう》や生命《せいめい》はピンチになる。ところが、核融合反応《かくゆうごうはんのう》がやむ前《まえ》でも、太陽《たいよう》がふくらんで赤色巨星《せきしょくきょせい》になる段階《だんかい》で、惑星《わくせい》の軌道《きどう》のいくつかは太陽《たいよう》に飲《の》みこまれてしまうとかんがえられている。

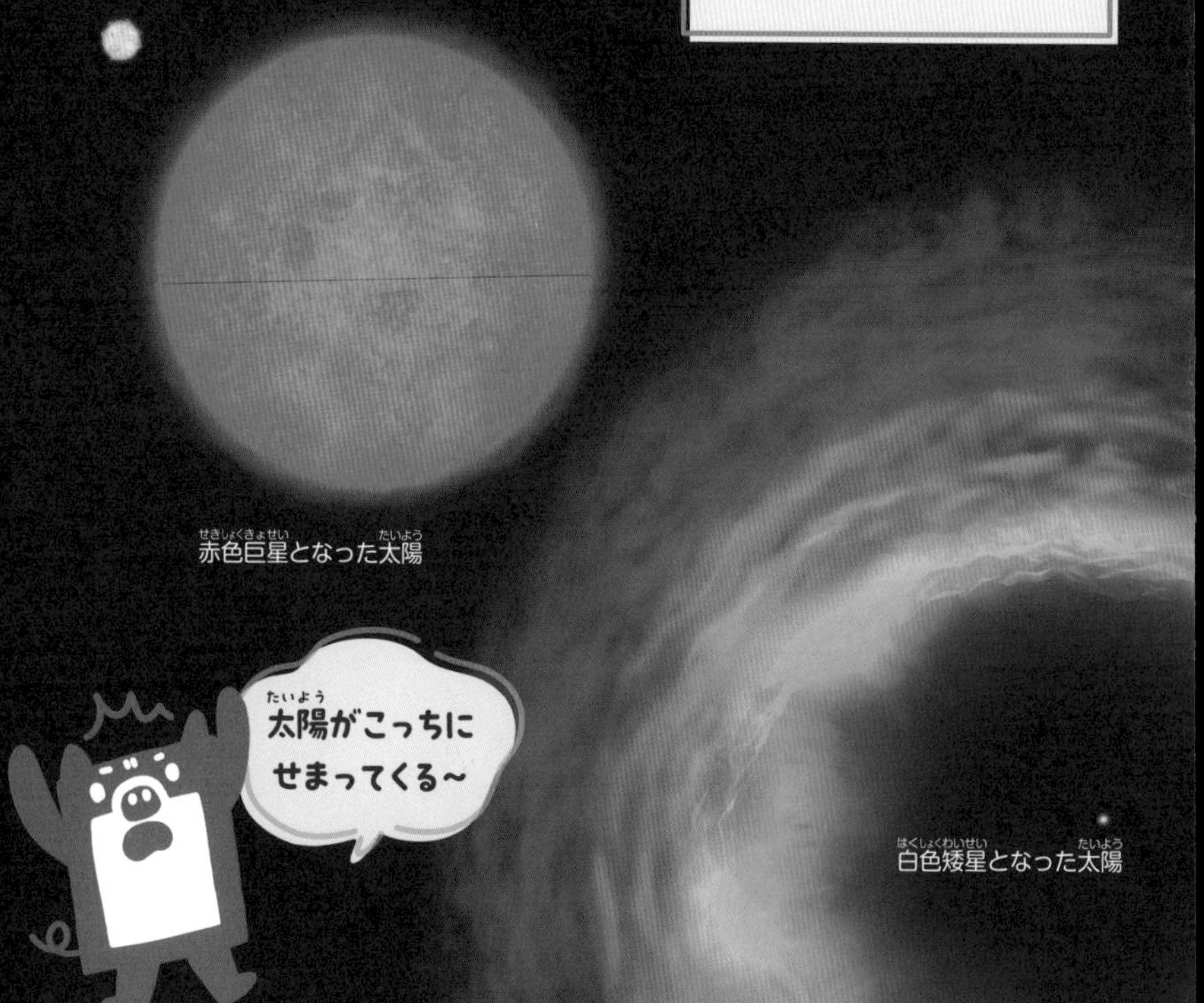

もっと知《し》りたい

太陽《たいよう》より8倍以上重《ばいいじょうおも》い恒星《こうせい》は、生《う》まれてから数千万年後《すうせんまんねんご》には超新星爆発《ちょうしんせいばくはつ》で消《け》し飛《と》ぶ。

08 赤色巨星《せきしょくきょせい》になった太陽《たいよう》は、ふくらんだりちぢんだりする

太陽《たいよう》が赤色巨星《せきしょくきょせい》になるようすを、もう少《すこ》しくわしくみていきましょう。

今《いま》の太陽《たいよう》の中心部《ちゅうしんぶ》では、水素《すいそ》がヘリウムにかわる核融合反応《かくゆうごうはんのう》がおきています（34ページ）。ヘリウムがだんだんとたまる一方《いっぽう》で、少《すく》なくなる水素《すいそ》はヘリウムの外側《そとがわ》で核融合反応《かくゆうごうはんのう》をするようになります。

中心部《ちゅうしんぶ》より外側《そとがわ》で核融合反応《かくゆうごうはんのう》がおきると、重力《じゅうりょく》によるちぢむ力《ちから》よ

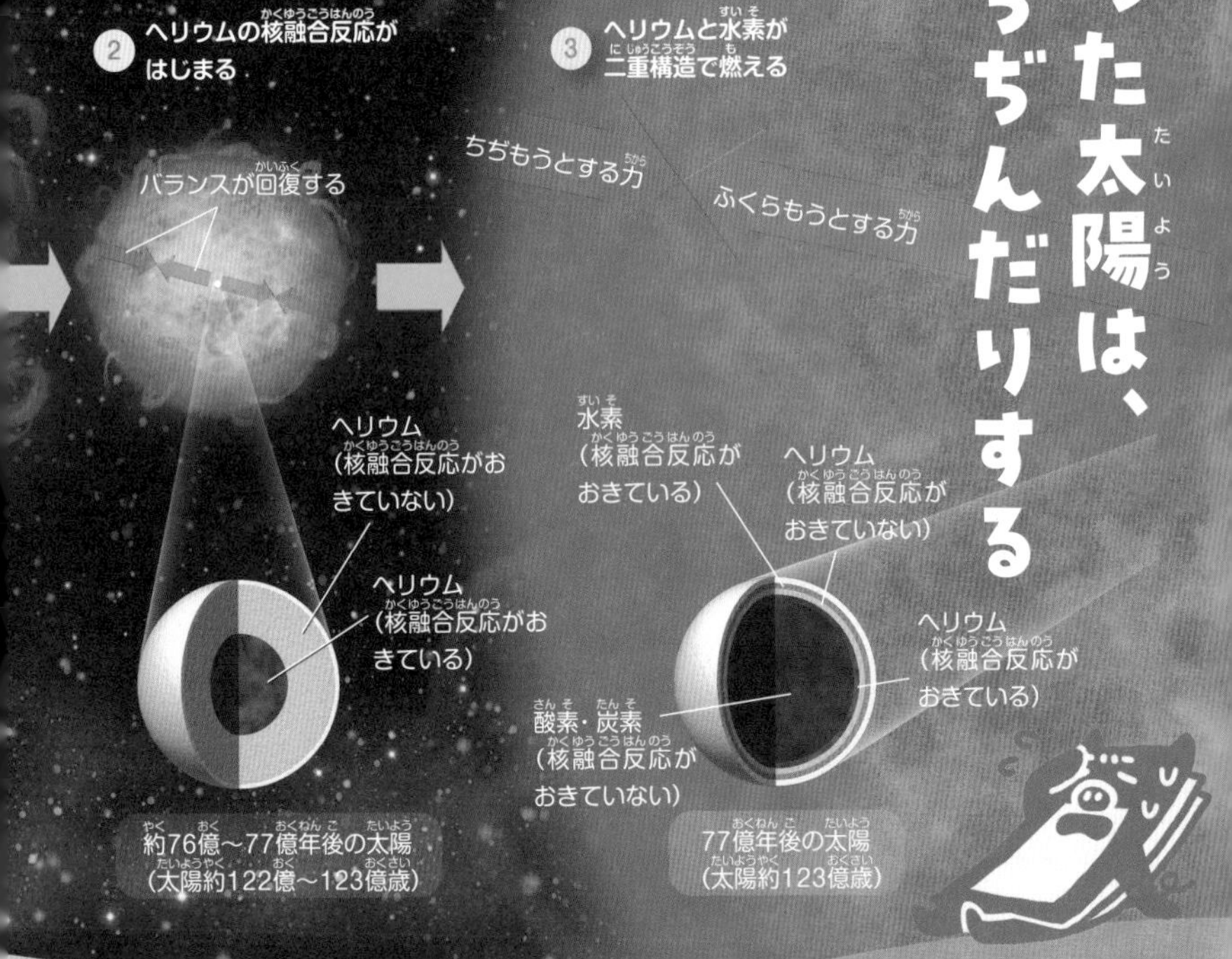

りも、外側《そとがわ》にふくらむ力《ちから》のほうが大《おお》きくなります。こうして、太陽《たいよう》は今《いま》よりも半径《はんけい》が大《おお》きい「赤色巨星《せきしょくきょせい》」にかわります。

話《はなし》はこれで終《お》わりません。大量《たいりょう》のヘリウムが、自分《じぶん》の重《おも》さで中心部《ちゅうしんぶ》に押《お》しこまれて超高圧《ちょうこうあつ》になると、今度《こんど》はヘリウムの核融合反応《かくゆうごうはんのう》がはじまるのです。

そのあとの太陽《たいよう》の大《おお》きさは、ヘリウムと水素《すいそ》の核融合《かくゆうごう》でちぢんだりふくらんだりします。そのヘリウムも、だんだんと減《へ》っていきます。

水素《すいそ》の核融合反応《かくゆうごうはんのう》がヘリウムの外側《そとがわ》でおきると、ちぢむ力《ちから》とふくらむ力《ちから》のバランスがくずれて太陽《たいよう》は赤色巨星《せきしょくきょせい》になる。ところが、ヘリウムの核融合反応《かくゆうごうはんのう》がはじまると、このバランスが回復《かいふく》する。ヘリウムは核融合反応《かくゆうごうはんのう》で酸素《さんそ》や炭《たん》素《そ》にかわり、水素《すいそ》の場合《ばあい》に似《に》たしくみで、また赤色巨星《せきしょくきょせい》へとかわる。

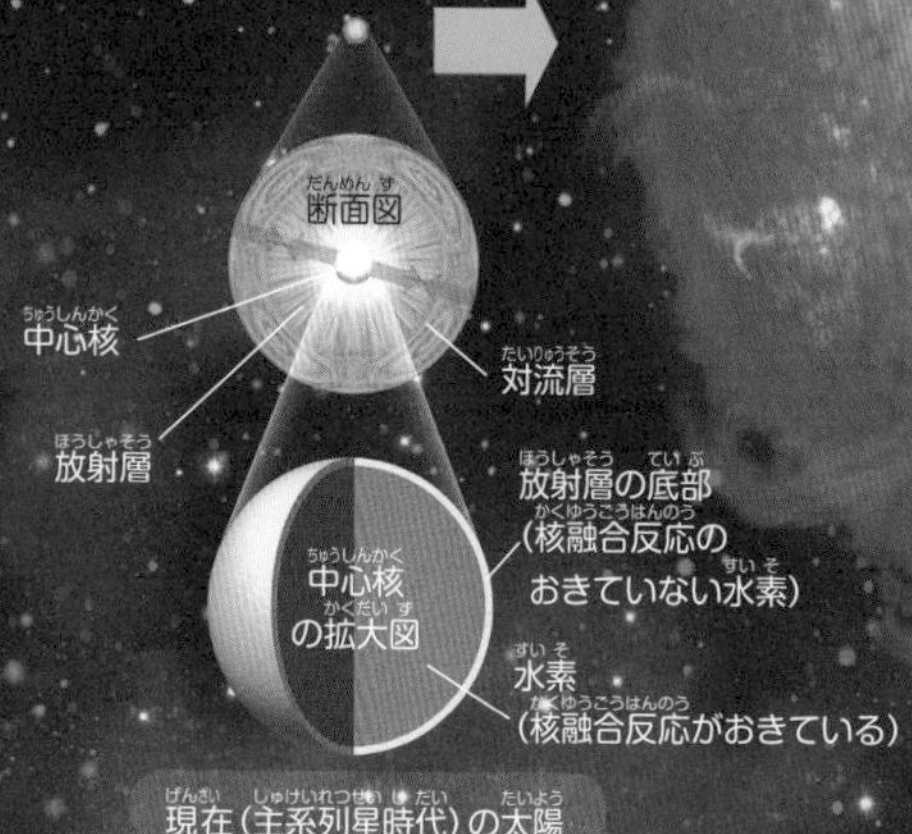

現在《げんさい》(主系列星《しゅけいれつせい》時代《じだい》)の太陽《たいよう》

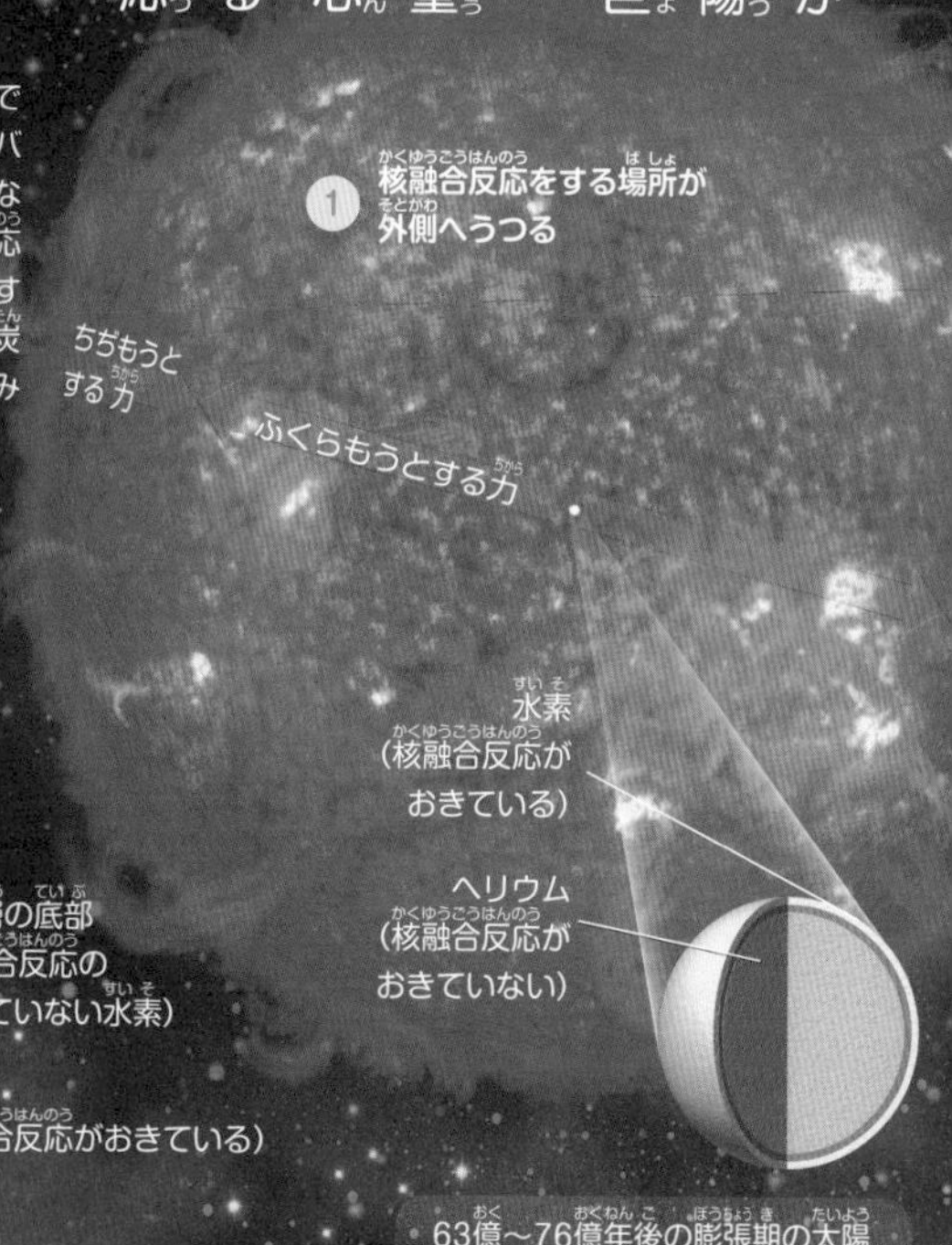

63億《おく》〜76億年後《おくねんご》の膨張期《ぼうちょうき》の太陽《たいよう》
(太陽約《たいようやく》109億《おく》〜122億歳《おくさい》

もっと知《し》りたい

太陽《たいよう》の半径《はんけい》が大《おお》きくなると表面《ひょうめん》の温度《おんど》が下《さ》がるので、今《いま》よりも赤《あか》っぽくなる。

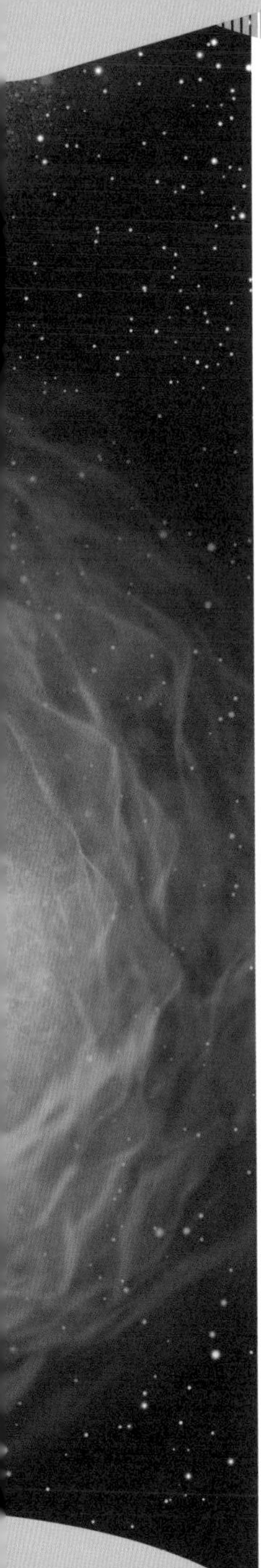

09

太陽《たいよう》はやがて、外側《そとがわ》がはがれて惑星状星雲《わくせいじょうせいうん》になる

赤色巨星《せきしょくきょせい》としてふくらみつづける太《たい》陽《よう》は、約《やく》77億年後《おくねんご》に、直径《ちょっけい》が今《いま》より200倍《ばい》以上《いじょう》も大《おお》きくなります。

約《やく》80億年後《おくねんご》には、太陽《たいよう》の外側《そとがわ》にあったちりやガスがはぎとられ、それらがまわりにただよう「惑星状星雲《わくせいじょうせいうん》」になります。このちりやガスは、中心核《ちゅうしんかく》からはなたれる電磁波《でんじは》で、美《うつく》しくかがやきます。中心核《ちゅうしんかく》には、生《う》まれたばかりの「白色矮星《はくしょくわいせい》」があります。これは1立方《りっぽう》センチメートルの重《おも》さが1トンにもなる高密度《こうみつど》の星《ほし》です。

惑星状星雲《わくせいじょうせいうん》になった太陽《たいよう》

イラストは、太陽《たいよう》の外側《そとがわ》がはぎとられた直後《ちょくご》のイメージ。外側《そとがわ》の青《あお》い部分《ぶぶん》が、太陽《たいよう》からはぎとられたちりやガスだ。赤茶色《あかちゃいろ》の部分《ぶぶん》は、ちりやガスがひときわ濃《こ》いところ、中心《ちゅうしん》の白《しろ》い部分《ぶぶん》はプラズマのガスがあるところだ（32ページ）。惑《わく》星状星雲《せいじょうせいうん》の形《かたち》は、木星《もくせい》や土星《どせい》に影響《えいきょう》される場合《ばあい》もあるという。

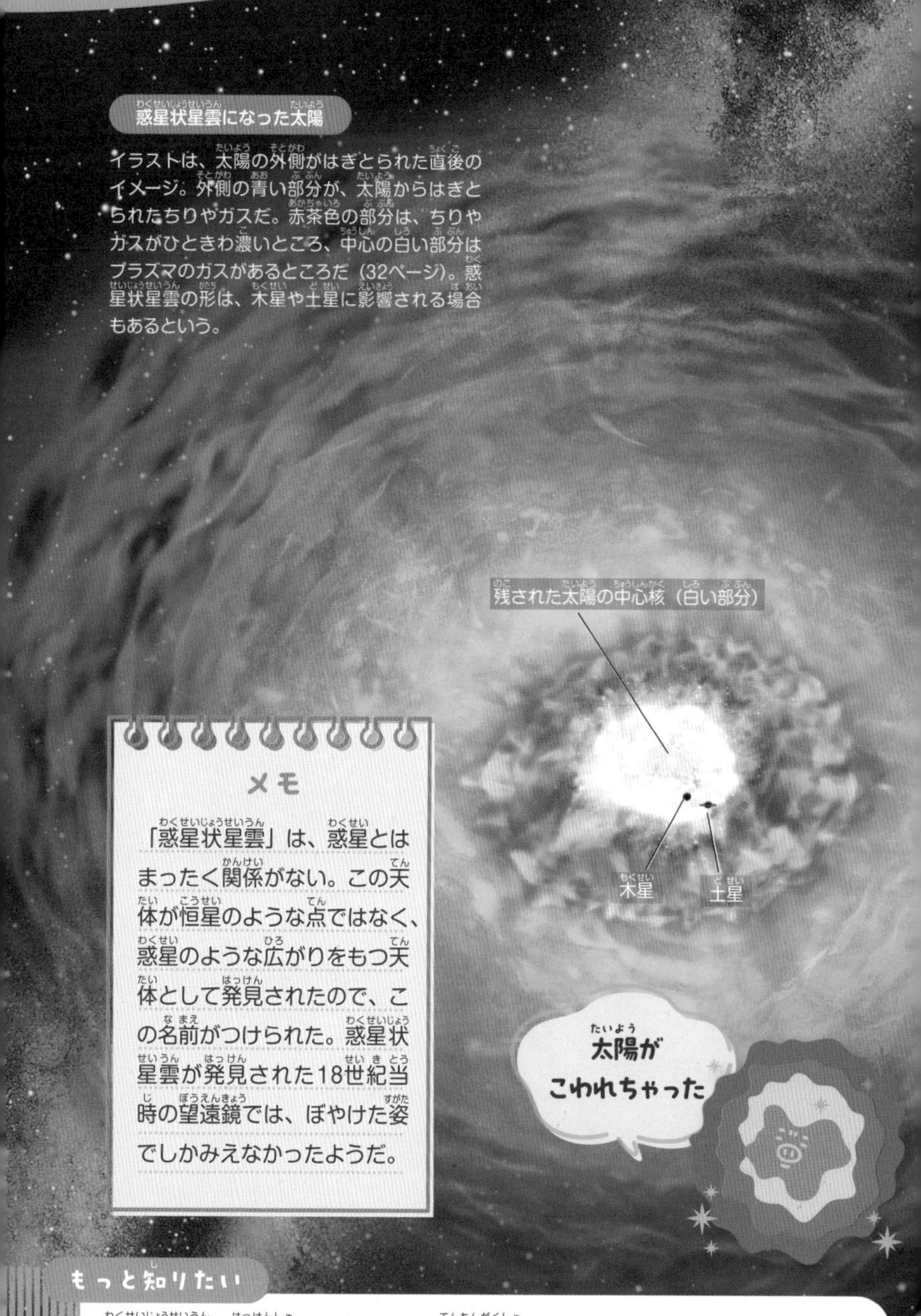

メモ

「惑星状星雲《わくせいじょうせいうん》」は、惑星《わくせい》とはまったく関係《かんけい》がない。この天《てん》体《たい》が恒星《こうせい》のような点《てん》ではなく、惑星《わくせい》のような広《ひろ》がりをもつ天《てん》体《たい》として発見《はっけん》されたので、この名前《なまえ》がつけられた。惑星状《わくせいじょう》星雲《せいうん》が発見《はっけん》された18世紀《せいき》当《とう》時《じ》の望遠鏡《ぼうえんきょう》では、ぼやけた姿《すがた》でしかみえなかったようだ。

もっと知《し》りたい

惑星状星雲《わくせいじょうせいうん》の発見者《はっけんしゃ》は、イギリスの天文学者《てんもんがくしゃ》ウィリアム・ハーシェル。

10

太陽《たいよう》は誕生《たんじょう》から123億年《おくねん》後《ご》に白色矮星《はくしょくわいせい》となって最期《さいご》をむかえる

白色矮星《はくしょくわいせい》に生《う》まれかわった太陽《たいよう》の内《ない》部《ぶ》には、ヘリウムの核融合反応《かくゆうごうはんのう》でつくられた酸素《さんそ》と炭素《たんそ》が残《のこ》りました。

この酸素《さんそ》と炭素《たんそ》が核融合反応《かくゆうごうはんのう》をおこすには、残念《ざんねん》ながら重《おも》さがたりません。ふくらむ力《ちから》を失《うしな》った太陽《たいよう》は、重力《じゅうりょく》によってちぢんでいきます。

やがて、これ以上《いじょう》ちぢめない限界《げんかい》までできたものが、白色矮星《はくしょくわいせい》の〝完成形《かんせいけい》〟です。それは、誕生《たんじょう》から１２３億年後《おくねんご》におとずれる、太陽《たいよう》の最期《さいご》の姿《すがた》でもあります。

メモ

炭素《たんそ》・酸素《さんそ》の核融合反応《かくゆうごうはんのう》は、７億《おく》℃という温度《おんど》でなければおきない。この温度《おんど》を生《う》み出《だ》すには、超高圧《ちょうこうあつ》の環境《かんきょう》をつくらないといけないが、太陽《たいよう》の重《おも》さではそれはできない。

白色矮星《はくしょくわいせい》となった太陽《たいよう》

できたての白色矮星《はくしょくわいせい》は白《しろ》い。それは、赤色巨星《せきしょくきょせい》のときに生《う》み出《だ》された核融合反応《かくゆうごうはんのう》の熱《ねつ》で温度《おんど》が１万《まん》℃をこえているからだ。白色矮星《はくしょくわいせい》には、もうエネルギーのもとがないので、あとはずっと冷《さ》めていく。その内部《ないぶ》は、炭素《たんそ》と酸素《さんそ》からなる核《かく》と、表面《ひょうめん》をおおうヘリウムの層《そう》からなる。

もっと知《し》りたい

白色矮星《はくしょくわいせい》の中《なか》では、重力《じゅうりょく》の力《ちから》と電子《でんし》による反発《はんぱつ》の力《ちから》がつりあっている。

11

しゃしんギャラリー 宇宙望遠鏡《うちゅうぼうえんきょう》がとらえた惑星状星雲《わくせいじょうせいうん》

太陽系《たいようけい》の外《そと》には、美《うつく》しくかがやく無《む》数《すう》の惑星状星雲《わくせいじょうせいうん》があります。宇宙望遠鏡《うちゅうぼうえんきょう》がとらえた、恒星《こうせい》の最期《さいご》の姿《すがた》をみてみましょう。

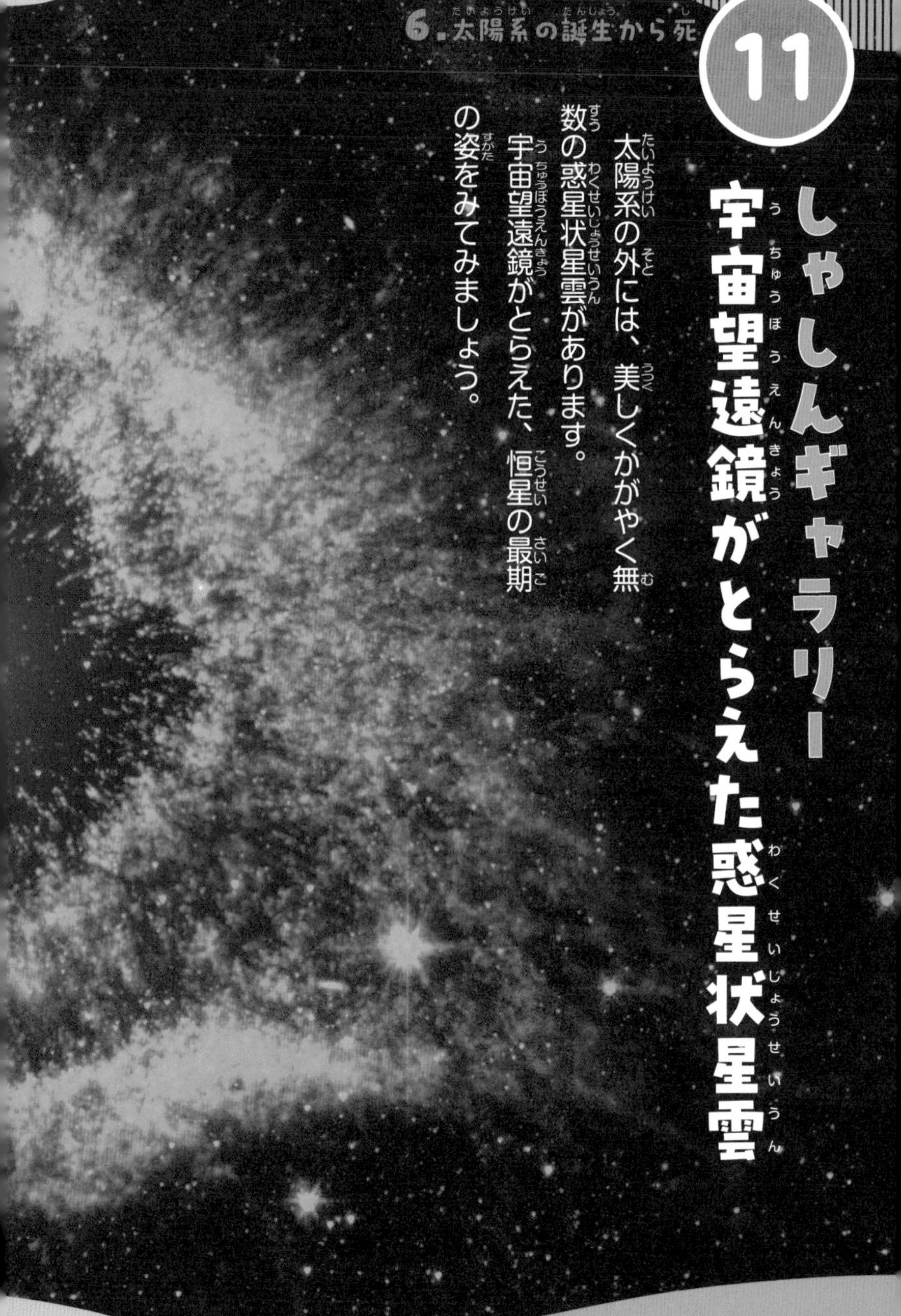

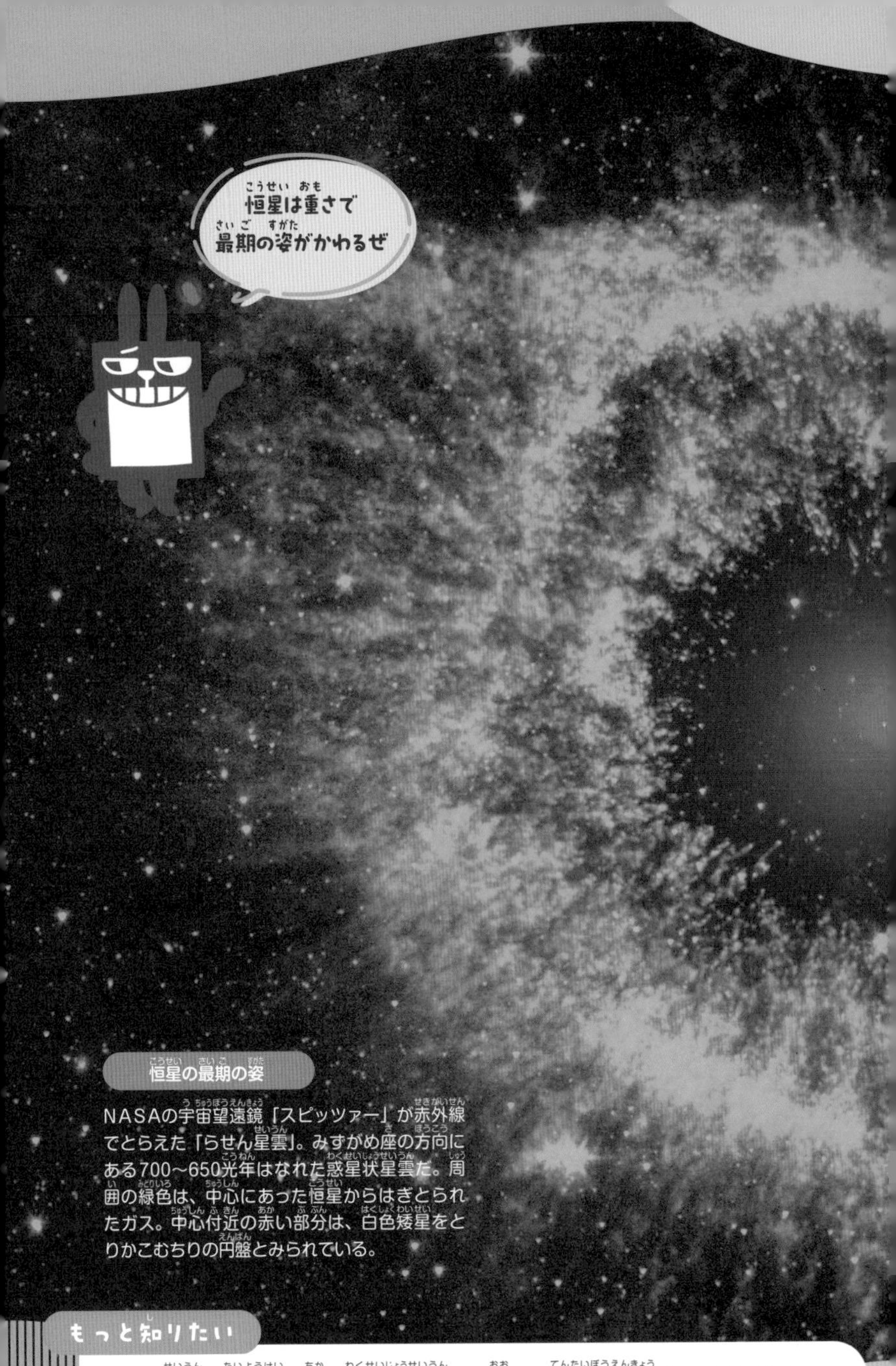

恒星《こうせい》の最期《さいご》の姿《すがた》

NASAの宇宙望遠鏡《うちゅうぼうえんきょう》「スピッツァー」が赤外線《せきがいせん》でとらえた「らせん星雲《せいうん》」。みずがめ座《ざ》の方向《ほうこう》にある700〜650光年《こうねん》はなれた惑星状星雲《わくせいじょうせいうん》だ。周囲《しゅうい》の緑色《みどりいろ》は、中心《ちゅうしん》にあった恒星《こうせい》からはぎとられたガス。中心付近《ちゅうしんふきん》の赤《あか》い部分《ぶぶん》は、白色矮星《はくしょくわいせい》をとりかこむちりの円盤《えんばん》とみられている。

もっと知《し》りたい

らせん星雲《せいうん》は太陽系《たいようけい》に近《ちか》い惑星状星雲《わくせいじょうせいうん》で、大《おお》きな天体望遠鏡《てんたいぼうえんきょう》でみることができる。

やすみじかん

私《わたし》たちは星《ほし》のかけらでできてる？

星《ほし》（恒星《こうせい》）の中《なか》では、水素《すいそ》からヘリウムがつくられています。そのヘリウムから、酸素《さんそ》や炭素《たんそ》といった、より重《おも》い元素《げんそ》がつくられます。

太陽《たいよう》の中《なか》では、それより重《おも》い元素《げんそ》はつくられませんが、もっと大《おお》きくて重《おも》い星《ほし》なら、さらに重《おも》い元素《げんそ》がつくられます。

太陽《たいよう》の8倍《ばい》以上《いじょう》の重《おも》さをもつ星《ほし》になると、最期《さいご》に「超新星爆発《ちょうしんせいばくはつ》」をおこすことによっても重《おも》い元素《げんそ》がつくられます。重《おも》い元素《げんそ》は、この爆発《ばくはつ》で宇宙空間《うちゅうくうかん》にまき散《ち》らされます。

私《わたし》たちの体《からだ》をつくる炭素《たんそ》などの元素《げんそ》は、この爆発《ばくはつ》があったからこそ、恒星《こうせい》の中《なか》から取《と》り出《だ》せたといえます。わたしたちは、星《ほし》のかけらでできているのです！

約《やく》46億年前《おくねんまえ》に銀河系《ぎんがけい》でおきた超新星爆発《ちょうしんせいばくはつ》のイメージ。重《おも》い星《ほし》の死《し》がなければ、わたしたちのような生命《せいめい》の体《からだ》をつくる材料《ざいりょう》は、宇宙《うちゅう》にまき散《ち》らされなかったとみられている。

用語解説《ようごかいせつ》

【ESA】欧州宇宙機関《おうしゅううちゅうきかん》のこと。１９７５年《ねん》にヨーロッパの国々《くにぐに》が共同《きょうどう》で設立《せつりつ》した。２０２２年現《ねんげん》在《ざい》、22の国《くに》が参加《さんか》している。

【JAXA】日本《にほん》の宇宙航空研究《うちゅうこうくうけんきゅう》開発機構《かいはつきこう》のこと。２００３年《ねん》に宇《う》宙科学研究所《ちゅうかがくけんきゅうじょ》、航空宇宙技術研究《こうくううちゅうぎじゅつけんきゅう》所《じょ》、宇宙開発事業団《うちゅうかいはつじぎょうだん》が統合《とうごう》されて発足《ほっそく》した。宇宙飛行士《うちゅうひこうし》の派遣《はけん》や探《たん》査機《さき》の開発《かいはつ》など、日本《にほん》の宇宙開発《うちゅうかいはつ》全般《ぜんぱん》をになっている。

【NASA】アメリカ航空宇宙局《こうくううちゅうきょく》のこと。１９５８年《ねん》に設立《せつりつ》され、アポロ計画《けいかく》や国際宇宙《こくさいうちゅう》ステーションの開発《かいはつ》など宇宙開発《うちゅうかいはつ》をリードしてきた機関《きかん》。

【天《あま》の川銀河《がわぎんが》】太陽系《たいようけい》が属《ぞく》している銀河《ぎんが》のこと。銀河系《ぎんがけい》ともいう。

【衛星《えいせい》】惑星《わくせい》のまわりをまわる天《てん》体《たい》。地球型惑星《ちきゅうがたわくせい》では地球《ちきゅう》に１つ、火星《かせい》に2つあるのみだが、木星《もくせい》や土星《どせい》には数十《すうじゅう》の衛星《えいせい》がみつかっている。

【オーロラ】プラズマ粒子《りゅうし》が大気《たいき》中《ちゅう》の粒子《りゅうし》とぶつかったときにおきる発光現象《はっこうげんしょう》。惑星《わくせい》の極付近《きょくふきん》でみられる。

【温室効果《おんしつこうか》】太陽《たいよう》の光《ひかり》に暖《あたた》められた地表《ちひょう》が赤外線《せきがいせん》を出《だ》し、それを二《に》酸化炭素《さんかたんそ》などの温室効果《おんしつこうか》ガスが吸《きゅう》収《しゅう》することで、地表《ちひょう》が温室《おんしつ》のように保温《ほおん》されること。

【核《かく》】天体《てんたい》の中心《ちゅうしん》にあたる部分《ぶぶん》。コアともいう。地球《ちきゅう》の場合《ばあい》は中心《ちゅうしん》に近《ちか》い固体《こたい》の内核《ないかく》と、そのまわりの液体《えきたい》の外核《がいかく》に分《わ》かれている。

【核融合《かくゆうごう》】軽《かる》い原子核《げんしかく》どうしがくっついて、重《おも》い原子核《げんしかく》にかわる反《はん》応《のう》。そのときにとても大《おお》きなエネルギーが生《う》み出《だ》され、光《ひかり》となってまわりにはなたれる。

【可視光《かしこう》】電磁波《でんじは》の一《ひと》つ。人《ひと》の目《め》でみることのできる光《ひかり》。

【軌道《きどう》】天体《てんたい》が移動《いどう》するときの道《みち》すじ。

【巨大《きょだい》ガス惑星《わくせい》】表面《ひょうめん》をガスでおおわれた巨大《きょだい》な惑星《わくせい》。太陽系《たいようけい》では木星《もくせい》と土星《どせい》があてはまる。

【巨大氷惑星《きょだいこおりわくせい》】表面《ひょうめん》がガスでおおわれているが、半分《はんぶん》以上《いじょう》が氷《こおり》でできた惑星《わくせい》。太陽系《たいようけい》では天王星《てんのうせい》と海《かい》王星《おうせい》があてはまる。

【クレーター】小天体《しょうてんたい》などがぶつかってできた円形《えんけい》にくぼんだ地形《ちけい》。

【光速《こうそく》】光《ひかり》が真空中《しんくうちゅう》を伝《つた》わる速《はや》さ。1秒間《びょうかん》に約《やく》30万《まん》キロメートル進《すす》む。

【公転《こうてん》】天体《てんたい》が周期的《しゅうきてき》にほかの天《てん》体《たい》のまわりをまわる運動《うんどう》。

【黄道《こうどう》】地球《ちきゅう》からみて太陽《たいよう》が空《そら》の上《うえ》をひとまわりするときの道《みち》すじ。その付近《ふきん》に沿《そ》ってみえる星座《せいざ》が黄道《こうどう》12星座《せいざ》。

【光年《こうねん》】天文学《てんもんがく》で使《つか》われる単位《たんい》の一《ひと》つで、光《ひかり》が1年間《ねんかん》に進《すす》む道《みち》のり。1光年《こうねん》は約《やく》9兆《ちょう》4600億《おく》キロメートル。

【国立天文台《こくりつてんもんだい》】日本《にほん》の天文学研究《てんもんがくけんきゅう》をになう中心機関《ちゅうしんきかん》。東京《とうきょう》三鷹市《みたかし》にある本部《ほんぶ》のほか、岩手県《いわてけん》や石垣《いしがき》島《じま》、ハワイなど国内外《こくないがい》に観測拠点《かんそくきょてん》をもつ。

【コリオリの力《ちから》】回転《かいてん》する球《きゅう》の表面《ひょうめん》などにあらわれる、見《み》かけの力《ちから》。転向力《てんこうりょく》ともいう。フランスの科学者《かがくしゃ》ガスパール・コリオリ（１７９２〜１８４３）が発見《はっけん》した。

【サンプルリターン】地球以外《ちきゅういがい》の天体《てんたい》や宇宙空間《うちゅうくうかん》でサンプル（標《ひょう》本《ほん》）を採取《さいしゅ》し、地球《ちきゅう》に持《も》ち帰《かえ》ること。

【磁気圏《じきけん》】磁場《じば》をもつ惑星《わくせい》や衛星《えいせい》のまわりで、太陽風《たいようふう》が入《はい》ってくるのを防《ふせ》いでいる領域《りょういき》。地球《ちきゅう》の磁気《じき》圏《けん》は、太陽側《たいようがわ》で地球半径《ちきゅうはんけい》の10倍《ばい》程度《ていど》。

【自転《じてん》】天体《てんたい》がコマのように自分《じぶん》自身《じしん》で回転《かいてん》する運動《うんどう》。

【磁場《じば》】磁石《じしゃく》のように、鉄《てつ》などをひきつける力《ちから》「磁力《じりょく》」をおよぼす領域《りょういき》。太陽系《たいようけい》の惑星《わくせい》では地球《ちきゅう》のほか、水星《すいせい》、木星《もくせい》、土星《どせい》、天王星《てんのうせい》、海王星《かいおうせい》に磁場《じば》があることがわかっている。

【周期彗星《しゅうきすいせい》】彗星《すいせい》の中《なか》でも、周期《しゅうき》的《てき》な軌道《きどう》をもつもの。

【小天体《しょうてんたい》】太陽系《たいようけい》を構成《こうせい》する天体《てんたい》の中《なか》で、恒星《こうせい》、惑星《わくせい》、衛星《えいせい》、準惑《じゅんわく》星《せい》以外《いがい》の天体《てんたい》。小惑星《しょうわくせい》、太陽系外《たいようけいがい》縁天体《えんてんたい》、彗星《すいせい》などをまとめていう言葉《ことば》。

【食《しょく》】ある天体《てんたい》がほかの天体《てんたい》にかくされてみえなくなる現象《げんしょう》。日食《にっしょく》や月食《げっしょく》などがある。

【星雲《せいうん》】水素《すいそ》やヘリウムなどのガスとちりが集《あつ》まって雲《くも》のようにみえる天体《てんたい》。星《ほし》が新《あたら》しく生《う》まれる場《ば》所《しょ》でもある。

【赤外線《せきがいせん》】電磁波《でんじは》の一《ひと》つ。目《め》ではみることができない。地球《ちきゅう》を暖《あたた》める温室効果《おんしつこうか》をになう。

【大気《たいき》】天体《てんたい》のまわりをとりまく気体《きたい》の層《そう》。

【太陽圏《たいようけん》】太陽《たいよう》からはなたれる太《たい》陽風《ようふう》の影響《えいきょう》がおよぶ範囲《はんい》。

【地球型惑星《ちきゅうがたわくせい》】主《おも》に岩石《がんせき》や鉄《てつ》などの金属《きんぞく》で構成《こうせい》される惑星《わくせい》で、岩石《がんせき》惑星《わくせい》ともよばれる。太陽系《たいようけい》では水《すい》星《せい》、金星《きんせい》、地球《ちきゅう》、火星《かせい》があてはまる。

【超新星爆発《ちょうしんせいばくはつ》】超新星《ちょうしんせい》は、恒星全《こうせいぜん》体《たい》が爆発《ばくはつ》する現象《げんしょう》。爆発後《ばくはつご》に残《のこ》される星雲《せいうん》は超新星残骸《ちょうしんせいざんがい》とよばれる。

【天文単位《てんもんたんい》】天文学《てんもんがく》で使用《しよう》される単位《たんい》の一《ひと》つで、太陽《たいよう》と地球間《ちきゅうかん》の平《へい》均《きん》の道《みち》のりをあらわす。1天文単《てんもんたん》位《い》は約《やく》1億《おく》5000万《まん》キロメートル。「au」と表記《ひょうき》することもある。

【天体《てんたい》】恒星《こうせい》や惑星《わくせい》、銀河《ぎんが》など宇《う》宙空間《ちゅうくうかん》にある物質《ぶっしつ》すべてをまとめていう言葉《ことば》。

【プラズマ】気体《きたい》が高温《こうおん》になり、電子《でんし》とイオン（原子核《げんしかく》など）がバラバラになって自由《じゆう》に運動《うんどう》しているようす。太陽《たいよう》からはなたれるプラズマは「コロナ」とよばれる。

【マントル】惑星《わくせい》などの中心《ちゅうしん》にある核部分《かくぶぶん》をとりまく層《そう》。地球型惑《ちきゅうがたわく》星《せい》では主《おも》に岩石《がんせき》、巨大《きょだい》ガス惑星《わくせい》では主《おも》に液体金属水素《えきたいきんぞくすいそ》、巨大氷惑星《きょだいこおりわくせい》では主《おも》にアンモニアやメタンのまじった氷《こおり》からなる。

【惑星《わくせい》】恒星《こうせい》のまわりをまわる天《てん》体《たい》のうち、ほぼ球《きゅう》の形《かたち》を保《たも》てるだけの十分大《じゅうぶんおお》きな重力《じゅうりょく》をもち、軌道《きどう》近《ちか》くにほかの天体《てんたい》がないもの。

Photograph

10~13	NASA/Johns Hopkins University Applied Physics Laboratory/Carnegie Institution of Washington
14-15	NASA/JPL-Caltech/MSSS
16-17	NASA/JPL
18	NASA/ESA/CSA/STScl
29	NASA
31	NASA/GSFC/SOHO/ESA To learn more go to the SOHO
40-41	NASA/SDO
41	©国立天文台/JAXA
42	SOHO（ESA&NASA）
59	NASA
60-61	NASA/Goddard/SwRI/JHU-APL/Tod R. Lauer (NOIR Lab)
61	（月面地質図）Corey M. Fortezzo（USGS）, Paul D. Spudis（LPI）, Shannon L. Harrel（SD Mines）, NASA/GSFC/Arizona State University
68~71	NASA
72	（金環日食）国立天文台, （皆既日食）撮影：福島英雄, 宮地晃平, 片山真人
76-77	NASA/Johns Hopkins University Applied Physics Laboratory/Carnegie Institution of Washington
79~81	NASA/JPL
81	ESA-AOES Medialab
83	NASA/JPL
85	JAXA
87	NASA, James Bell Cornell Univ., Michael Wolff Space Science Inst., and the Hubble Heritage Team STScl/AURA
88-89	NASA/JPL-Caltech/MSSS, NASA/JPL-Caltech
91	NASA/JPL/USGS, ESA/DLR/FU Berlin CC BY-SA 3.0 IGO
92-93	NASA/JPL, NASA, NASA/JPL/Arizona State University, NASA/JPL/MSSS, NASA/MOLA Science Team
94	NASA/JPL/Cornell/Max Planck Institute, NASA/JPL/Cornell
97	NASA
99	NASA/JPL-Caltech/SwRI/MSSS/Kevin M. Gill
100-101	NASA, ESA, and J. Nichols (University of Leicester), NASA and the Hubble Heritage Team STScl/AURA Acknowledgment : NASA/ESA, John Clarke University of Michigan, JPL/NASA/STScl
103	NASA
105	NASA/JPL-Caltech/Space Science institute
106-107	NASA/JPL-Caltech/SSI/Cornell, NASA/JPL
108	NASA/JPL/Space Science Institute
109	NASA/JPL/Science Institute
111	NASA/JPL/Space Science Institute,
113	NASA, NASA/JPL/ASI/University of Arizona/University of Leicester
115	NASA, NASA, ESA, and M.Showalter（SETI Institute）
116	NASA
118-119	NASA/JPL-Caltech, NASA, ESA, and M.Showalte（SETI institute）
123	NASA, NASA/ESA/CSA/STScl
126-127	NASA, NASA/Johns Hopkins University Applied Physics Laboratory/Carnegie Institution of Washington, NASA, NASA Goddard Space Flight Center Image by Reto St kli（land surface, shallow water, clouds）. Enhancements by Robert Simmon（ocean color, compositing, 3D globes, animation）. Data and technical support : MODIS Land Group ; MODIS Science Data Support Team ; MODIS Atmosphere Group ; MODIS Ocean Group Additional data : USGS EROS Data Center（topography）; USGS Terrestrial Remote Sensing Flagstaff Field Center（Antarctica）; Defense Meteorological Satellite Program（city lights）., NASA, James Bell（Cornell Univ.）, Michael Wolff（Space Science Inst.）, and The Hubble Heritage Team（STScI/AURA）, NASA, NASA/JPL-Caltech 117 NASA/JPL/University of Arizona, NASA/JPL/Space Science Institute, NASA, Astrogeology Team, U.S.Geological Survey, Flagstaff, Arizona, NASA/JPL/Caltech, James Hastings Trew/Constantine Thomas/NASA/JPL
128~131	NASA/JHUAPL/SwRI
133	NASA/JPL-Caltech/UCLA/MPS/DLR/IDA, NASA/JPL
134	NASA
137	JAXA, （リュウグウ）JAXA, 東京大, 高知大, 立教大, 名古屋大, 千葉工大, 明治大, 会津大, 産総研
139	NASA/Johns Hopkins University Applied Physics Laboratory/Southwest Research Institute
141	ESA/Rosetta/MPS for OSIRIS Team MPS/UPD/LAM/IAA/SSO/INTA/UPM/DASP/IDA（CC BY-SA 4.0）
144-145	forcdan/stock.adobe.com, NASA/JPL-Caltech/UCLA/MPS/DLR/IDA
151	NASA and The Hubble Heritage Team（STScl/AURA）
168-169	NASA/JPL -Caltech/K. Su（Univ. of Ariz.）

Illustration

◇キャラクターデザイン　宮川愛理

12	Newton Press
16	Newton Press
20~28	Newton Press
33	藤丸恵美子
34-35	Newton Press
36-37	Newton Press, 荒内幸一
38-39	Newton Press
44~49	Newton Press
50-51	増田庄一郎
52-53	奥本裕志
55~58	Newton Press
63	Newton Press, 黒田清桐
65~68	Newton Press
74	Newton Press
75	増田庄一郎
78	Newton Press
83	門馬朝久
84	Newton Press
86	Newton Press
96	Newton Press
102-103	田中盛穂
104	Newton Press
110	Newton Press
114-115	Newton Press
117	小林 稔
120-121	Newton Press
124	Newton Press
126-127	Newton Press
135	Newton Press
138-139	Newton Press
141~143	Newton Press
146	Newton Press
148~151	Newton Press
153~167	Newton Press
171	小林 稔

Staff

Editorial Management　中村真哉
Editorial Staff　髙山哲司
DTP Operation　髙橋智恵子，真志田桐子
Design Format　宮川愛理
Cover Design　宮川愛理

Profile 監修者略歴

渡部潤一／わたなべ・じゅんいち

自然科学研究機構国立天文台上席教授、総合研究大学院大学先端学術院天文科学コース教授。理学博士。1960年、福島県生まれ。東京大学理学部天文学科卒業。専門は太陽系天文学。研究テーマは、彗星や小惑星、流星などの小天体。

ニュートン
科《か》学《がく》の学《がっ》校《こう》シリーズ

太《たい》陽《よう》系《けい》の学《がっ》校《こう》

2024年1月20日発行

発行人　高森康雄
編集人　中村真哉

発行所　株式会社ニュートンプレス
〒112-0012 東京都文京区大塚3-11-6
https://www.newtonpress.co.jp
電話 03-5940-2451

ISBN 978-4-315-52774-2